Cognitive Therapy for Challenging Problems:
What to Do When the Basics Don't Work

认知疗法：进阶与挑战

[美] 朱迪丝·S. 贝克（Judith S. Beck）◎著
陶璇 唐谭 李毅飞 唐苏勤 等◎译
王建平◎审校

中国轻工业出版社

图书在版编目（CIP）数据

认知疗法：进阶与挑战／（美）贝克（Beck, J. S.）著；陶璇等译. —北京：中国轻工业出版社，2014.1
（2025.1重印）

ISBN 978-7-5019-9347-5

Ⅰ.①认… Ⅱ.①贝… ②陶… Ⅲ.①认知心理学－精神疗法 Ⅳ.①B842.1 ②R749.055

中国版本图书馆CIP数据核字（2013）第148072号

版权声明

©2011 by Judith S. Beck
Published by The Guilford Press
A Division of Guilford Publications, Inc.

保留所有权利。非经中国轻工业出版社"万千心理"书面授权，任何人不得以任何方式（包括但不限于电子、机械、手工或其他尚未被发明或应用的技术手段）复印、拍照、扫描、录音、朗读、存储、发表本书中任何部分或本书全部内容，以及其他附带的所有资料（包括但不限于光盘、音频、视频等）。中国轻工业出版社"万千心理"未授权任何机构提供源自本书内容的电子文件阅览、收听或下载服务。如有此类非法行为，查实必究。

责任编辑：孙蔚雯　　　责任终审：腾炎福
文字编辑：郑晓辰　　　责任校对：刘志颖
策划编辑：戴　婕　　　责任监印：吴维斌

出版发行：中国轻工业出版社（北京鲁谷东街5号，邮编：100040）
印　　刷：三河市鑫金马印装有限公司
经　　销：各地新华书店
版　　次：2025年1月第1版第11次印刷
开　　本：710×1000　1/16　印张：25
字　　数：211千字
书　　号：ISBN 978-7-5019-9347-5　定价：56.00元
读者热线：010-65181109
发行电话：010-85119832　　010-85119912
网　　址：http://www.chlip.com.cn　http://www.wqedu.com
电子信箱：1012305542@qq.com
版权所有　侵权必究
如发现图书残缺请拨打读者热线联系调换
242238Y2C111ZYW

Cognitive Therapy for Challenging Problems:
What to Do When the Basics Don't Work

认知疗法：进阶与挑战

［美］朱迪丝·S.贝克（Judith S. Beck）◎著

王辰怡　孙　凌　李毅飞　张　怡
赵丽娜　唐苏勤　唐　谭　陶　璇 ◎译
（以上按姓氏笔画数排序）

王建平◎审校

中国轻工业出版社

译者序

随着认知行为疗法在我国逐步深入地发展,很多心理治疗师都感受到了认知行为疗法(cognitive-behavioral therapy,CBT)的魅力和效果,加入了 CBT 治疗师的队伍,在临床实践中对他们的患者运用认知行为疗法的理念和各种各样的技术。

多年来,我在科研和教学的同时一直不忘自己"医疗出身"的本色,坚持用"科学家-实践家"的临床心理学模式要求自己和学生,不论多忙都坚持每周亲自看个案、做督导,同时也致力于认知行为疗法的培训。在临床实践中,大家发现"好病人"已经越来越少了,所谓的"好病人"就是指症状典型、诊断单一以及认知能力好的患者。与之相反,大家见到的大多是比较复杂的个案,他们可能同时存在一种以上的诊断、伴有人格障碍,接受过各种各样的"咨询"或"治疗",有过创伤经历,甚至正在服药。在面对这样的个案时,就不可避免地会遇到一些挑战性问题,需要对认知行为疗法有更灵活的把握,针对个案的情况做出调整。

这几年,市面上陆陆续续出版了一些适合新手 CBT 治疗师学习和运用的入门读物,其中不乏一些实用、操作性强的书籍,比如我的团队翻译的《认知行为疗法》(新手治疗师实操必读系列)(*Making Cognitive-Behavioral Therapy Work: Clinical Process for New Practitioners*),以及本书作者 Judith Beck 的《认知疗法:基础与应用》(第二版)(*Cognitive Behavior Therapy: Basics and Beyond*, Second

Edition）等。但当治疗复杂个案时遇到了挑战性问题和阻碍，读者却往往无法从中找到答案，获得指导——这正是我向各位同行和读者介绍本书的初衷。

在治疗中遇到棘手的问题时，经验丰富的治疗师似乎总能够巧妙地、近乎本能地予以解决。这个过程对新手治疗师来说却是未知而神秘的，这本书就将带领你揭开这层神秘的面纱。本书作者 Judith 对自己及同事的治疗过程进行观察和思考，发现这些看似本能的决定，实际上是治疗师基于对患者不断地进行个案概念化、做出的正确诊断及自己在会谈中的体验所做出的。本书体现了作者在《认知疗法：基础与应用》出版之后的所思所学和多年积累的临床经验，帮助治疗师了解，当基础的认知行为治疗似乎不起作用时，应如何去做。阅读这本书，会帮助你完成由新手治疗师向熟练治疗师的过渡。

本书共有 13 章，教授治疗师识别并解决治疗中各个阶段可能遇到的典型挑战性问题，帮助治疗师在认知的框架下看待治疗进程中遇到的阻碍。首先介绍了应如何识别所遇到的问题，包括问题从何而来、问题的严重程度，尤其对由治疗师的错误导致的问题和由患者的功能不良信念导致的问题进行了区分，并提出了如何尽量避免挑战性问题产生的基本原则。第二章强调了概念化的重要性，以及如何对挑战性的患者进行概念化；第三章详细阐述了对人格障碍患者的治疗。接下来的章节，对治疗关系、目标设定、会谈结构化、问题解决、家庭作业、识别认知、修正想法和意象、修正假设、修正核心信念中可能出现的挑战性问题，一一进行了阐述和分析。治疗师对来访者产生功能不良信念，也会成为阻碍治疗的一个常被忽视的因素，本书第六章特别介绍了对这一问题的应对。附录 A 介绍了一些认知治疗的资源，强调了手把手的训练及督导是新手治疗师所必须经历的。本书的另一特点是，在每个章节都涵盖了非常丰富的案例。在比较抽象的治疗关系部分，专门用一章的篇幅（第五章）以案例的形式对可能存在的挑战性问题进行讲解，通俗易懂、娓娓道来，兼具实用性和可读性。

本书的翻译全部由我的硕博士生完成。在翻译前，结合出版社的要求，我们对翻译风格以及用词等方面进行了统一。在翻译过程中，大家定期会在我的 CBT 实务例会上进行报告，一起讨论翻译过程中的问题，之后再互相校审。在翻译的同时，对这本书的学习和讨论也让学生们获益匪浅，我们很希望跟广大读者分享这份收获。各章翻译执笔的具体情况为：第 1 章，李毅飞；第 2 章，唐苏勤；第 3 章，唐谭；第 4 章、第 5 章，陶璇；第 6 章，孙凌；第 7 章，赵丽娜；第 8 章，张怡；第 9 章，王辰怡；第 10 章，孙凌；第 11 章，唐谭；第 12 章，李毅飞；第 13 章，陶璇。初译稿完成后，由陶璇对全书再次进行了集中校对与统一。在此过程中，非常感谢 Martha Chiu（李梅晓）博士（北京和睦家医院认知行为疗法中心主任，美国帕洛阿尔托大学副教授）和她的学生涂瑞娜（美国帕洛阿尔托大学心理健康咨询专业在读研究生）给予的帮助和指导。最后由我为全书做了审校。学生们在翻译过程中的努力、严谨、好学使本书得以顺利完成，在此对他们以及在本书翻译过程中提供了支持与帮助的各位老师和同学表达我深深的谢意。

尽管力臻完美，但由于能力和水平有限，译作中难免有不足之处，敬请各位专家和读者批评指正，我的邮箱是：wjphh@bnu.edu.cn，希望得到您的反馈。

王建平

2013 年 2 月于美国

推荐序

朱蒂·贝克（Judith S. Beck）博士撰写的这本书，对于帮助那些在认知治疗中遇到困难和问题的来访者而言是一个重大贡献。贝克博士通过从自己与病人的治疗工作及她对其他治疗师的督导中积累的经验，描绘了治疗中遇到的典型困难问题。这些问题使治疗师和患者都备感受挫，并且阻碍了治疗进程。直至最近，许多治疗师仍将这些问题理解为"阻抗"、"负性反移情"或"被动攻击倾向"。在这种背景下，许多治疗师倾向于举手投降，不知接下来应如何处理。

与此相对，贝克博士没有屈服于治疗中的这些困难，她不断归纳特定的界限与特点，将这些问题重新构建为可识别的、并为大家所公认的问题。通过将这些问题归类，她为应对这些复杂的问题提供了简易可行的方法。贝克博士利用她丰富的经验为这些问题规划出了合适的应对方略：(1) 依据患者的个人成长史、核心信念与假设不合理的认知与行为，将在治疗中遇到的这些问题概念化；(2) 找到合适的策略与技术来解决这些问题。由于问题的多样性，治疗师需要根据不同情况对治疗方案进行相应的改变，这种技巧在本书中得到了充分的体现。

治疗师的负担并不一直是如此沉重。在认知治疗刚刚兴起的那些年，我们只需要专注于病人"此时此地"的问题，并提供相应的解决方案。对于抑郁患者，解决方案包括：通过活动安排表进行持续的行为激活，对功能障碍性思维进行完整记录，治疗师参与到实际问题解决中。一般而言，抑郁及焦虑障碍症患者的症状会在第10次会谈时消失，而这时，我们会再安排一次会谈，以防止复发（Rush, Beck,

Kovacs, & Hollon, 1977)。然而随着时代的发展, 对于有共病、慢性病或症状复杂的患者, 会谈次数逐渐增加至15、20、25次, 甚至更多次。患者开始在抑郁症、惊恐障碍之外得到人格障碍的诊断。今天, 来贝克认知治疗研究所寻求治疗的病人一般都已接受过两种精神科药物的治疗, 并且在其以往的治疗史中, 药物或心理治疗都未显出疗效。这种治疗相对无效的现象的核心是治疗中所遇问题存在多样性, 贝克博士已在本书中对这些问题精妙地加以描述。

那些简单的个案都到哪里去了? 多年来, 我们也在思考这一问题。我们的推测是, 大多数患者对一线治疗反应非常好。一线治疗一般由初级治疗医生、精神科药剂师负责。那些对一线治疗没有反应的人最终被转介至认知治疗, 也就是现在说的二线甚至三线的治疗。在贝克博士看来, 这类患者的问题, 对于心理治疗师来说, 是一个挑战而不是负担。在本书中, 她极好地向治疗师展现了如何应对这些挑战, 同时减轻自己的负担。

当然在前言中, 我不能不介绍我与朱蒂·贝克特殊的关系。如大家所知, 她出生于认知治疗师家庭。当她成长为青少年时, 我对认知治疗的理论实践都已日臻完善。但是我当时并没有可以将这些想法加以应用并对其效果进行检验的对象, 于是我将这些理论试用于我还在青少年时期的女儿朱蒂身上。她回应我说: "爸爸, 这些很有用。"我并没有花精力鼓励她追随我的足迹。在大学之后, 她投身特殊教育事业, 并取得了一定的成就。然而我想认知治疗对她仍然"很有用", 因为她决定将职业生涯转入临床心理, 并专攻认知治疗。我为她的第一本书《认知疗法: 基础与应用》(*Cognitive Therapy:Basics and Beyond*)感到非常自豪。她的第一本书主要为新手治疗师所设计, 而本书是为高级治疗师撰写的。我确信这两本书都是患者和治疗师的福音。

艾伦·贝克 (Aaron T. Beck), 医学博士

目 录

第一章 识别治疗中的问题 ································· 1
    识别问题 ··· 3
    判断问题的程度 ·· 6
    考虑治疗会谈之外的因素 ································ 8
    治疗师的错误及患者的功能不良信念 ············· 11
    规避治疗中的问题 ··· 15
    总结 ··· 19

第二章 对挑战性患者进行概念化 ······················· 21
    认知模型——简明版 ···································· 22
    核心信念 ·· 25
    行为策略 ·· 31
    假设、规则和态度 ·· 32
    认知概念化图示 ·· 34
    认知模型——详尽版 ···································· 37
    总结 ··· 46

第三章 人格障碍给治疗带来的挑战 ···················· 47
    人们怎么会患人格障碍 ································· 48
    典型的过度发展和未发展的策略 ···················· 49
    每种轴Ⅱ障碍的认知简介 ······························ 51
    总结 ··· 73

第四章　形成并使用治疗联盟 ······················· 74

患者关于治疗的预期 ······················· 75

建立治疗联盟的策略 ······················· 76

识别并解决治疗联盟中的问题 ······················· 81

利用治疗关系来达到治疗目标 ······················· 91

处理治疗联盟中的问题并泛化到其他关系中 ······················· 97

总结性案例 ······················· 100

总结 ······················· 106

第五章　治疗关系中的问题——案例 ······················· 107

案例1：觉得不被治疗师认同的患者 ······················· 107

案例2：担心治疗师会拒绝自己的患者 ······················· 110

案例3：感觉被治疗师控制的患者 ······················· 113

案例4：声称治疗师不理解自己的患者 ······················· 117

案例5：认为治疗师不在乎自己的患者 ······················· 119

案例6：对治疗抱怀疑态度的患者 ······················· 125

案例7：感觉自己被强迫来参加治疗的患者 ······················· 126

案例8：那些给予消极反馈的患者 ······················· 128

案例9：回避给予真诚反馈的患者 ······················· 129

案例10：不愿透露重要信息的患者 ······················· 130

总结 ······················· 132

第六章　当治疗师对患者有功能不良反应时 ······················· 134

识别治疗师反应中的问题 ······················· 135

概念化负性反应 ······················· 137

改善治疗师对患者的反应的策略 ······················· 139

案例 ······················· 144

总结 ······················· 153

第七章	**目标设定中的挑战** ··154
	使用及改变标准策略来设定目标··155
	患者对目标设定持有功能不良的信念······································161
	功能不良的行为··162
	治疗策略··162
	总结··186
第八章	**将会谈结构化时遭遇的挑战**··188
	标准结构··188
	运用和改变策略将会谈结构化··190
	患者和治疗师的功能不良假设··192
	在对会谈结构化的过程中解决问题··193
	何时不需要将会谈结构化··214
	总结··214
第九章	**解决问题及家庭作业中的挑战**··216
	使用并调整标准的策略来促进问题解决····································219
	使用并调整标准的策略来促进家庭作业的完成······························224
	妨碍解决问题和完成家庭作业的功能不良的信念····························230
	案例··247
	当患者看来好像没有进步的时候··254
	当重点在于不去进行问题解决时··255
	总结··256
第十章	**识别认知中的挑战**··257
	识别自动思维··258
	使用不同的标准策略引出自动思维··260
	识别自动思维时遇到的问题··267
	延迟识别自动思维··275
	识别意象··276

引出假设 ·· 278
运用并改变引出假设的标准策略 ································ 279
引出核心信念 ·· 281
运用并变换引出核心信念的标准策略 ···························· 281
识别核心信念的问题 ·· 285
总结 ·· 285

第十一章　改变想法和意象时的挑战 ································ 286
使用并调整标准的策略来改变自动思维 ························ 287
改变自动思维时碰到的问题 ····································· 293
与矫正自动思维有关的功能不良的信念 ························ 295
在会谈外矫正想法时会碰到的问题 ······························ 299
使用并调整标准化的策略以矫正自发性意象 ·················· 302
总结 ·· 306

第十二章　在修正假设时遇到的挑战 ································ 307
区分自动思维水平的假设与中间信念水平的假设 ············ 307
使用并调整标准策略以修正假设 ································ 309
详细的案例 ·· 310
总结 ·· 324

第十三章　在修正核心信念中的挑战 ································ 326
运用和变换标准策略来修正核心信念 ··························· 328
信念修正技术的案例 ·· 342
修正对别人的核心信念 ·· 363
总结 ·· 364

附录 A　认知治疗的资源、培训和督导 ····························· 365
贝克认知治疗研究所 ·· 365
认知治疗学会 ·· 367

附录 B　人格信念问卷 ·· 369

参考文献 ·· 380

第一章

识别治疗中的问题

在写《认知疗法：基础与应用》这本书时，我就知道一本"标准的"认知治疗教材不可能覆盖众多患者表现出的所有复杂问题。标准的治疗程序确实难以让某些患者的治疗取得进展；而有些患者似乎不能理解认知治疗的关键，不能适应标准的治疗技术；有些患者则不愿意充分参与到标准的治疗过程中；而另一些则可能坚持自己对于自我、他人和世界长期形成的歪曲信念。对于这些病人，治疗必须做出改变。但治疗师怎样才能知道应在何时改变治疗计划以及应当如何改变呢？

当经验丰富的认知治疗师遇到棘手的问题时，他们似乎本能地知道应该如何去做。在别人多次要求我写一本书讲述如何应对这类问题之后，我开始更密切地观察自己在治疗会谈中做决定的过程。看起来，做出决定似乎是一个本能的过程。而实际上，这项工作基于不断对患者的问题进行个案概念化，基于对他们的诊断，基于会谈的经历。除了观察我自己的工作，我还非常有幸可以观察和分析我父亲艾伦·贝克博士的治疗会谈，以及我的同事及被督导者所负责的个案。

这本书反映了在《认知疗法：基础与应用》出版后我所学到的知识。《认知疗法：基础与应用》提供了应对具有明显的抑郁和焦虑症状的患者的实践操作方法，也是本书非常重要的铺垫。本书则旨在帮治疗师明确：当基础认知治疗不起作用时应如何去做。

许多原因可以解释患者在治疗中表现出的棘手问题。有些困难可能是治疗师无法掌控的，例如，有的患者由于经济条件限制不能够按照计划的频率来治疗。另一些患者身处的环境非常恶劣，以致心理治疗对他们发挥的作用极其有限。但绝大多数问题，或至少有一部分，是处于治疗师的控制范围之内的。问题可能源于多种原因，既可能源于来访者歪曲的信念（例如，"如果我变得好起来，我的生活就会变得更糟"），也可能源于治疗师的错误（例如，对实际上患有其他障碍而非抑郁症的患者使用标准的抑郁治疗方案）。

在过去十年我开办的数百场工作坊中，我向心理健康专业人士询问他们与患者工作时遇到的具体问题，由此得到了两个重要结论。首先，许多治疗师最初倾向于用太过泛化的术语描述，而不是以清晰的术语界定问题。例如，治疗师断言某位患者有"阻抗"。其次，即使治疗师确实开始精细化地描述问题，他们仍倾向于不断重复同样的问题：患者不做家庭作业，患者对治疗师感到愤怒，患者在两次会谈之间的时间里再次回到自我打击的行为，等等。我发现，许多治疗师都需要学习用行为术语描述患者表现出的困难，并学会在认知框架下理解遇到的困难，同时基于他们对某一个案独特的概念化，设定相应的策略。这本书将会教授治疗师学会：

- 将问题具体化（并确定治疗师在多大程度上可以改善这一问题）。
- 对患者进行个案概念化，包括那些具有轴Ⅱ诊断的患者。
- 处理患者对治疗师有问题的反应，以及反过来处理治疗师对患者有问题的反应。
- 为表现出棘手问题的患者设定目标，安排结构化的会谈，帮助解决问题，并且提高家庭作业完成度（包括行为改变）。

> • 识别并修正根深蒂固歪曲的功能失调性认知（自动化思维、意象、假设及核心信念）。

附录A介绍了在认知治疗中获得专业成长的时机。有时，手把手的训练及督导是不能被取代的。

识别问题

即使是最有治疗经验的认知治疗师，在面对某些患者时仍会感到棘手。然而我们很容易去责备表现出各种困难的患者，并将其态度及功能不良的行为归因于他们自身的性格缺陷，例如给病人贴上"阻抗"、"缺乏动机"、"懒惰"、"沮丧"、"具有操控癖"或"卡住不前进"的标签。但是过于泛化地描述问题通常并不能促进问题解决，例如"患者似乎不愿意参与到治疗中"或"患者期望我完成所有的工作"，这样泛化的描述太过宽泛。而**将行为具体化**，将阻碍治疗进展的行为具体地描述出来，站在解决问题的立场来看问题，会更有助于治疗。治疗师通过询问以下问题可以精确地界定问题：

> ❖ "患者在会谈中及在两次会谈之间究竟说了什么或做了什么（没有说或没有做什么），这是一个问题。"

患者**在会谈中**表现出的典型问题行为，包括以下内容：

> • 坚持认为他们不能改变，或者治疗不会对他们有效果。
> • 难以设定目标，或制订会谈日程。
> • 因为他们的问题而抱怨、否定或责备其他人。
> • 表现出太多问题，或者从一个危机跳到另一个危机。
> • 不愿回答问题，或转移话题。

- 迟到或不来咨询。
- 争夺利益。
- 变得愤怒、急躁、吹毛求疵，或不作回应。
- 不能或不愿改变自己的认知。
- 不能集中精力，或总是打断治疗师的话。
- 撒谎或回避重要的信息。

许多患者会在两次**会谈之间**的时间出现功能不良的行为，例如：

- 不做家庭作业。
- 不服用需要的药物。
- 物质滥用。
- 在遇到问题时不断地打电话给治疗师。
- 采取自我伤害的行为。
- 伤害其他人。

对于自杀行为需要采取立即的危机干预，并且在急诊室里进行评估（这已超出本书的范围）。

案例

安德里亚，一个有双相障碍、创伤后应激障碍、边缘性人格障碍的病人，最近刚出院，而这次住院源于一次自杀行为。安德里亚刚刚开始接受门诊治疗，她从一开始就不信任她的新治疗师，并且对伤害过度警觉。她很有戒备心，抗拒设定目标，经常说治疗不会对她有帮助。她经常会对治疗师发怒，认为治疗师才是引起她负性动机的原因，是治疗师使她变得痛苦。她拒绝做家庭作业，并且拒绝吃精神科医生给她开的药。

当试着决定如何治疗像安德里亚一样的病人时，我们遇到了一系

第一章 识别治疗中的问题

列非常棘手的问题,而重要的是,我们需要评估这些问题是否源于多种可能性:

- 病人的病理学诊断。
- 治疗师的错误。
- 治疗中**内在的**因素(包括关注的水平、治疗的形式、会谈的频率)。
- 治疗中**外在的**因素(包括躯体疾病、患者所处环境的有害因素,或需要的辅助治疗)。

本书描述的许多问题都与第一种因素相关:病人的病理学诊断。在治疗中表现出棘手问题的患者,通常在与他人的关系中、工作中及管理自己的生活中长期遇到困难。他们通常对自己、他人及整个世界都持有非常负性的观点——这些观点在儿时或者青少年时就已开始发展并得到巩固。当这些信念占据他们的头脑时,病人就会以极其扭曲的方式感知、感觉及行动,这种情况可能在任何时间、任何情境下发生,也包括在治疗会谈中。治疗时,治疗师需要注意识别这些信念是否已被激活,并决定何时及如何调整治疗方案以对这些信念做出回应。患者也可能会由于自身疾病的因素表现出非常棘手的问题,例如自我和谐式的厌食症及受生物学因素影响的双相情感障碍。对这些患者进行特定的治疗也是非常必要的。

然而如果因为治疗时出现失误,治疗师没能合适地实施标准治疗流程,也可能会使病人产生其他问题。而有些棘手问题可能同时源于以上两种原因。在假设问题主要源于患者自身的病情或源于治疗师的错误之前,需要先将问题具体化,思考其频率与持续时间,并评估是否有其他因素存在。本章接下来的部分将描述:

- 如何判断问题的程度。
- 如何判断治疗会谈之外的因素。

- 如何诊断治疗错误。
- 如何识别患者功能不良的想法。
- 如何将治疗师的错误与患者功能不良的信念进行区分。

最后一部分将描述治疗师怎样做，可以避免在第一步就出现治疗问题。

判断问题的程度

治疗师需要分析治疗中出现的问题，在决定如何做之前评估其严重程度及频率，他们应该问自己如下问题：

> ❖ "这个问题是否仅仅在一次会谈中出现？"
> ❖ "这个问题是否在一次会谈中持续出现？"
> ❖ "这个问题是否在许多次会谈中都出现？"

较轻的问题也许不需要直接应对，起码在治疗初期阶段不需要。乔治是一名高中生，在头两次治疗会谈中，他老是做怪相。治疗师并未特别关注乔治的行为，而更关注于合理的共情，让乔治知道她不同于生活中那些想要控制他的成人。治疗师也帮助乔治设定目标，这些目标是乔治自己想要实现的，而非其他人要求他完成的。在第二次会谈进行到一半时，乔治已经明白他的治疗师可以为他提供很多帮助，他的负性情绪也减少了。

有些问题比较独特，并且表现形式比较单一，可以通过简单的解决方案来应对。比如，当杰瑞的治疗师让他完成每周的症状检查单时，他变得非常易怒。治疗师在与他商量后，提出了折中方案，他只要在10点量表上评估自己的情绪就行了。又比如，霍莉需要别人先帮助她找到托儿所照顾她幼小的孩子，才能定期并准时地来咨询。

另一些在会谈中常出现的问题可能需要不同的解决方案。当托妮的治疗师想帮她评估一个顽固的想法时,托妮不能从另一个角度看待这一情境,而治疗师仅仅是说:"现在的讨论似乎并没有什么帮助,我们进入到下一议题怎么样?"当鲍勃的治疗师第三次打断他说话时,鲍勃看起来很痛苦。在确定他的痛苦与被打断说话相关后,治疗师向他道歉并且保证在接下来的5~10分钟内不会打断他。在以上两个情境中,治疗师改变了治疗方案从而解决了所碰到的问题。

有时问题与会谈本身作为同一个整体出现。在治疗临近结束时,露西感到自己比刚进入治疗室时更不愉快。治疗师意识到她的不愉快是因为在会谈中她无价值感的这一核心信念不断被激活。于是在商议后,他们同意把接下来每次会谈的最后几分钟用来讨论露西的兴趣——电影,这样她可以在离开治疗室时感到不那么沮丧。玛格丽特在治疗开始时表现出易激惹,她抱怨治疗师似乎不能共情,作为回应,治疗师请她更充分地表达自己,而此时治疗师采取认真倾听的方式,不再在会谈进行中提供解决方案,直到会谈将近结束时。同样的,这些问题也可以很快得到解决。

在不同会谈中不断出现的问题,通常需要用更多的时间加以讨论,需要更多的问题解决方案,以便让患者愿意持续参与到治疗中。迪恩总是对治疗师感到愤怒不满,因为他认为治疗师想要控制他,或羞辱他。治疗师需要花更多时间与他沟通,并帮助他处理有关*治疗师功能不良的信念*,同时在治疗中提供解决方法消除双方的矛盾和猜疑,以使他能够将注意力集中在咨询会谈之外的问题中。

绝大多数治疗问题可以用以下方式加以处理:提供解决方案、改变患者的认知或改变治疗师的行为。当问题持续存在时,评估可能干预治疗的众多因素非常重要,这正如下文所描述的一样。

考虑治疗会谈之外的因素

有些问题与治疗过程及治疗内容相关，而另一些问题则可能受到外界因素的影响。这其中有部分在图1.1中有所呈现。

- 患者是否正在接受适宜程度的治疗？
    - 患者是否应该接受更频繁的治疗？或更少的治疗？
    - 患者是否应接受更高级别或更低级别的照顾（门诊、非全日制住院或全日制住院治疗）？
- 药物是否合适？
    - 如果患者没有服药，他是否需要服药？
    - 如果患者已在服药，他是否在按时按量服药？
    - 患者是否出现了药物副作用？
- 是否有可能存在未被诊断出的器质性问题？
    - 患者是否需要在初级保健医生那里做身体检查？
- 治疗形式是否合适？
    - 是否应采取个体治疗？
    - 是否应采取团体治疗？
    - 是否应采取伴侣治疗？
    - 是否应采取家庭治疗？
- 患者是否需要辅助治疗？
    - 是否应建议患者去找精神药理学家？
    - 是否应建议患者去找牧师？
    - 是否应建议患者去找营养师？
    - 是否应建议患者去找职业规划咨询师？
- 患者目前的生活或工作环境是否太过恶劣，以致他的治疗无法取得进展？
    - 患者是否应换一个地方生活一段时间？
    - 患者是否应在其工作中做出重大改变，或者寻找另一份工作？

图 1.1　在会谈之外需要考虑的因素

治疗"**剂量**"、**关注水平**、治疗形式以及辅助治疗

有时,患者因为治疗的"**剂量**"不够充足、不合适,而没能表现出足够的进步。克劳蒂娅是一个症状"丰富"的患者,在治疗师的鼓励下,她由每两周来一次改为每周来一次,结果治疗效果有了显著的提高。詹尼斯的焦虑障碍已经明显好转,因此治疗频率可以降低,以帮助他独立地应用在治疗中学到的技能,并加以练习,而不是完全依赖于治疗师。

有的患者可能是因为没有得到适宜的**关注水平**而产生问题。拉里是一个失业的患者,她有快速循环双相情感障碍及频繁出现的自杀观念。当她在门诊治疗时,她的状况会阶段性地恶化,她需要不时地接受住院或半住院治疗。而卡罗尔需要住院进行康复性治疗,以解决她的物质依赖情况,此后才能从门诊治疗中更多获益。

治疗的*形式也*可能不适合某些患者。罗素是一位有抑郁症及显著轴Ⅱ障碍的病人,当他从个体治疗转向团体治疗后,表现出了更快的进步。他在团体中了解到其他人的经历与他非常相似,另外,团体中的其他人对他抱有很高的信任感,因此在这个团体中他更愿意检验自己的思维,并改变行为。伊莲有轻度抑郁和焦虑,同时有长期边缘性人格障碍的特点。她接受过多次个体治疗,但当她的男朋友一起加入到治疗中,两人一起接受伴侣治疗之后,她才开始表现出显著的进步。丽萨是一位叛逆的青少年,倾向于责备其他人以减小自己对于问题的责任,在个体治疗中并没有获益很多。但当治疗师变个体治疗形式为家庭治疗时,丽萨开始表现出了进步。

有时,治疗师并不具备患者所需要的专业技能,此时他们就需要向患者推荐**辅助治疗**。有时,患者会从附加的治疗形式中获益很多,如从牧师或营养师那里,有些患者则在匿名戒酒会等不同形式的自我帮助团体中获得了支持并受到了教育。

生物学干预

许多患者，尤其是长期服药的患者，会从**服药的建议**中获益很多，包括是否加量、减量以及更换药物。乔是一个有重度抑郁的患者，睡眠出现了非常大的困难。药物减轻了他的睡眠问题，让他可以在治疗中进步得更快。夏伦是一位有惊恐障碍的患者，正在服用高剂量的苯二氮䓬类药物，这减轻了她的焦虑症状，但直到她逐渐减少服药之后，她才充分地意识到这些症状并不那么危险。南希正在经受安定药物的副作用影响，不能够在会谈中充分集中注意力（在会谈之外做家庭作业时也不能集中注意力），直到她服用别的药物，情况才得以改善。

患者也有可能出现**未被诊断出的医疗问题**，对这些问题同样需要应对。如果他们近期没做过体检，治疗师可以建议他们做一次检查。马克有焦虑、易激惹、体重减轻、情绪不稳、注意力难集中等表现，治疗师让他去看医生，而初级保健医生通过一次血液检查发现马克并未受困于抑郁，而是得了甲亢。亚历山德拉看起来也像抑郁，她几乎对所有原本感兴趣的活动都失去了兴趣，感到身心疲惫的同时，又不能入睡，同时体重增加。医生诊断她也得了甲亢，而她的症状在接受了合适的药物治疗后得到了缓解。

其他患者可能表现出类似精神科疾病的症状，但实际上也有可能是内分泌紊乱、脑瘤、脑创伤、癫痫、中枢神经系统感染、代谢障碍、维生素缺乏障碍、退化性痴呆、脑血管疾病或其他医学原因在作祟（有关于这一话题更详细的信息，参见 Assad, 1995）。

环境改变

有时患者的生活环境非常糟糕，在这种情况下，治疗干预需要与环境改变相结合。丽贝卡是一个严重抑郁同时有进食障碍的青少年，与她的单亲妈妈和其他三个兄弟姐妹生活在一起。她家里一团糟,她的妈妈酗酒,在情感上虐待她,而她妈妈的男朋友在身体上虐待丽贝卡。丽贝卡在治疗中的进步很小,直到治疗师帮助她搬出家里,与一位姨妈一起住后,她的治疗才取得了不错的进展。肯恩是一个快速循环双相情感障碍患者,其症状只得到了部分控制。他在症状未消除之前挣扎于一份超出自己能力的工作,他变得越来越焦虑、抑郁,并想要自杀。直到换了一份不那么有挑战性的工作,他才能够在治疗中有所进步。

当患者不能在会谈中有所进步,或表现出新的问题时,治疗师需要判断上文所提到的外在因素是否对此有影响。同时,应对这些困难,我们需要探索治疗师的失误或者患者功能不良的信念是否对此有影响,这对于患者在治疗中获得进步非常关键。

治疗师的错误及患者的功能不良信念

治疗中或在两次治疗会谈之间出现的许多问题可能与治疗师的错误有关,或与来访者的功能不良认知有关,或与二者都相关。

问题是否与治疗师的错误有关?

即使是经验丰富的治疗师,也难以完全无错。本书涉及的常见错误包括:

- 错误的诊断(例如,将惊恐障碍诊断为简单的恐惧症)。
- 不正确的个案形成及个案概念化(例如,不能识别出患者的主要问题不是抑郁而是焦虑,或未能正确地识别出患者的核心信念)。

- 未能使用个案形成与个案概念化来指引治疗（例如，过于关注并非是患者康复关键的问题、信念或认知）。
- 错误的治疗方案（例如，使用广泛性焦虑障碍的治疗方案来治疗有强迫症的患者）。
- 治疗关系中出现了不和谐因素（例如，治疗师未能觉察患者在治疗中感到非常沮丧）。
- 不合适的行为目标清单（例如，为患者制订的目标太过宽泛）。
- 不适宜的结构或频率（例如，治疗师未能把握时机打断患者的讲述，以集中精力解决重要的问题）。
- 未能集中精力解决目前的问题（例如，治疗师在治疗初期过于关注抑郁患者的童年创伤经历，而没有集中注意力帮助她在日常生活中解决问题）。
- 不正确地使用治疗技术（例如，设定暴露等级的程序开始几步难度过大）。
- 不合适的家庭作业（例如，治疗师布置的家庭作业让患者难以完成）。
- 没有巩固患者对咨询的记忆（例如，治疗师未能为患者的治疗会谈做书面或录音记录，以帮患者回忆起治疗中最重要的部分）。

治疗师通常很难认识到自己的错误，但回过头来听会谈的录音带，或让同事听，有时会让治疗师察觉到错误，尤其当听者使用认知治疗评估表（Cognitive Therapy Rating Scale, Young & Beck, 1980）来评估这份录音时更是如此。这一量表在 www.academyofct.org 上可以找到，另外还配有一本手册可以用来评估治疗师在 11 个领域的能力。尽管听录音带很有必要，但仅仅听录音带也是不够的，治疗师还需要与同事或督导师完整地回顾个案。

问题是否与患者的功能不良信念相关？

本书接下来的两章将更详细地描述如何识别患者在治疗中表现出的问题背后的信念。简单说来，治疗师对患者的信念提出假设，然后与患者一同检验这些假设是非常有用的。要做到这些，治疗师需要与患者换位思考，并问自己两个问题：

> ❖ "如果我做出这些功能不良的行为，有什么好事会发生？"
> ❖ "如果我不做这些功能不良的行为，有什么坏事会发生？"

本章开头描述的那位患者安德里亚常因自己的问题而责难其他人，她的假设是：

"如果我责备其他人，我就不需要改变。但如果我承认自己在这些问题中也负有一些责任，我将感到很糟糕。如果其他人脱开干系，我就需要做出改变。而无论如何，我都觉得自己不能应付这种改变。"

安德里亚经常在会谈中有非常大的保留，因为她有如下假设：

"如果我回避治疗师的问题或让她转移注意力，我就是安全的，我就会没事。但如果我向治疗师坦白，我就会感到暴露了自己，自己很容易受伤害。而她也会匆忙地评价我，排斥我。"

在安德里亚不愿改变自己的理念中，还有第三套假设在起作用。她之所以不能够按照要求完成起码的家庭作业，就因为以下假设：

"如果保持现状，我不会将自己置身于更大的痛苦中；而如果我试着让生活变得更好，则它实际会变得更糟。"

理解患者持有的这些假设，通常可以清晰地展现他们功能不良行为的原因。检验及修正这些假设，通常是患者愿意做出改变之前治疗师所必须做到的。

区分治疗师的错误与患者的功能不良认知

有时，问题的根源并太不引人注目。以下几个例子就是关于有呈现出棘手问题的患者所表现出的典型困难，以及相对应的，治疗师可能犯的错误和患者的功能不良信念：

- 病人未对治疗付出努力。

  治疗师的错误：治疗师并未让患者思考（作为家庭作业的一部分）他在治疗中最想解决的问题有哪些。

  患者的认知：讨论这一话题没有用处，因为我的问题是无法解决的。

- 当治疗师打断病人讲话时，病人变得很烦躁。

  治疗师的错误：治疗师太多次或太过唐突地打断患者讲话，患者感到不舒适是合理的。

  患者的认知：我的治疗师总打断我，是因为他想控制我。

- 患者强烈地否定治疗师的观点。

  治疗师的错误：治疗师语气太过强烈或太早表达自己的想法，或者认为患者的想法是错误的。

  患者的认知：如果我接受了治疗师的观点，就意味着治疗师赢了，而我输了。

- 患者只是抱怨问题，而不是与治疗师一同解决问题。

  治疗师的错误：治疗师并未将患者充分引入治疗中，或并未在适当的时候打断患者以指引他朝解决问题的方向走。

> 患者的认知：我不应该做出改变。
> - 患者注意力不集中。
>   治疗师的错误：治疗师并未针对患者注意力不集中的问题对治疗方案做出调整，而此时患者可能正处于极度痛苦中，这些痛苦阻碍了治疗的进展，而治疗师未因此调整治疗方案。
>   患者的认知：如果我听从治疗师的建议，我就会感到强烈的不安。

规避治疗中的问题

治疗师如果坚定不移地按照认知治疗的中心准则来工作，就可以最大程度地减少这些问题的发生（详见 J. Beck，1995）：

> 1. 精确的诊断及个案形成。
> 2. 使用认知术语形成个案概念化。
> 3. 通过个案形成及个案概念化来制订会谈中及两次会谈间的治疗计划。
> 4. 治疗师与患者建立强有力的治疗联盟。
> 5. 设定具体的行为目标。
> 6. 使用基础策略。
> 7. 使用高级策略和技术。
> 8. 评估干预和治疗的效果。

我将在下文简要阐述这些准则，并在整本书中穿插说明。

诊断和个案形成

由于认知治疗对于某一障碍和另一障碍的关注点可能非常不同，因此治疗师需要对病人进行全面的临床评估，以确保得出精确的诊断。例如，创伤后应激障碍的治疗与广泛性焦虑障碍的治疗，在某些重要的方面会有很大不同。

同时，治疗师也需要做出正确的个案阐述。例如，对于惊恐障碍患者来说，最重要的认知改变在于治疗师修正病人对症状的灾难化解释（Clark & Ehlers, 1993）。在抑郁症中，改变患者对自我、对世界、对未来的负性思维是最重要的工作目标（Beck, 1976）。而在强迫症中，修正患者的强迫思维或意象的**内容**并不是最重要的，修正他们对于强迫观念的**评价**才更为重要（Frost & Stekettee, 2002；Clark, 2004；McGinn & Sanderson, 1999）。如果治疗师对所有患者都采用同一种方式治疗，不能根据患者的问题加以调整，患者就很可能不会在治疗中获得足够的进步。治疗手册的详细信息，可以在www.beckinstitute.org 中找到。

治疗师同时需要关注影响患者及治疗的其他重要因素，例如年龄、发展水平、智力水平、文化背景、信仰、性别、性取向、身体健康状况及人生阶段。例如，美亚是亚洲人，她的治疗师很不明智地质疑她服从家长的文化观念，因而失去了她的信任。珍妮的治疗师并不明白，当最小的孩子离开家时，珍妮感到的深深哀伤。治疗师没有对她共情并支持她，而是试图纠正她的想法，想让珍妮相信她并不应该拥有正常人所拥有的反应。凯西的治疗师没能觉察到这位上了年纪的患者在活动及记忆方面的困难，因此他布置的作业注定无法被完成。

有时甚至在评估阶段或在第一次会谈中，治疗师就已能觉察到需要调整治疗方案了。了解到上文提到的安德里亚有边缘性人格障碍，同时有偏执的特点之后，治疗师就会思考对安德里亚的治疗与正经历首次抑郁发作的人有什么不同，与没有轴Ⅱ病理特征的人又有什么不同。

诊断与个案形成是一个持续不断的过程。例如，一个有关共病的诊断可能在治疗开始阶段并不明显。埃莉诺是一位有抑郁症和惊恐障碍的患者，在治疗中有很大进步，然而随后遇到了停滞点。在治疗师发现她还有很明显的社交恐惧症并开始对此进行治疗之后，埃莉诺才又开始出现进步。同样的情况也出现在罗德尼身上，他一开始就最大限度地隐瞒了自己物质滥用的严重程度。

认知概念化

治疗师需要不断补充并持续修正患者的个案概念。如在第二章中将会阐述的那样，个案概念化能帮助治疗师（及患者）明白，为什么患者现在对于某一情境或问题采用这种特有方式，让治疗师识别出对治疗很重要的、需要加以处理的核心信念和行为。患者可能会有数目众多的问题和问题行为，数以千计的自动思维，以及众多功能不良的信念。治疗师需要快速识别特定的认知及行为，这些认知和行为最需要而且也最可能加以改变。

设定会谈内及会谈间的治疗计划

一个精确的诊断及个案形成会帮助治疗师设定会谈间的一般治疗方案。一个精确及不断发展的认知概念化可以让治疗师在每次会谈中聚焦于患者的核心问题、功能不良的认知及行为。如何安排治疗会谈将在整本书中加以详细介绍。

建立治疗联盟

为了能让患者充分参与到治疗中，治疗师需要让绝大多数患者感到他们的治疗师是理解、关心他们的，是有能力解决问题的。然而即使治疗师表现出这些特点，有些患者仍然会表现出消极的反应，例如他们可能对治疗师的动机产生怀疑。有时，治疗师需要改变自己的风格，更多或更少地表现出共情、结构化、爱说教、直言不讳、自我表露及幽默的作风。例如，一位匿名患者希望他的治疗师高效且能与患者保持一定的距离。而另一位依恋型患者则希望他的治疗师是温和而友善的（Leahy，2001）。准确指出这些问题，并且形成概念化，同时克服治疗关系中的困难，对于帮助患者进步是非常必要的，这也会帮助他们改善生活中的其他关系，第四章和第五章将加以详细阐述。

设定具体的行为目标

治疗师指导患者识别他们愿意达到的具体目标是非常重要的。许多患者在初期希望自己更加快乐，或更少有烦恼，这些长期目标太过宽泛，以至于难以融入工作中，并且难以实现。治疗师通常会让患者表述如果他们更快乐了，**会做哪些不一样的事**。表述出的行为就会在每次会谈中成为工作的短期目标。

使用基础策略

让患者加入到基础的治疗任务中是非常重要的：识别并回应自动思维，完成家庭作业，设定活动计划（这一任务对于抑郁患者尤其重要），将自己暴露于害怕的场景（对于有焦虑障碍的患者尤其重要）。对于那些抵制做作业的患者，治疗师可以同时关注所有这些重要活动，然而治疗师更应与患者一起商议，提高患者对治疗的依从性，并帮助患者回应与不愿做家庭作业相关的功能不良的想法。

使用高级技术

治疗师通常需要对患者使用多种技术，一般包括认知、行为、问题解决、支持以及人际沟通的技术。有些技术是针对情绪的（例如，教授反应激烈或者情绪过于强烈的有行为回避的患者情绪管理技术），有些技术是生物学的（例如，排除症状的器质性因素，帮助患者应对药物的副作用或长期使用药物的情况），有些技术与环境有关（例如，帮助一个受虐待的患者找到另一个居住环境），有些技术与经历有关

（例如，通过想象重建早年创伤记忆），也有些技术是心理动力学的（例如，帮助患者修正对于治疗师的歪曲信念）。

治疗师通常需要立即确定新的治疗技术，以解决患者由于情绪改变引起的信念激活或回避反应（Newman，1991；Wells，2000）。非标准技术有时也是很重要的，例如有助于保持强有力的治疗联盟，或可以帮助患者改变情绪，获得信念上的根本改变等。

评估治疗和干预的有效性

为了在会谈内及会谈间评估进展并做出计划，治疗师需要在每次会谈开始时完成情绪检查（J. Beck，1995），如果能够配合使用例如贝克抑郁问卷（Beck Depression Inventory; Beck, Ward, Mendelson, Mock, & Erbaugh, 1961）或贝克青年问卷（Beck Youth Inventories; J.Beck, Beck, & Jolly, 2000）则更好。此外，在会谈之内评估进展也很重要。此时应该使用标准技术，例如，治疗师在会谈内请患者做出阶段性总结，或在会谈中讨论某一问题之前及之后分别评估患者负性情绪的程度（以及他们对功能不良信念的相信程度）。

然而如果患者在治疗会谈后再次回到其负性情绪及思维中，或者没能够做出必要的行为改变，那么在会谈内得到的改变成果会非常有限。维持治疗效果的一个重要方法是发现患者进步的原因。对于本书中描述的许多患者而言，即使进步会非常缓慢，但他们在症状反复中仍会表现出稳步的改善。

总　　结

认知治疗的精髓在一定程度上取决于在治疗中识别问题、评估问题的严重性以及发现问题产生的原因。困难可能源于治疗的外在因素（例如恶劣的环境）、治疗的内在因素（例如没有充分关注）、治疗师的错误(例如错误地使用技术),或患者本身的病理因素(例如根深蒂固的信念)。跳到咨询框架之外有时对于充分诊断某一问题是必要的。这本书就将介绍应对这些典型问题的创造性的解决方案。下一章将介绍认知概念化,为理解患者病症产生的原因打下基础。

第二章
对挑战性患者进行概念化

认知概念化是认知治疗的基石。全面的概念化能指导治疗师有力且高效地开展治疗。患者可能带着很多问题进入治疗,也可能成日、整周地经历大量功能不良的认知,这些认知往往让他们感觉不适并出现功能不良的行为。认知治疗师如何才能知道应在治疗中集中处理什么问题呢?总的来说,他们会聚焦于在当前出现的令人不安并且很可能在接下来的一周带来更多痛苦的问题(情境、行为、症状)。他们也会关注那些与重要问题相关的明显歪曲或功能不良的认知,这些认知看似可以改变并且会在患者的思维中反复出现(J. Beck, 1995)。

准确无误地评估那些带着挑战性问题的患者通常比评估一般患者更为复杂。带着挑战性问题的人经常呈现出更多的问题和功能不良的信念(J. Beck, 1998; Beck, Freeman, Davis, & Associates, 2004)。本章将介绍一种方法,使治疗师能将这些患者的诸多问题条理化,让治疗师更容易确定如何治疗。首先,本章将概述一个简明版的认知模型。然后将描述核心信念(对自我、他人和世界最基本的理解)、行为策略和行为假设。接着将呈现一个可以帮助治疗师了解认知概念化的图示。最后,本章还将详细说明患者针对当前情境的想法和反应的复杂关联,并对认知模型进行详尽描述。

认知模型——简明版

最简明的认知模型是,人们对情境的看法会影响他们对情境的反应。安德里亚在第一次会谈中对她的治疗师怒不可遏,如下图所示。

情境
治疗师询问安德里亚的治疗目标是什么。
↓
自动思维
"她为什么要问我那个问题?这太肤浅了。设定目标没用。我的问题太严重了。她应该知道的。难道她没有阅读过评估人员的报告吗?她很可能认为我跟其他人没什么两样。我不会让她这样对待我的。"
↓
反应
情绪反应:愤怒。
生理反应:面部、手臂和肩部绷紧。
行为反应:耸肩、避免眼神接触、不说话。

安德里亚一直有类似的想法和反应,她认为自己在很多情境中都遭到了无礼对待:

"把有缺损的收音机退回商店有什么用?他们不会相信我的。"
"如果我去参加治疗师建议的支持性团体,人们会鄙视我的。"
"收银员故意让我等着。"
"我的治疗师以高人一等的态度对待我。"

这些称为"自动思维"的想法是自发产生的,安德里亚并非有意识地用这种方式思考。为什么她会有这样的负性思维呢?因为安德里亚有着严重的贬低自己的基本信念或核心信念。她认为人们总是挑剔和严厉的,并且是优于自己的。她评价情境的时候,这些观念像筛子或透镜一样过滤着信息。安德里亚的治疗师在治疗她时要面临的困难是,她这些功能不良的信念在日常生活和治疗会谈中都会处在高度激活的状态,如下图所示。

核心信念
"我很脆弱,很坏,又无能。"
"其他人是挑剔、严厉并优于我的。"
↓
情境
治疗师和安德里亚讨论她在支付账单上的困难。
↓
情境通过核心信念的透镜来知觉。
↓
自动思维
"我的治疗师在想我是多么愚蠢。"
"她怎么敢这样评价我!"
↓
反应
情绪反应:愤怒。
生理反应:紧握拳头。
行为反应:告诉治疗师她对自己没有帮助。

一开始,治疗过程对安德里亚和治疗师来说都相当难熬。安德里亚的负性信念频繁地被激活。例如,治疗师试图设立会谈议程并询问安德里亚想先处理哪个问题。安德里亚会想:"这是没用的。我已经到了这一步。这种帮助不会有效果的。"当治疗师问她还可以用什么方式来渡过这一周时(比如,更有收获地),安德里亚就会想:"她在说什么?我还不是老样子吗?"她还用一种稍具敌意的语调对治疗师说:"我简直不能**想象**可以再做一些什么。"当治疗师试图帮助她评估自动思维时,问道:"有什么证据能说明你可以从做家务中获得一点

相关童年资料

生来就是个敏感的、情绪化的孩子,在七个孩子中排行第二,家境贫困。父亲酗酒,对患者有身体虐待。母亲抑郁、冷漠,喜欢对其进行严厉的惩罚。患者曾被亲叔叔和一位邻居性骚扰。

核心信念

"我很脆弱。" "我很无能。" "我很坏。"

条件假设／态度／规则

"如果我对伤害高度警觉,我就能保护我自己。"	"如果我能避免挑战,我会过得很好。"	"如果我责备他人,就能说明我很好。"
"如果我放下防备,我会受伤的。"	"如果我尝试做些有挑战性的事情,我会应付不了的。"	"如果我犯错了,说明我不好。"

应对策略

对来自他人的伤害过度警觉。对负性情绪过度警觉。在他人表现出敌意前充满敌意地跟他们说话。

避免承担她认为困难的任务。回避可能会被要求做一些自认为力所不及之事的场合。

责备他人。

情境1	情境2	情境2
店员一直让她等待。	想着将坏掉的收音机退给商店。	姐姐在应答机上给她留言。
自动思维	**自动思维**	**自动思维**
"她是故意那样做的。"	"有什么用。他们不会相信我买的时候它就是坏掉的。"	"我本该上周就给她打电话的。"
自动思维的含义	**自动思维的含义**	**自动思维的含义**
"她在伤害我。"	"我很无能。"	"我很坏。"
情绪 愤怒	**情绪** 无望	**情绪** 内疚
行为 用一种带有敌意的语调和店员说话。	**行为** 待在家里。	**行为** 责备姐姐在自己不大可能在家的时间给自己打电话。

图 2.1 认知概念化图示

版权归 Judith S. Beck (1993) 所有。根据吉尔福特出版社 1995 年出版的 Judith S. Beck《认知治疗:基础与应用》改编而成。

掌控感？"安德里亚冷漠地回答"没有"，这也是警告治疗师不要再过多打探她的生活。

图 2.1 的认知概念化图示（J. Beck, 1995）更全面地展现了基本的概念要素——安德里亚的核心信念、假设和应对策略（见下文）是如何相互联系，如何与安德里亚的童年经历和当前的经历相联系的。在后文中的"认知概念化图示"部分，我们将详细解释该图。

核心信念

孩子们通过在大脑中组织相关的概念，以努力弄懂自己、他人以及所在的世界。他们积极地寻找意义，不断地将新信息填充到已有的图式或模板里。当孩子以一种负面的视角看待自己的童年经历时，他们通常会开始把负性的特点归罪到自己身上。如果他们之后有了足够的富有意义的正面经历，他们可能仍会不时地以负面眼光看待自己，但基本上会相信自己还不错：相当有能力，相当可爱，值得被爱。如果他们没有足够的正面经历，他们可能就会开始发展出对自己、对世界、对他人的负面看法。

如果这些负性概念在他们的头脑中得到了巩固，孩子可能就会开始用一种歪曲的、功能不良的方式来加工信息，过度知觉和关注负面信息，忽略或根本不关注正面信息。第三章将会讲述这种趋势是如何随时间流逝而变得根深蒂固的，从而大大增加孩子患上轴 II 障碍的概率（Beck et al., 2004）。

例如，在安德里亚的童年里，几乎每天都会被一系列负面经历所充斥。她家境穷困，有六个兄弟姐妹。她的父亲是一个酗酒者，常对安德里亚和她的兄弟姐妹进行毒打。她的母亲长期抑郁、喜欢惩罚孩子，在情感上和身体上都缺乏爱的能力；安德里亚在 12 岁的时候被一个叔叔性骚扰，13 岁的时候被一位邻居性骚扰。理所当然地，安德里亚逐渐发展出了许多对自己、对他人、对世界的负面观念。例如,她开始认为自己是无能的。久而久之,这个信念就深植于她头脑中了。

不知不觉中,安德里亚开始选择性地关注那些支持这个观念的信息,不仅在家庭关系中是这样,在家庭之外的许多情境和经历中也是这样。她也开始歪曲那些不符合这个信念的信息。例如,当表哥称赞她帮助父母照顾兄弟姐妹的行为时,安德里亚认为他对自己这么好肯定是有企图的。另外,她就是认识不到或不重视有关自己的正面信息——例如,在一些与同龄人和成人的互动中,她也会表现出适当的决断力和影响力。这样,她认为"自己无能"的信念变得越来越强,而"自己其实是有用之才"的这个薄弱的信念则越来越弱。

有关自我的核心信念

个体关于自我的负性信念大体上可以分为以下三类:无能、不可爱、无价值。如果治疗师想要更有效地计划治疗方案,他们应该从与患者最初的会面开始收集资料,然后在这些资料的基础上形成某种假设,接着由患者来验证假设,确认患者的信念是否涉及无能、不可爱或无价值主题中的一个或多个。患者可能持有一个主要的功能不良的核心信念,也可能有很多个;他们的核心信念也许可被归为以下提到的某一类信念,也可能不止一类。

无能类的核心信念可能存在许多细微差别,但主要与在一定程度上感觉到自己无用的主题有关。患者会以不同的形式表达这个想法:

无能类核心信念

"我不够格,没用,不能胜任;我不能应对问题。"

"我没有力量,失去控制;我不能改变;我束手无策,陷入困境,是一个受害者。"

"我是脆弱的、弱小的、贫困的,很容易受到伤害。"

"我是劣等的,一个失败者,一个输家,不够好;我不如别人。"

相信自己**不可爱**或**不被爱**的患者，可能会过度关注自己是否有用，但也可能不会如此。他们认为或害怕自己将永远不会得到想要的亲密关系和关心。他们会用以下方式表达这个想法：

不可爱类核心信念

"我不讨人喜欢，不受欢迎，丑陋，无聊；我没有什么可以奉献。"
"我不被爱，是多余的、被忽略的人。"
"我总是会被拒绝，被抛弃；我会一直孤独。"
"我是不同的、有缺陷的、不值得被爱的。"

那些认为自己**无价值**的患者可能这样表达想法：

无价值类核心信念

"我毫无价值，难以被接纳，很坏，疯狂，拙劣，一文不值，是个废物。"
"我容易受伤、危险、恶毒、邪恶。"
"我不配活着。"

无价值类的信念通常带有一种道德的腔调，这将它们与前两类信念区别开来。当患者表达出无价值的信念时，对治疗师来说很重要的一点是要明白究竟是无价值本身对患者来说就具有最坏的含义，还是说不可爱或无能才是隐藏在无价值信念之后的含义。当瓦尔特告诉治疗师他没有价值的时候，治疗师进行了更深一步的试探："如果你真的毫无价值，那最坏的结果是什么呢？是你没用、毫无成就呢，还是你再也得不到你想要的爱了？"瓦尔特回答说后者更糟糕。相反地，萨莎的治疗师询问她无价值的核心信念对她来说意味着什么，她回答说两者都不会更糟糕，自己毫无价值本身就是最坏的可能了。

识别患者信念的类型为何很重要

快速识别某位患者的信念属于哪种类型有助于引导治疗的方向。在大多数个案中，治疗师的目标是引发并矫正患者最核心的功能不良的思维、信念和行为。一位患者认为自己基本上能胜任工作，是个有用的人，却因"不可爱"信念感到很痛苦，这时治疗师应该鼓励她进行逐步与他人建立联系的行为实验。而认为自己大体上"可爱"，但是"无能"或"无用"的患者，则需要通过各种各样的获得控制感的经历助其改善病情。

正确地对患者核心信念的类型进行概念化对有效开展治疗来说是十分必要的。例如，一位治疗师对一名患者的核心信念错误地进行了归类。爱德华有很多关于失去妻子的自动思维："我是一个坏丈夫。她（妻子）很可能厌烦了。她还能忍受我多长时间呢？她很可能离开我。"他还有一些关于疏远他人的想法："查克（患者最好的朋友）肯定对听我抱怨不耐烦了。他肯定认为我真是个失败者。我敢肯定他更愿意跟其他人待在一起，而不是花时间听我唠叨。"爱德华对与母亲的关系也存在负面看法："我真应该去看看她。她很可能认为我不关心她。"

治疗师认为这些思维说明患者有坚定的认为"自己不可爱"的信念。因此，他关注那些有关"不是一个好丈夫、好朋友和好儿子"的自动思维。他认为应设计家庭作业以帮助爱德华与挚爱的人和同事们更多地进行联系。但爱德华只是改善了一点点。最后，治疗师直接探索爱德华想法的**含义**："如果这（你的妻子想要离开你；你的朋友不想花时间跟你待在一起；你的母亲认为你不关心她）是真的，那最坏的结果是什么呢？"爱德华回答道："我不能与人相处。没有人能帮助我。我不知道自己做了什么。"

显然，爱德华最主要的担忧并不是他没有得到关心和爱情（不可爱）；相反，他确信如果自己与其他人疏远，失去他们的支持和帮助，他将没有能力去应对自己的生活（无能）。一旦他的治疗师将治疗转向评估"无用"和"不胜任"的自动思维，并使他投入到让其获得掌控感的活动中，爱德华的抑郁就快速改善了。

为什么患者如此顽固地坚持他们的核心信念

为什么患者会如此顽固地坚持他们的信念呢？即便是面对多方面的相反信息亦是如此。罗宾认为自己坏到家了，虽然她有大量相反的证据证明她并非如此。她是个有能力的雇员，她最好的朋友待她很好，经常夸她，她将年迈的母亲照顾得很好，她的邻居看起来也喜欢她。一个使她形成"我很坏"信念的强有力因素是她加工信息的方式。

- **她不断选择性地关注那些证实自己负面观点的信息。**每次她认为自己犯错或未能达到自己的期望（往往是不切实际的高期望）时，每次她相信自己没有达到别人对自己的期望时，每次她从他人处获得负性反应（有时甚至是中性反应）时，她都会加以注意——并为自己贴上不好的标签。例如，当她未能清理好自己的公寓就离开时，当她（由于公共汽车晚点）上班迟到10分钟时，当老板指出她的打字错误时，当她意识到自己忘记给妈妈回电话时，她都会给自己贴上不好的标签。
- **她将与自己信念相反的信息打折扣。**当罗宾注意到正面信息时，她并不会以直接的方式整合这些信息。当她付出相当大的努力帮助邻居搬家具时，她会想："我真应该做得更多。"当她照顾妈妈时，她会想："我这样做不是出于爱，而是出于义务。"
- **她难以辨认出相反的信息。**罗宾意识不到她在本月21个工作日里有20天都是准时上班的，她每天都对同事很友好，而且常常不怕麻烦地去照顾妈妈。但只要她没有做这些事情时，她就会认为自己不好。

这种有偏差的信息加工方式是不受意志控制的。它会自动出现，罗宾是意识不到的。幸运的是，罗宾的治疗师可以帮助她理解她错误的信息加工方式，并学着对抗它（见第十三章）。罗宾需要学习不以那么激烈的方式看待自己功能不良的行为和负面经历。她也在学着适应性地接受正面行为和经历，并学习识别及重视之前未能意识到的有关自己的正面信息。

有关他人的核心信念

具有挑战性问题的患者通常会以一种僵化、过分概括化和非此即彼的方式看待他人。他们大体上不认为其他人也是复杂的人类，会在不同的情境中表现出或多或少不同的特质。他们往往以一种非黑即白的模式将其他人分类。通常，他们总是夸大负面的影响。比如，他们认为人们喜欢贬低、不关心别人，同时具有伤害性、阴险、喜欢操纵。或者他们可能会不切实际地积极看待其他人，如认为别人都高人一等、有用能干、可爱、有价值（而自己却不是这样的）。

有关世界的核心信念

这些患者往往对自己的个人世界也持有功能不良的信念。他们可能坚信自己所在的世界有太多阻碍，因此不能从生活中获得自己想要的东西。他们可能将自己的信念表达为"世界是不公平、不友好、无法预测、不可控、危险的"。他们通常会广泛使用这些信念，或用它们去解释一切。

那些同时有许多关于自我、他人和世界的核心信念的患者通常相信没有安全避难所让他们正常生活。例如，安德里亚相信自己的世界是危险的，她是无能的，她急需他人的帮助。她同时还相信其他人对自己漠不关心，并会伤害自己。她还认为自己必会以某种方式毁灭。安德里亚发现其他人是病态的，这更进一步固化了她的功能不良信念网络。

行为策略

对人们来说，极端地看待自我、世界和他人是很痛苦的。具有挑战性问题的患者通常发展出某种行为模式来保护自己——以应对或抵消他们的负性信念（Beck et al.，2004）。例如，安德里亚相信自己是脆弱的，其他人可能会伤害她。因此，她发展出的策略是让自己对他人行为高度敏感，让自己对恶行的苗头保持敏锐警觉。当她的确知觉到（或错误地知觉到）自己遭到了糟糕的对待时，她的策略则是对他人进行言语攻击。

詹妮斯同样也认为自己很弱小，其他人可能会伤害她。但是，她的策略是对他人的负性情绪高度警觉，并过度取悦和抚慰他人，压抑自己的愿望，不惜一切代价避免冲突。

长期存在问题的患者通常在童年或成年早期就发展出了这些行为策略。这些行为模式可能（也可能没有）在生命早期有些正面作用，但随着个体的发展和进入新的生活情境，这些策略变得越来越适应不良了。过度使用这些功能不良的策略可能会保护他们暂时不激活核心信念。但是，这样的行为并不会逐渐改变核心信念。当安德里亚通过言语攻击他人来避免遭到糟糕的对待时，她脆弱的核心信念并未受到影响。她仍然相信："如果我不这样对他们（进行言语攻击），他们会对我很糟糕。"当詹妮斯取悦他人时，她仍然相信："如果我没有取悦他们，他们就会伤害我。"

治疗前，患者对自己行为模式的认识程度各异，但识别它们往往相当容易。理解患者的核心信念和假设对发现患者以目前这样一种方式行事的原因是非常必要的，考虑到这些时，他们的行为便有意义了。

每一种人格障碍都有其成套的核心信念、假设和策略（见第三章)。下面呈现的是不同患者应对同一核心信念的方式。

核心信念	应对策略
"我不胜任。"	依赖他人或试图做得更好。
"我什么都不是。"	退缩、回避亲密关系、表演性、肆意妄为。
"我很脆弱。"	行为激烈、控制、回避可能受到的任何伤害。

假设、规则和态度

理解患者行为策略的方式之一是检查患者介于表层的自动思维和深层的核心信念之间的认知。价值、规则和态度组成了这类处于中间的信念（J. Beck，1995；见第十二章）。**条件假设**说明了一个人的行为策略如何与其核心信念相联系。患者一般都相信，如果他们使用了应对策略，他们会很好；但如果他们没有使用，他们（所恐惧的）的核心信念会变得更为明显或成为现实。

- "如果我对伤害保持高度警觉，并对人们有敌意，我就可以保护自己；但如果我不保持警惕，其他人就会伤害我。"
- "如果我维持现状，我就会很好；但如果我尝试做出改变，我是没有能力完成的。"
- "如果我犯了错，那么意味着我不好。"

像安德里亚一样的患者难以治疗的原因之一，是他们对治疗师或治疗过程的假设往往与他们对其他人或其他情境的假设一样，这样他们也会在治疗中使用适应不良的应对策略。治疗刚开始时，安德里亚对伤害高度警觉，并认为她的治疗师一直在努力控制她，于是她以一种挑剔和带有敌意的方式做回应。她相信自己没有改善生活的能力，所以她抵制治疗师让她制订目标或做出小改变的尝试。安德里亚同时也不愿透露太多自己的想法，认为如果她这样做了，她的治疗师就会控制她。

患者还会以其他的方式表达自己假设中的观念，即通过**规则和态度**。"我不应该更多地透露自己的信息"的规则可能会与"如果我透露自己，我就会被拒绝或受伤"的假设相联系。"犯错太可怕了"的态度可能是从"如果我犯错，就意味着我不能胜任"的假设中得出的。为了更有效地检验患者的观念，获得规则或态度所基于的假设是很有帮助的。

中心假设与子假设

患者会做出成千上万的假设。因而，识别那些宽泛的中心假设很重要，这样就能有效地指导治疗工作了。最重要的假设往往与患者的核心信念紧密相连。识别在治疗中发现的新假设代表了一个需要引起关注的新主题，还是可以归于之前已确认的中心假设，这也是很重要的。

例如，艾莉森持有以下宽泛的中心假设：

"如果我体验到负性情绪，我就会崩溃。"

比该假设更有限一些的子假设包括：

"如果我关注治疗师所说的话，我就会感觉糟透了，我不能忍受。"

"如果我必须做治疗师布置的家庭作业，我就不得不思考自己的问题，我不能忍受那种可能出现的糟糕感觉。"

"如果我想对抗妈妈"即便只是温和地对抗"，我就会变得很焦虑，我可能会疯掉。"

在随后的治疗会谈中,他们正在讨论艾莉森可以如何度过周末时,她表达出了另一个假设:

"如果我不做姐姐希望的事,她就会感觉不舒服。"

治疗师此前从未发现该假设内在的主题。她想知道艾莉森是不是有一个更为宽泛的假设,或者该假设只是一个子集——例如,"如果我让其他人失望,这说明我不好"。虽然有所怀疑,但治疗师还是认为艾莉森基本上并没有为"不顺从姐姐或其他人"赋予特别的含义。她对姐姐所做的假设是在特定情境下产生的,与重要的更宽泛的假设没有关联。确定了该假设并非某中心假设的子集后,治疗师很快转向讨论更为中心的问题和认知。

认知概念化图示

认知概念化图示可以帮助治疗师组织他们从患者那里获得的海量信息。它可以帮助治疗师:

- 识别患者的核心信念、假设和行为策略。
- 理解患者为什么会对自我、他人和世界发展出如此极端的信念。
- 理解患者的行为策略是如何与其核心信念相联系的。
- 确定哪些信念和行为策略是最重要的,应该优先处理。
- 理解患者当前为什么以一种特定方式行事:他们的信念是如何影响他们对当前情境的看法的,而这些看法反过来又是如何影响他们的情绪、行为和生理反应的。

例如,图2.1中的认知概念化图示将目前已有的关于安德里亚的许多信息组织了起来,并增加了她童年经历的信息,以帮助我们理解她为什么发展出了对自己、他人和世界的极端观念。

图示的下半部分阐述了认知模型：在特定情境下，患者出现了某些影响其反应的想法。治疗师会发现，第一次与患者接触时就在脑子里填写图示中的这些格子是非常有用的。但是，最好还是在进行了一些会谈后再开始（用铅笔）填写，这时治疗师已经识别出了一些重要模式，包括：①导致痛苦的情景；②患者的自动思维；③他们的情绪反应；④他们的行为反应。对任何尚未向患者求证的假设都要打个问号，这是很重要的，因为认知治疗的重要特点之一就是需要直接用患者提供的信息进行概念化。

为图示下半部分选择问题或情境时，治疗师应寻找患者身上高度典型却又各不相同的问题——那些可以说明患者自动思维中不同主题及其功能和行为中的不同方面的问题。如果选择了过于雷同的情境，可能会让治疗师忽视重要的信念。另一方面，选择不太典型的情境也会导致概念化不够准确。

实际上，图示的下半部分过于简化了。本章的末尾将提到，患者在给定的情境下会有许多自动思维，它们与各种不同的情绪相联系。患者可能会以一种功能不良的方式来评价自己的（情绪、行为和生理）反应。同样，患者在出现功能不良的行为前，经常会有一连串想法。

此外，特别是对具有复杂问题的患者来说，三个情境实在太少了——治疗师可能需要通过更多情境来全面捕捉患者的功能不良信念和策略。记录患者出现干扰治疗行为的情境也是很有帮助的，在第一章已有相关论述。例如，如果治疗师并没有犯什么破坏治疗关系的错，患者却做出诸如不断地说"我不知道"、不做作业或以一种具有敌意的方式对待治疗师的行为，那么治疗师对导致这些行为的想法进行概念化也会大有裨益。图2.2展示了安德里亚在会谈中表现出功能不良行为的三个情境。要注意，患者对治疗和治疗师的条件假设是图2.1中认知概念化图示中假设的子集。

图 2.2 阐述治疗干扰行为的认知概念化图示

版权归 Judith S. Beck（1993）所有。根据吉尔福特出版社 1995 年出版的 Judith S. Beck《认知疗法：基础与应用》改编而成。

在完成图示的后半部分时,安德里亚的治疗师询问她自动思维的**含义**。这些含义在主题上与安德里亚对自我的核心信念相关,如图示前面部分所示。事实上,安德里亚的核心信念以透镜的方式影响着她的各种看法,并且这些核心信念也处于情境和自动思维之间。但是在治疗中,治疗师可以通过询问自动思维的含义来逐渐引出其信念。这就是为什么含义格子被放在了自动思维格子之后。但事实上,这些格子应该出现在自动思维格子上方,并标上"影响患者对情境的看法的信念"。

在安德里亚这个个案中,她从童年开始就相信自己是不好、无能和脆弱的。她是怎么发展出这些信念的呢?最上方的格子中清楚地说明了为什么她开始以一种如此负面的视角来看待自己和他人。她在一个混乱和充满辱骂的家庭环境中长大。在治疗的某些时候,治疗师会总结安德里亚的童年经历,并帮助她看到许多遭受了同类创伤的孩子可能会发展出对自我和他人的极端信念——但那些信念不一定是真的,或根本不是真的。

治疗师还帮助安德里亚认识到,由于这些高度负面和功能不良的信念存在,对跟她一样的人来说,发展出某些应对策略来应对这个世界是件很自然的事情。安德里亚的治疗师回顾了她的条件假设,这样她就可以开始理解为什么自己的行为举止经常功能不良了。安德里亚也暗暗相信如果她使用了自己的应对策略,她就会很好;但如果她不使用的话,她的功能不良的核心信念就会在自己或他人面前完全暴露出来。

认知模型——详尽版

对本章开头和认知概念化图示中呈现的简明版认知模型进行详细说明往往是很重要的。治疗师和患者需要认识到一系列情境(并不全是零散的事件）都可以诱发自动思维。此外，诱发事件和最终行为之间的顺序可能会是相当复杂的。

情境或诱发事件

大多数人都会把情境看作零散的事件，例如开车去治疗，与同伴争吵，或打开一封令人不安的信件。但认知模型中的每个成分都有可能变成新的诱发情境。例如，乔尔认为妈妈在批评自己不常打电话给她，因此只有在跟妈妈通完电话后，他才能感觉好些（第一个情境）。乔尔想："为什么她总是抱怨我不经常跟她聊天？难道她不知道我也有自己的生活吗？"他觉得很恼怒。接着乔尔对这些想法做出了反应（第二个情境），然后产生了其他想法："我不应该这样想妈妈。她已年迈，很孤单。"现在他觉得内疚。他注意到自己正感觉内疚（第三个情境），然后想："我是一个成年人了。妈妈怎么还会对我有这么大的影响呢？我肯定有什么问题。"这个时候，他感觉很难过，深陷在沙发里。接着他又对自己的行为做出了反应（第四个情境），想："我不该仅仅坐在这儿。我这是怎么了？"这样想时，他对自己感到愤怒。

诱发自动思维的情境可能是：

- 零散的事件
- 痛苦的想法
- 记忆
- 图像
- 情绪
- 行为
- 生理反应
- 心理感觉

简而言之，认知模型的情景部分可以是人们用具有个人意义的方式评价的内在或外在事件或情况（见图2.3）。

---

1. 单一事件：治疗师询问患者是否完成了作业。
   ↓
   自动思维："如果我告诉她我没有完成作业，她会对我发脾气的。"

2. 痛苦想法：患者意识到自己正被有关细菌的想法困扰。
   ↓
   自动思维："看吧，我又这样了。我真是疯了。"

3. 记忆：患者不由自主地出现了被攻击的记忆。
   ↓
   自动思维："我总是被这些闪回折磨。"

4. 图像：患者想象父亲撞车了。
   ↓
   自动思维："噢，不！我背地里肯定希望他受伤。"

5. 情绪：患者意识到自己非常生气。
   ↓
   自动思维："我肯定是哪里出问题了。正常人不会为微不足道的小事生气。"

6. 行为：患者刚刚催吐过。
   ↓
   自动思维："我再也无法克服我的进食障碍了。"

7. 生理感觉：患者觉得胸部紧张。
   ↓
   自动思维："我心脏病快要发作了。"

8. 心理体验：患者意识到自己的各种想法正在脑中较劲。
   ↓
   自动思维："我快疯掉了。"

图2.3　诱发情境示例

自动思维何时成为刺激情境

当自动思维被患者评价时，它们就变成情境了，即患者意识到了自己的自动思维，并对它们产生了其他的自动思维。最初的自动思维和评价通常是以语词形式表达出来的。例如，班尼特看见一个无家可归的人呈大字形姿势躺在人行道上、大声骂脏话（情境1），他想："这个无家可归的人真恶心。"接着他意识到了这个想法（情境2），然后对它进行了评价："我不应该那样想。我真坏！"

事实上，自动思维也可以是图像式的。德娜听到一阵噪音（情境1），脑海里出现了自己的孩子滚下楼梯的画面。她意识到了这个图像（情境2），并评价它："既然我想象到了孩子从楼梯上滚下去，我肯定是希望它发生。"

当患者评价了他们的想法，治疗师需要弄清楚，是关注最初的自动思维，还是关注对其的评价。通常来说，后者会更为重要。

反应何时成为刺激情境

患者的反应可归为三类：情绪、行为和生理。确认他们的反应本身是否对其造成了困扰是很重要的。患者经常会因自己的**负性情绪**感到痛苦。例如，菲尔在一个药店里（情境1），想到："如果这种药对我没有帮助怎么办？"这样的想法让他感到非常焦虑。接着他注意到自己的感觉是多么焦虑（情境2），想："我的焦虑感再也不会消失了。"然后一种无望感油然而生。

有时候，患者会被自己的**行为**困扰。玛丽在工作时见到一盘曲奇饼干（情境1），她想："吃一块应该没关系。"然后她拿了一块小饼干吃掉了。吃完后，她意识到自己做了什么（情境2），想到："噢，不，我不应该吃的。我已经夸下海口说今天要节食的。我可能吃得更多，节食又得从明天开始了。"

患者有时还会因自己的**生理反应**感到莫大的痛苦。例如，威廉开车时（情境1）脑海里出现了撞车的自动思维和画面，并感到焦虑，心跳加速。他注意到自己心跳加速（情境2）并想："天啊，我这是怎么了？"实际上，关注患者对自己反应的评价要比关注最初的诱发情境更为重要。

认知模型的详细顺序

识别出问题情境后，治疗师应该确定事件、想法和反应是否遵循一定的顺序——这样治疗师和患者才能共同决定从哪里开始解决问题。通常情况下，治疗师必须周密地询问患者以确认他们在情境之前、之中和之后的自动思维。这样做可以帮助治疗师对以下关注点进行概念化：

- 问题情境本身
- 关于情境的一个或多个自动思维
- 被激活的功能不良的信念
- 患者的情绪反应
- 患者的行为
- 患者对自己想法、情绪反应或行为的评价

当患者在惊恐症发作中卷入功能不良的想法—行为—生理反应循环，或发生强迫性行为（如物质滥用、暴食和催吐、对他人有暴力行为或自伤行为）时，治疗师对发生的事件做个详尽的排序尤为重要。

案例 1

在玛莉亚的惊恐症发作之前和发作过程中，可以观察到一系列可预测的事件（虽然她和她的治疗师并不是总能识别出特定的诱发事件）。典型的顺序如图 2.4 所示。玛莉亚与丈夫在收费公路上驾车。她看到一个路标，意识到最近的出口很远。她想："如果我这时生病了或需要帮助怎么办？"

这样的想法让玛莉亚感觉十分焦虑、心跳很快。她注意到自己的心跳加速，想："我怎么了？"她同时也想到了自己心脏病发作的样子。接着她明显感觉到更加焦虑，身体也开始有反应：心怦怦跳，呼吸急促而加深，胸口开始变疼。当她关注自己的身体反应时，情绪就紧张

起来了,她开始相信自己马上就要心脏病发作了。她的焦虑升高到了惊恐的水平,身体开始产生反应(即感觉紧张),她越来越关注自己的感觉,越来越相信自己就要心脏病发作了。

这个循环又持续了10分钟,直到她的身体的肾上腺素耗尽,紧张感开始消退。惊恐发作后,她想:"那太可怕了。最好再也不要发生了,否则我可能真的会死掉。"她又感觉到焦虑,她认为自己"很脆弱"的信念变得更坚定了。

案例2

帕特里克在使用毒品之前,按顺序出现了的一系列想法、感觉和行为(见图2.5)。例如,他正在家,想着自己的钱很少,感到很伤心。他意识到自己正感觉伤心,并想:"我讨厌这种感觉。如果我能吸点可卡因就好了。"然后他想起自己第一次吸食可卡因时的情景,感觉非常美妙。这个画面激起了他的渴望,他感觉自己有吸食可卡因的冲动。他想:"我应该去弄一些来。一次不会有什么伤害的。"接着,帕特里克主动制订了一个获得可卡因的计划,将自己的注意放在计划上,并打消了那些可能制止自己的想法。然后他执行了计划,获得了可卡因,并从鼻子吸入。几小时后,他糟糕的感觉又回来了。他认为自己是个失败者、无法自控的信念加强了,把他推向更黑暗的深渊。

案例3

潘梅拉患有厌食症。她的暴食模式很典型(见图2.6)。在工厂上完夜班后,她回到空荡荡的公寓里,感觉很放松。她想:"我应该去洗洗衣服,但是我真不想做。"她开始想自己的家人和朋友,他们都住得很远,需要超过1小时车程才能到达。她意识到自己有多么孤单,想:"我无法忍受这些痛苦!我能做什么呢?"她试着去看杂志,但是无法集中精力。她想:"食物可以让我平静。我知道今天吃得够多了,但我太不安了。我控制不住。"

情境1：患者意识到自己离医院很远。
↓
激活带有信念"我很脆弱"的图式。
↓
自动思维："如果我生病了，需要帮助怎么办？"
↓
情绪：焦虑。
↓
生理反应：心跳加速。
↓
情境2：患者意识到心跳比平时快。
↓
自动思维："我怎么了？"出现自己心脏病发作的画面。
↓
情绪：焦虑水平升高。
↓
生理反应：心怦怦跳、过度换气、呼吸急促、胸口疼。
↓
行为和情境3：关注自己的身体症状。
↓
自动思维："我感觉越来越糟糕了。"
↓
情绪：焦虑水平继续升高。
↓
生理反应和情境4：症状加剧。
↓
自动思维："我就要心脏病发作了！"
↓
情绪：惊恐
↓
情境5：惊恐发作消退。
↓
自动思维："那太可怕了。如果再发生，下次我可能就真的死掉了。"
↓
自己"很脆弱"的信念更坚定了。

图2.4 惊恐脚本

情境1：坐在家里。
↓
自动思维："我真是一文不值。我再也走不出这个深渊了。"
↓
情绪：伤心，无望。
↓
情境2：注意到伤心的感觉。
↓
自动思维："我讨厌这感觉。如果我能吸食一些可卡因就好了。"
↓
情绪：焦虑。
↓
自动思维：第一次尝试可卡因时的美好感觉记忆。
↓
情绪：兴奋。
↓
生理反应：渴望。
↓
情境3：认识到令人不舒服的渴望。
↓
自动思维："我必须要弄些可卡因。一次不会有什么伤害的。"
↓
情绪：轻松。
↓
行为：打消可能制止他的想法；获得可卡因，用鼻子吸入。
↓
情境4：几小时后，意识到自己做了什么。
↓
自动思维："我不能相信自己那样做了。我如此脆弱。我永远无法克服成瘾问题了。"
↓
认为自己是个失败者，无法自控的信念加强。

图 2.5　物质滥用脚本

情境1：晚上独自在家。
↓
自动思维："我应该洗洗衣服，但我不想洗。我真希望自己跟家人和朋友在一起。"
↓
情绪：孤独。
↓
情境2：注意到自己感觉十分孤独。
↓
自动思维："我无法忍受。我能做什么呢？"
↓
情绪：焦虑。
↓
自动思维："能让我感觉好的唯一东西就是食物了。"
↓
吃冰激凌的图像。
↓
生理反应：渴望。
↓
自动思维："我知道我不该这样，但我准备去弄一些。"
↓
情绪：轻松。
↓
行为：拿到冰激凌，吃了几大勺。
↓
自动思维："我应该停下来，但我还是太不安了。"
↓
行为：打消想法。吃完一盒。继续吃其他高糖、高热量的食物。
↓
情境：感觉身体不舒服。
↓
自动思维："我真蠢。我再也不应该那样做了。"（想象自己非常臃肿肥胖。）
↓
情绪：难过，无望，对自己生气。
↓
自动思维："我无法忍受。我不如让自己呕吐出来。"
↓
情绪：有点放松。
↓
行为：催吐。
↓
认为自己不好、不受欢迎、无法自控的信念加强。

图 2.6 贪食症脚本

潘梅拉想起冰箱里有冰激凌。她产生了吃冰激凌的视觉表象和身体感觉，非常愉悦。这样的图像触发了她内心的渴望，潘梅拉感受到了要拿出冰激凌并开始吃的强烈欲望。她赶走了那些不鼓励她去吃的念头，并做出了要吃冰激凌的决定。做好决定后，她感到一阵轻松。她从冰箱里拿出1/4份冰激凌开始吃。她告诉自己吃几口就停。但吃了几勺以后，她想："我知道我应该停下来，但我还是太不安了。"然后她便接着吃。她打消了那些可能管理自己行为的想法，事实上，她尝试着让自己的脑子什么也不想，几乎是在一种分裂状态下继续吃，直到冰激凌都被吃完了。接着，她四处寻找更多的食物。在暴食之后，她身体上和情绪上都感觉很糟糕。她把自己的身体形象夸大了，认为自己臃肿而肥胖。她为自己的脆弱和失控恶毒地责备自己。她因此而更加烦躁不安，并允许自己出现催吐行为。

总　　结

患者思考和行事方式与其信念和应对方式是一致的。继续完善认知概念化十分必要，这可以帮助我们理解为什么患者在当前情境中会用这样的方式行事，选择需要关注的最重要的问题、认知和行为。认知治疗的精髓在一定程度上取决于形成准确的概念化，尤其是当患者的问题十分复杂时，可以使用概念化来指导治疗。下一章我们将谈到人格障碍的认知规则，这可以帮助临床医生更快地识别轴Ⅱ患者过去与当前问题的确凿证据。

第三章

人格障碍给治疗带来的挑战

并不是所有给治疗带来挑战的患者都有潜在的人格障碍,不过的确有一些是有的。因此了解轴Ⅱ的每种障碍对医师来说非常重要。DSM-IV-TR(American Psychiatric Association,2000)涵盖了包括人格障碍在内的各种精神障碍的情绪和行为症状。但即使认知因素对评估和治疗非常重要,这些障碍的认知症状也并未得到充分关注。最近研究显示,每种人格障碍患者都有一系列特定的信念(Beck et al.,2001)。了解轴Ⅱ中每种障碍的认知方式,能让治疗师快速对患者的问题进行概念化,并判断出最有效的干预方案。

治疗师还可以在治疗时用这些知识诊断治疗关系问题,并根据需要采用合适的治疗结构、风格和干预手段。当然,绝大部分患者会表现出不止一种轴Ⅱ的病征:他们常常将多种信念和应对策略混杂在一起。本章中的例子将指导治疗师弄清楚人格障碍患者的那些让人困惑不解的认知方式、行为和情绪反应。

本章将揭示个体是如何发展出人格障碍的,并归纳出轴Ⅱ障碍患者关于自我和他人的信念,他们的条件假设,过度发展或未发展的策略,以及他们那些干扰到治疗的具体想法和行为。本章还将为每种人格障碍提供一个案例。本书第十章将讲述如何引出患者的信念,附录 B 给出了人格障碍信念问卷（Beck & J. Beck，1995），这个问卷可用来识别和归类每种轴 Ⅱ 障碍。如果要详细了解人格障碍的分类、理论、评估和治疗，可参见 Millon（1996）。如果需要详细了解如何运用认知疗法治疗人格障碍，参见 Beck 等（2004）。

人们怎么会患人格障碍

认知治疗师认为，个体的与某些人格特质有关的基因跟个人的早年经验交互作用，从而致使轴 Ⅱ 障碍发生。比如，表演型人格障碍患者天生极富表演才华，分裂样人格障碍患者可能有一种偏好独处而非社交的气质，自恋型人格障碍患者可能对于竞争雄心勃勃。

儿童对他们童年经历的解读，尤其是极度创伤事件或者持续较长时间的、较隐蔽的消极事件，也许会增加这些遗传趋势显性表达的可能性。

案例

凯特生性十分害羞、古怪、敏感。孩提时，她常被同伴嘲弄，又常被父母指责。她慢慢相信，自己有什么地方不对劲——她是不讨人喜欢、不被人接受的。这些想法让她十分痛苦，她开始回避与人交往。凯特在与父母和其他权威人士互动时变得非常顺从，她要避免吸引这些人的注意，因为她认为他们会指责她。她开始减少和同学、邻家孩子的接触，因为她害怕一旦接近他们，她就会受到欺负。

凯特的顺从增加了父母对她的指责，而这反过来又加深了凯特的信念——"我是有缺陷的。"凯特疏远其他孩子的行为，让孩子们完全忽略了凯特，这反过来加深了凯特的信念——"我是不讨人喜欢的。"（不去接触其他孩子，也令凯特无法发展社交技能，而其他孩子都是在与同伴的互动中学到这些技能的。）她的回避行为加强了她的信念，而这些信念又让她更多地做出了这样的行为，行为则继续强化信念，形成一个恶性循环。

同时，凯特比其他孩子更容易产生消极情绪。她认为自己很容易痛苦，如果自己的痛苦增强，她就会"崩溃"。她回避社交，不去想痛苦的事情，让自己分心，用这些功能不良的方式处理她的消极情绪。

如果凯特继续使用回避作为策略，那么她就无法发展出功能良好的方法来应对消极情绪；如果她的核心信念"我不可爱"、"我不被接受"变得更加牢固，那么她可能发展出回避型人格障碍。

患者还可能被他们的行为策略强化，他们也可能通过模仿别人形成行为策略。乔伊的父亲有严重的强迫症状。童年时，乔伊观察到父亲的完美主义和过分控制。不仅如此，他的父亲会因乔伊将房间收拾得极其整洁或者在学校里得到了全 A 而表扬他（对乔伊那些不够规矩、太过任性的兄弟姐妹进行指责）。乔伊发展出了严格的信念，一定要有秩序、要自我控制、要有高标准、要把事情做到完美，这些信念又强化了相应的行为策略。

典型的过度发展和未发展的策略

人格障碍患者有相对较少的行为策略，但他们在不同情境、不同时刻都使用这些策略，即使在某些时候这些策略已经明显不适合了（Beck et al., 2004）。他们会发展这些策略来应对自身极其消极的核心信念。在治疗之前，大部分轴Ⅱ的患者没有太多应对方式。他们没有学到多少策略，因此在碰到某种情况时，没有足够多的应对方式供他们选择。

在治疗中，不对患者使用的策略进行"好"或者"坏"的评价很关键。它们或多或少**适应**了情境以及目标。拥有健康人格的人能够使用很多有效的应对策略。比如，他们路过城里危险的区域时会高度警觉，在生病的时候会寻求家人和朋友的帮助，在想要升职时会让自己拥有竞争力，在缴税的时候会详细查看相关文件。对人们来说，过分怀疑周围值得信任的朋友是适应不良的，过分依赖伴侣并去取悦他们是适应不良的，和自己的孩子竞争是适应不良的，在急救中心表现出不必要的引人注目的行为也是适应不良的。

每种人格障碍都会发展出少数几种典型的策略，不分场合地使用（Beck et al., 2004），下面会进行概述。这些策略在刚被发展出来的时候或许具有一定的适应性，但是当个体强迫性地采取这些行为策略，不能用别的、更加具有适应性的方法时，这些策略就会造成明显的困扰。患者常常在治疗内外使用这些策略。比如，一个对别人的伤害高度警惕的患者可能也会警惕其治疗师。

这些患者特有的应对策略会给治疗师带来挑战。当患者在会谈中表现出功能不良的行为时，治疗师应该意识到患者的行为很可能源自艰苦的（常常是创伤性的）生活环境以及极端、消极的核心信念。这种觉察会让治疗师更积极地看待患者，去共情，用更适当的方式对待他们。

治疗师要评估患者使用策略的次数和这些策略的僵化程度，并将此作为整个个案概念化的一部分，从而设置现实的目标，引导患者进行治疗。例如，希望自恋型人格障碍患者在治疗的开始阶段就马上停止高傲的表现和命令他人的行为就是很不合理的。一个具有很强的被动攻击特质的患者也许无法在治疗初期就完成标准的家庭作业。

治疗师如果没能识别出患者未发展的技能，可能会在患者发展出适宜的技能之前，就去鼓励患者尝试改变。这种错误的治疗会产生很不利的结果。

案例

玛吉是个 19 岁的女孩，有中度抑郁和依赖及回避型人格障碍。她和父母住在一起。她的治疗师准确地对玛吉的抑郁因其父母经常性的批评而加重进行了概念化。治疗师发现，玛吉的姐姐简更加积极乐观，并且有意愿让玛吉和她同住，于是治疗师建议玛吉搬至姐姐家。

简本人热情又乐观，但简的丈夫是个喜欢干涉别人的人，他坚持认为玛吉要自己去面对一些新的挑战，比如和同伴们出去，找个好工作，管理自己的财务。可玛吉无法处理这些事情。在这样的情况下，她无法做决定、解决问题、主动聊天（特别是与陌生人聊天）、管理财务、忍受消极情绪。

由于不能应对这些情况，玛吉变得更加焦虑。无能和没有价值的信念变得更加活跃，她的抑郁也明显加重。起初抱有的开启幸福、正常生活的愿望开始变为绝望，她开始认真地考虑自杀。

每种轴 II 障碍的认知简介

下面列出了每种人格障碍以及相应的信念（关于自我和他人的信念）、假设、过度发展和未发展的策略、妨碍治疗的认知和行为，它们在社区样本中的流行率（Torgersen, Kringlen, &Cramer, 2001）。下面也会通过具体的案例介绍每种人格障碍。

表演型人格障碍

关于自我的信念

"我什么都不是。"（这个想法会在不被关注或者被指责时冒出来。）

（同时，"我是这么出色，这么特别"的想法会在其他人对其做出积极反馈时冒出来。）

关于他人的信念

"我需要让别人印象深刻，从而获取他们的关心。"

条件假设

"如果我让别人高兴，他们就会喜欢我。（如果我没有，他们就会无视我。）"

"如果我引人注目，那我就会得到我想要的。（但如果我不引人注目，我就无法从他们身上得到我想要的。）"

过度发展的应对策略

过分引人注目。

衣着、举止、谈吐极富魅力。

取悦他人。

寻求恭维。

未发展的应对策略

平静，服从。

与他人和谐相处。

对他人的行为持合理的评价标准。

用正常的标准来评价行为。

妨碍治疗的信念

"如果我取悦我的治疗师，她就会喜欢我。"

"如果我夸大我的问题，治疗师就会帮助我。"

"如果我在治疗中表现得很'正常'，我就会是'平庸的'、无趣的。"

妨碍治疗的行为

外表夸张。

言语风趣。

举止诱惑。

渴望被恭维。

不做家庭作业，因为觉得做作业会让自己变平庸。

案例

蒂凡尼在年幼时是父母、祖父母生活的中心。她美丽出众，喜欢取悦他人。在她8岁以前，她每天都能得到家人强烈的积极关注、评价，总是被当成最宝贝的一个，直至她弟弟出生，而且弟弟生来就有严重的健康问题。她的父母疲于照顾一个孱弱的婴儿，于是开始指责她想要寻求关注的行为。蒂凡尼不再相信她是世界上最特别、最值得珍惜的小女孩，她开始相信自己"什么都不是"。

情感被剥夺和被忽视的感受让蒂凡尼十分痛苦，她发展出一些策略来获取那种觉得自己很特别的感受。她开始使用夸张的语言和情感反应，开始展现艺术才华，比如唱歌、在学校演舞台剧，在任何可能的时候吸引别人的注意。多年之后，她穿着谈吐非常诱人，还参加了选美大赛。她相信只有当别人注意到她、认为她特别的时候，她才能快乐。蒂凡尼的情感体验也比别人强烈。和其他人相比，在获得表扬或溺爱时，她比"激动"更激动；如果没有获得关注，她就会比"低落"更低落。

蒂凡尼第一次来治疗时，尝试运用她惯常使用的策略，取悦治疗师，讲了很多关于她自己的故事却又很少谈及她的实际问题，还给治疗师带了礼物。

强迫型人格障碍

关于自我的信念

"我无法承受不好的事情发生。"

"我有责任阻止伤害发生。"

关于他人的信念

"其他人很懦弱，没有责任心，又很粗心。"

条件假设

"如果我对每件事都负责，我就会很顺利。（但如果依靠别人，他们就会让我失望。）"

"如果我制订规则并维持我自己和他人的秩序，完美地完成每件事，我的世界就会很美好。（但如果我没有，事情就都会乱套。）"

过度发展的应对策略

严格控制自己和他人。

产生不合理的期望。

假定太多责任。

追求完美。

未发展的应对策略

移交权力。

发展灵活的期望。

只在合适的时候进行控制。

容忍不确定因素的存在。

自然而然地行动，说干就干。

寻找有趣的令人愉快的活动。

妨碍治疗的信念

"如果我做得不对，没有准确地告诉治疗师她想知道的东西，她就不会再帮我。"

"如果我没有把家庭作业做得完美，治疗就没有效果。"

"如果我降低对自己和他人的期望，就会有不好的事情发生。"

妨碍治疗的行为

试图控制会谈。

试图提供特别精确的信息。

当治疗师不能理解他时，会过分警觉。

花过多的时间和精力做作业。

不能顺其自然地执行任务，不能接受将责任委托给他人的做法。

案例

丹尼斯是 5 个孩子中的老大，他的父母都酗酒。从年少时起，丹尼斯就感到自己易受伤害。他认为其他人是不可理喻又不负责任的。他的世界一片混乱。丹尼斯很快意识到如果他承担起一个成人的角色，世界就会更加安全。丹尼斯开始控制自己的情绪，发展出规矩和规则来保证房间布置得整洁干净，对自己和弟弟妹妹过度负责。这些能让儿时的丹尼斯适应良好。

当丹尼斯成人后，这些策略对他的工作（自营电脑程序员）也很有帮助。不幸的是，他无法和女性发展良好的关系。这些适用于他童年和工作的策略变得根深蒂固，他从没有学过相反的策略：如何移交责任，如何让自己的期望变得灵活，如何寻找乐趣。女孩总觉得他太严肃、太负责、太僵化，也太完美主义。

他的治疗师很快也发现丹尼斯的强迫特质还会妨碍治疗。丹尼斯试图控制会谈，不理会治疗师温柔的打断。他将自己的困难叙述得极其详细，以便让治疗师极准确地理解他。他做作业时也试图做到极其完美。

被动－攻击型人格障碍

关于自我的信念

"我容易被别人控制。"

"我没有被理解，没有被欣赏。"

关于他人的信念

"其他人是强大的、有侵略性的、要求苛刻的。"

"他们对我有不合理的期待。"

"他们应该让我一个人待着。"

条件假设

"如果别人控制了我,就说明我很差劲。"

"如果我施以间接的控制(比如,外表同意,内心却不服从),别人就不能控制我。(但如果我直接进行控制,控制就不会管用。)"

过度发展的应对策略

假装合作。

避免直抒己见、对抗和直接否认。

消极抵抗他人的控制。

不履行职责。

不满足他人的期望。

未发展的策略

合作。

认为对自己和他人负有合理的责任。

简单、直接地处理人际关系问题。

妨碍治疗的信念

"如果我回答了治疗师的问话,她就控制了我,而这样的话,我就太差劲了。"

"如果我对治疗师直言不讳,她就能控制我。"

"如果我在治疗中有所好转,其他人就会对我有过高的期待。"

妨碍治疗的行为

与治疗师一同商量布置家庭作业,却不完成作业。

在解决问题时采取消极态度。

表面上同意治疗师的话,但内心并不同意。

案例

克莱尔在上小学时就对控制过分敏感。她对权威人士(比如父母、老师、其他成年人)要求她做事感到十分烦躁,特别是在权威人士给她有难度的任务或令人讨厌的任务时。讽刺的是,她之后嫁给了一个有过度控制欲的男人（因为她在结婚前怀孕了）。当这个男人给她列任务清单（要她去结存支票簿、使用杂货店的优惠券、整理家里的壁橱）时，她会答应去做，但是很少真的去做。在她丈夫教训儿子的时候，她会想方设法削弱丈夫在孩子面前的权威形象。克莱尔认为做兼职相对容易，但是仅坚持了几周或几个月，她就会离开，因为她无法按老板的期望办事。

克莱尔的信念——她是差劲的，是很容易被控制的——在治疗中会冒出来，她表现出了典型的被动-攻击行为，例如，同意做作业，但过一段时间就不做了。她总是想去证实治疗师的各种假设，而不论自己是否真的同意。

边缘型人格障碍

关于自我的信念

"我是不好的、没有价值的。"

"我不可爱，我有缺陷。"

"我是无助的，总是失控。"

"我是无能的。"

"我是弱小的、脆弱的。"

"我是一个受害者。"

关于他人的信念

"别人是强大的。"

"别人可能会伤害我。"

"别人总比我高一个等级。"

"别人会拒绝我、抛弃我。"

条件假设

"如果我不去挑战，我就会很好。（但如果我接受挑战，我就会失败。）"

"如果我依靠他人，我就会过得很好。（但如果我不依靠他人，我就活不下去。）"

"如果我做别人要我做的事，他们就会和我待上一段时间。（但如果我让他们不高兴，他们很快就会抛弃我。）"

"如果我对别人的伤害高度警惕，我就能保护自己。（但如果我不这样做，我就会受到伤害。）"

"在我不安的时候，如果能惩罚别人，我就会感到自己更有力量，能够控制他们今后的行为。（但如果我不这样做，我就会感到自己很弱小，他们可能还会伤害我。）"

"如果隔离消极情绪，我就会感觉很好。（但如果没有这么做，我就会崩溃。）"

过度发展的应对策略

不信任他人。

责怪他人。

回避挑战。

依赖他人。

过度克制自己或者过度控制别人。

避免消极情绪。

情绪过于激动时采取自伤行为。

未发展的应对策略

平衡自己的需要和他人的需要。

对他人的行为进行善意的解释。

信任他人。

让自己冷静。

解决人际关系问题。

碰到困难时坚持不懈。

第三章 人格障碍给治疗带来的挑战

妨碍治疗的信念

"只有完全依赖我的治疗师，我才能好转，才能存活。"

"如果我信任我的治疗师，她最终就会拒绝接纳我，并且抛弃我，所以我要在这之前就拒绝她。"

"聚焦在问题解决上是不会有效果的，我最后会感到更糟。"

妨碍治疗的行为

轻视治疗师。

过分依赖治疗师，以此让自己感觉好些。

在每次会谈后，打太多次紧急电话。

向治疗师要求主导权。

案例

琼的母亲在她6岁那年去世了。她认为这是一场灾难，觉得在母亲去世后没有任何人可以依靠，她从未从这个阴影中走出来。她的父亲总是忽视她，而且在情感上虐待她。父亲一次次告诉她，她很坏，而且没有价值。慢慢地，她开始相信父亲的话，想到她的父亲会继续伤害她或者有可能抛弃她，她就变得十分恐惧；她认为别人也会这么做。无论在家里还是在学校，琼都不去交际、保持孤立。如果老师和邻居向她伸出援助之手，她会拒绝接受他们的帮助。青春期时，琼第一次有了友情，但朋友都是些吸食毒品、标榜"反文化"的问题少年。她对父亲感到愤怒，在朋友的支持下，她常常离家出走。

琼因物质滥用和抑郁来接受治疗，她确信治疗师会伤害她。事实上，她之前确实被治疗伤害过，那个治疗师利用她的脆弱引诱了她。她害怕现在的治疗师也会对她撒谎并且操控她。另一方面，琼很容易变得依赖治疗师，她认为他是唯一可以解救她的人。当治疗师合理限制咨询以外的接触，要求按时结束会谈时，她会十分愤怒，会指责治疗师不关心她，然后开始迟到。

依赖型人格障碍

关于自我的信念

"我是无能的。"

"我是差劲的。"

"我需要依赖别人才能存活。"

关于他人的信念

"别人是强大的、有能力的。"

条件假设

"如果依赖别人,我就会过得很好。(但如果依赖自己——去做决定或者解决问题——我就会失败。)"

"如果我服从别人,他们就会照顾我。(但如果我让他们烦恼,他们就不会照顾我。)"

过度发展的应对策略

依赖他人。

不自己做决定。

不肯独立地解决问题。

总是试图取悦别人。

服从他人。

温顺,顺从。

未发展的应对策略

独立地解决问题。

独立做决定。

向别人表达自己的看法。

妨碍治疗的信念

"如果尝试使用自己的技能独立完成任务,我就会失败。"

"如果我果断行事,我就会和别人疏远。"

第三章 人格障碍给治疗带来的挑战

"如果终止治疗，我就无法掌控我的生活。"

妨碍治疗的行为

指望治疗师解决自己的问题，为其做决定。

努力取悦治疗师。

不做那些需要表达自我的家庭作业。

案例

希拉是一个黏人的、胆小的孩子。即使是去做她有能力完成的任务，她也常常感到困惑、无法胜任，然后去寻求远超过她实际所需的帮助。慢慢地，她开始认为自己完全没有能力。感觉到女儿发展迟缓，希拉的母亲允许她极度依赖自己，不鼓励她独立。在寻求帮助、希望别人帮自己做决定、回避冲突方面，希拉很有经验。她认为，如果她不顾自己的感受去顺从别人，那么别人就会让她黏着他们。

和她守寡的母亲住在一起时，希拉能够有效地运用这些策略。但是希拉的母亲再婚以后，她的继父坚持让 21 岁的希拉搬出这幢伴她长大的房屋。希拉不知道如何照顾自己，如何做决定，如何能变得果断。她不得不开始找工作以偿付她的账单。她变得很焦虑，发展出了广泛性焦虑障碍。

起初，她依赖他人的性格让她在治疗中合作得不错（比如她渴望取悦治疗师），但希拉在解决问题方面有很大的困难，即使在焦虑障碍减轻后，她仍害怕治疗终止。

回避型人格障碍

关于自我的信念

"我不可爱，不被接受，有缺陷，很坏。"

"我容易产生消极情绪。"

关于他人的信念

"他人都比我优秀，他们会批评我，拒绝接纳我。"

条件假设

"如果我假装自己很好，别人就可以接受我。（但如果我表现出真实的自己，他们就会拒绝接纳我。）"

"如果总是取悦别人，我就会过得很好。（但如果我让别人不高兴，他们就会伤害我。）"

"如果我（在认知上和行为上）采取回避的策略，我就会过得很好。（但如果我允许自己产生消极情绪，我就会崩溃。）"

过度发展的应对策略

回避社交情境。

尽量不引起别人的关注。

不在他人面前表现自己。

不信任别人。

回避消极情绪。

未发展的应对策略

接近他人。

信任他人善意的动机。

和他人在一起时表现自然。

寻求亲密关系。

考虑让人不安的情境和问题。

妨碍治疗的信念

"如果相信治疗师表达的关心和同情，我就会受到伤害。"

"如果集中注意于治疗的问题，我就会不知所措。"

"如果我将过去和现在的一些不好的经历说出来，治疗师就会给我不好的评价。"

"如果试图尝试完成人际交往的目标，我就会被人拒绝。"

"如果我合理坚持自己的权利，别人就不会再喜欢我。"

第三章　人格障碍给治疗带来的挑战

妨碍治疗的行为

不在治疗师面前表现真实的自我。

不肯表现真实的自己。

如果在会谈中感到痛苦，就会转移话题。

不做家庭作业以避免痛苦。

案例

艾琳成长在一个艰苦的环境中。在她学步时，她的父亲就抛弃了整个家。艾琳的整个童年是在母亲喋喋不休地抱怨父亲的离去中度过的。她的母亲冷酷而刻薄。艾琳觉得自己是不可爱的、没有价值的。她认为，如果人们真的了解她，就会指责她、拒绝接纳她，因为她是不值得被爱的。她相信，如果她将真实的自己表现出来，自己将不会得到爱和亲密关系，而这些都是她十分渴望得到的。

艾琳发展出了回避的策略。她回避任何可能的社交情境：回避与学校里的人说话，回避在班里发言，避免引起他人的注意，不去和别人聊太多关于自己的事情。她对别人的消极评价过度警觉，常会将别人中性的表达误解为负性的含义。

艾琳对消极情绪十分敏感。她害怕烦躁不安的情绪会让她崩溃。因此，她不但回避有可能让她不安的情境，甚至还会回避任何痛苦的记忆，以此来回避自己的消极情绪。她发现酒精能帮她缓解孤独和抑郁的伤痛。最后，她因酒精依赖症来接受治疗，她的认知、情绪、人际交往的策略都给治疗带来了阻挠。

偏执型人格障碍

关于自我的信念

"我是差劲的、脆弱的。（我必须防卫别人，或者用攻击先发制人。）"

关于他人的信念

"其他人会伤害我。"

条件假设

"如果保持高度警觉，我就能识别出'人际'交往中的危险信号。（但如果不警觉，我就无法识别这些信号。）"

"假设其他人是不值得信任的，我必须保护我自己。（但如果我信任别人，他们就会伤害我。）"

过度发展的应对策略

对伤害过度警觉。

不信任任何人。

假设他人总是别有用心。

认为自己会被操控、被利用、被贬低。

未发展的应对策略

信任他人。

身心放松。

合作。

假设他人是善意的。

妨碍治疗的信念

"如果我信任我的治疗师，她就会伤害我。"

"如果不在治疗中保持防御状态，我就会被伤害。"

妨碍治疗的行为

拒绝治疗师的关心。

拒绝接受有关他人行为的其他解释。

拒绝完成那些需要和他人拉近关系的作业。

案例

乔恩在成长过程中发展出了对伤害保持警觉的策略。从3岁开始，他在好多个寄养家庭待过，一些养父母对乔恩进行了身体和情感上的虐待。他认为自己在别人面前十分脆弱。当然，在某些情境中，乔恩怀疑别人的动机，不相信别人说的话是有道理的。但不幸的是，乔恩认为所有人都会对他造成伤害。他完全无法区分谁可能会伤害他，谁不会伤害他。

乔恩在20岁出头时患上了双相情感障碍。但他到40岁出头才来进行认知治疗，他非常不信任他的治疗师。他不肯服药，不肯讲自己的事，回答问题不沾边，他也不愿意监测自己的想法、情绪和行为。他的假设是，如果信任治疗师，那么治疗师就会伤害他。

反社会型人格障碍

关于自我的信念

"我是潜在的受害者。（所以只有当我成为一个施害者时，我才能存活。）"

"'常规'不适用于我。"

关于他人的信念

"别人会控制我、操纵我、利用我。"

"别人就想剥削我。"

条件假设

"如果我先去操控或攻击他人，那我就是最厉害的。（如果不这样，他们就会欺负我。）"

"如果我表现得强大而充满敌意，我就能得到我想要的。（如果我不这样做，别人就会想要控制我。）"

过度发展的应对策略

说谎。

操控或利用别人。

恐吓或袭击别人。

抵制别人的控制。

行为冲动。

未发展的应对策略

和他人合作。

服从社会规则。

考虑后果。

妨碍治疗的信念

"如果我控制我的治疗师,她就不能控制我。"

"服从我的治疗师,就意味着她很强、我很弱。"

"如果我说真话,她就会强加给我不好的东西。"

"如果认真治疗,我就不能得到我想要的。"

妨碍治疗的行为

试图威胁治疗师。

对治疗师撒谎。

操控治疗师。

表面投入治疗,其实一点儿也不投入。

案例

米奇在一个功能不良的家中长大。他的母亲有药物依赖,对他要么忽视,要么进行身体虐待。孩童时期的米奇充满了焦虑。他感到自己渺小、脆弱。8岁那年,他发现殴打他的弟弟能让他感到自己强大、优越。于是他开始欺负邻居家那些柔弱的小孩。12岁时,他染上了毒品。他和一伙朋友开始小偷小摸或者抢钱包。14岁时,他开始为毒贩工作,随后自己也成了毒贩。

米奇明显很不愿意来治疗。他前来治疗的原因是为了获得假释(他被控贩毒),否则他就要进监狱。起初,他会欺骗治疗师(特别是在与吸毒、盗窃有关的事情上),又爱迟到,仅在表面上假装合作。

分裂型人格障碍

关于自我的信念
"我是不一样的。"

"我有特异功能。"

"我是脆弱的。"

关于他人的信念
"别人不了解我。"

"别人会拒绝我。"

"别人会伤害我。"

条件假设
"如果我追求'不同寻常的'兴趣,比如玄学,我就能以一种特殊的方式变得与众不同。(但如果我不这么做,我的与众不同就是有瑕疵的。)"

"如果我对伤害高度警觉,我就能保护自己。(但如果我没有,我就会受伤害。)"

"如果我和他人保持距离,我就会过得很好。(但如果我接近他人,他们就会伤害我。)"

过度发展的应对策略
追求古怪的兴趣。

总是不信任别人。

和他人保持距离。

未发展的应对策略
信任他人。

寻求人际接触。

为不寻常的经历寻找合理的解释。

妨碍治疗的信念

"如果我信任我的治疗师,她就会伤害我。"

"如果我的'第六感'告诉我这是对的,那这就一定是对的。"

妨碍治疗的行为

拒绝接受事情的其他解释。

不在治疗师面前表现真实的自己。

一直在治疗师那里寻找可能会受伤害的信号。

案例

汉克在别人眼中总是很奇怪。当还是一个孩子时,他看起来就很奇怪。在学校和社区里,其他孩子总会嘲弄他,这让他发展出一个信念,他是不一样的。这个信念让他回避其他人。成年后,汉克喜欢上了玄学。他相信自己有"第六感",他喜欢穿着斗篷。他认为自己能占卜未来,从周围发生的事中解读出特殊的含义。他没有真正的朋友,大部分社交来自于网络。在网络中,他接触到其他一些同样对玄学感兴趣的人,他们在聊天室聊天并互发邮件。当然其他人还是会因为汉克的古怪而回避他。这种回避,加上汉克的自我孤立,让汉克从来就没有过正常的人际交往,没有机会发展适宜的社交技能。

汉克给治疗师带来了一个挑战。他长期焦虑、烦躁,但他又害怕去设定那些能改善他生活的目标,尤其是那些可能让他去和别人交流的活动。他感到非常脆弱,在治疗之初不断防备着治疗师,认为她会伤害自己。

分裂样人格障碍

关于自我的信念

"我是不一样的,有缺陷的;我无法融入群体。"

关于他人的信念

"别人都不喜欢我。"

"别人都是有侵略性的。"

条件假设

"如果我一个人待着,别人就不会打扰我。(但是如果和他们在一起,他们就会发现我的缺点。)"

"如果我回避社交关系,我就会过得很好。(但如果我和别人发展社交关系,别人的侵略性就会伤害我)。"

过度发展的应对策略

不与人接触。

回避亲密关系。

发展一个人就能完成的爱好。

未发展的应对策略

掌握正常的社交技能。

信任他人。

妨碍治疗的信念

"如果我的治疗师表达出关心和同情,我就会很不舒服。"

"如果设定了目标,我就不得不改变自己'独自一人'的生活模式,那种感觉很糟。"

妨碍治疗的行为

不说话,不暴露真实自我。

不设置目标改善生活。

不做需要进行人际接触的家庭作业。

案例

李一直是个独行者。他很少出去社交,他的家人、老师和同伴都认为他"适应不良"。他不会像大多数孩子和成人那样体会到社会交往的心理需要。回避的行为策略让他避免了与人交往时唤起的焦虑感受。他在那些只需要一个人就能进行的爱好中会觉得舒服得多,比如建模、玩电脑游戏、看电视。他的童年并非极度不快乐,但他总觉得自己不一样,有缺陷。

成人后,李搬出了家,开始工作。他选择做夜间保安,因为这样就不用和人接触太多。他更加确定,自己对人际交往和社会关系的需求比大多数人少很多——事实上,他的人际交往几乎为零。他的空虚感越来越强烈,无法体验到成就感或快乐。他的生活不停地围绕着工作和那些"一个人"的活动打转。

李因抑郁症而接受治疗。他很难设置目标。由于烦躁不安,他设定的唯一的目标是,在母亲不断对他唠叨让他去找个好工作、交些朋友的时候,让母亲"不再烦他"。当治疗师表示出关心、共情,或者当他认为治疗师是有侵略性的,问了太多关于他想法、情绪的问题时,他就会感到很焦虑。

自恋型人格障碍

关于自我的信念

"我不如别人,我什么都不是,我就是垃圾"。(当被别人贬低或被父母指责时,这个想法开始活跃。)

(同时,当受到特殊待遇或得到别人的称赞时,"我高人一等"的想法开始活跃。)

关于他人的信念

"别人比我好,他们会伤害我、贬低我。"

(同时,当发现别人不如自己成功时,"别人低我一等"的这个想法开始活跃。)

条件假设

"如果我以一种高人一等的方式行事,我就会觉得自己比较好。(反之,我就会痛苦于自己低人一等。)"

"如果人们以特殊的方式对待我,就证明我很优越。(但如果别人没有,我就要惩罚他们。)"

"如果我控制他人,将他人压倒,我就会觉得自己比他们有优越感。(但如果我没有,别人就会把我压倒,就会让我觉得自己低人一等。)"

过度发展的应对策略

要求他人给予自己特殊对待。

对他人的不公正(或正常)对待过分警觉。

在感到被轻视、被贬低或者烦躁不安的时候惩罚他人。

指责或压倒别人,总是试图超过并控制别人。

试图用财富、成就以及和地位高的人建立关系来给人留下深刻印象。

未发展的应对策略

与他人合作完成一个共同的目标。

为完成自己的目标踏实勤奋地工作。

容忍不便、挫折和别人的不认同。

在对自己没有明显好处的情况下,达到他人的期待。

妨碍治疗的信念

"如果我不警惕,我的治疗师就会胜过我。"

"如果我不让她觉得我高人一等,她就会认为我低人一等。"

"如果我不在治疗师藐视我的时候惩罚她,她就会一次又一次地看轻我。"

"如果不紧逼治疗师,我就得不到特殊对待。"

妨碍治疗的行为

试图给治疗师留下深刻印象。

要求得到特权。

把治疗师看得低人一等。

在感到被轻视的时候,(通过指责、讽刺的话语)惩罚治疗师。

拒绝接受治疗师布置的家庭作业。

案例

在布拉德的成长过程中，他的父亲给他造成了极其不良的影响。他的父亲极其自恋，总是标榜自己的成就，要求别人尽心尽力地照顾他，还指责布拉德和自己不是"一个模子刻出来的"。布拉德懂事后，他不再遵从父亲的标准，他认为那是没有价值的信念。他很快开始模仿父亲对周围人的行为，当他确信自己确实比别人强的时候，他就能感到好受一些。他不断吹嘘自己，要求得到权利，又特别关注别人的缺点。而另一方面，当别人没有以特殊的眼光看待他时，他又过度敏感，反应十分激烈。

成人以后，布拉德将自己的自恋策略运用在工作中。他的小型管道公司的员工要么忍受着他的自恋行为，要么去寻找别的工作（很多人都这么做）。他妻子和孩子也厌倦了他无休止的吹嘘、不合理的要求以及经常性的压制。在65岁的时候，布拉德卖掉了自己的公司，退了休，长时间待在家里。他的妻子无法忍受他那些让人憎恶的行为，于是和他分居。他的儿子也已经渐渐独立，不需要再依靠他。他很快就发现，自己失去了有意义的工作，也失去了亲密关系。从前，他和妻子与"朋友"以及朋友的妻子常有来往，可那是因为他们喜欢他的妻子。但自从他的妻子和他分居后，朋友们不再愿意忍受他的粗暴、以自我为中心、爱批评别人的行为。布拉德变得有些抑郁，但他不愿意因烦躁而去治疗。他来治疗是因为他的妻子说如果他不来治疗就要和他离婚。

布拉德是一个麻烦的患者。他的信念、情绪起伏很大。谈到经济上的成功时，他会感到自己比治疗师优越很多。但作为一个病人，他认为自己比治疗师地位低，这种低人一等的感觉让他无法忍受。他起初会抓住每个机会贬低治疗师，当治疗师不同意他提出的要求并让他做作业时，他会非常愤怒。

总　　结

　　了解每种人格障碍典型的信念和应对策略对治疗师来说非常重要。这种了解可以让治疗师找到患者表现出的许多特点并将之归纳出来。这样，治疗师就能对患者的问题进行概念化，逐渐制订治疗计划，并决定如何在会谈中一步步做治疗。除此之外，了解人格障碍患者的信念和行为策略对建立和维持治疗关系也十分关键，这将在随后两章中进行阐述。

第四章

形成并使用治疗联盟

有效的认知治疗需要一个好的治疗联盟。可能有一小部分患者不会太介意治疗师对他们的态度，而只想获得克服他们痛苦的有效方法；但大多数患者只有在一种支持的、共情的关系和环境中才愿意学习或者使用这些能够改变他们认知、行为和情绪反应的新技术。并且，治疗关系本身就可以成为一个工具，来帮助患者发展出更加积极的关于自己和他人的观点，了解到人际问题是可以被解决的。

本章涵盖了治疗联盟的很多方面内容。第一部分讲述了患者关于治疗的预期，这有助于解释为什么治疗师跟某些患者比较容易形成好的治疗关系，而跟另一些患者则比较难以建立这种关系。第二部分呈现了治疗师对所有患者都可以用到的核心策略。接下来的部分描述了如何识别治疗联盟中的问题，尤其是当你已经识别出了治疗关系中的问题，但患者没有直接表达他们不舒服时，治疗师该如何处理，以及如何对患者的问题进行概念化并决定使用何种策略。本章的最后一部分讲述了怎样利用治疗关系来对患者的信念和行为策略进行改变。本章中列出的很多原则会在本章最后给出的例子里体现出来。第五章会用特定的案例展示治疗联盟中遇到的普遍问题。

患者关于治疗的预期

跟那些对治疗中将要经历的事情怀着良性预期的患者建立关系相对容易。那些大体上对他人怀着积极态度的患者，通常对他们的治疗师和治疗也会抱着乐观的态度。

有些患者会有以下预期：

- "我的治疗师很可能是能够理解我的、关心我的、有能力的。"
- "我能够做到治疗师要求我做的。"
- "我的治疗师会从积极的角度看待我。"
- "治疗会让我感觉更好。"

另一些患者在进入治疗的时候会有下面这些不同的预期：

- "我的治疗师会伤害我。"
- "我的治疗师会批评我。"
- "我会失败的。"
- "治疗会让我感觉更糟。"

治疗师总是需要花更多的时间跟后面这种患者建立信任关系。同时，尽管治疗师的行为合理，一些患者还是认为治疗师伤害了他们，会感觉到（可能是正确的，也可能是不正确的）他们的治疗师在拒绝、控制或者操纵他们，没有认同他们的感情，消极地看待他们或者对他们抱有过多的期望。然后患者可能会用各种方式回应这些。其中一些患者可能会觉得很焦虑，不再敞开心扉（最坏的情况是，他们完全不来进行治疗了）。其他一些患者可能会对治疗师感到愤怒并故意挑刺儿，侮辱或者指责治疗师。

跟在治疗中出现的其他问题一样，治疗联盟中出现的难题可能有现实的基础（治疗师解释过多或者过快）或心理学的基础（患者有某些内部信念,例如"如果我的治疗师不为我百分之百地付出,这就意味着她不关心我"),或者两者都有。

建立治疗联盟的策略

下面是一些基本的认知治疗原则,可以帮助治疗师与患者建立和维持治疗关系:

- 积极地与患者合作
- 展现共情、关心和理解
- 调整自己的治疗风格,使之与患者相适应
- 缓解痛苦
- 在会谈结束时引出反馈

像下面描述的那样,治疗师需要去评估他们在多大程度上可以使用这些策略。有时,他们还需要为那些遇到挑战性问题的患者改变这些原则。

积极地与患者合作

治疗师与患者要一起合作,而治疗师在其中承担的是一个有着特定专业知识背景的向导的角色。治疗师和患者一起做关于治疗的决定——例如,讨论在会谈中要处理什么问题,见面的频率如何(在不存在现实限制的情况下)。治疗师为他们的干预提供有关基本原理的阐述。治疗师和患者还会有共同的经历,他们可以一起验证患者的想法的正确性。

有时候,是治疗师的失误导致合作出现问题。治疗师可能过于直接、傲慢或者面质过多。治疗师可以通过请同行听自己的治疗录音来识别这类问题。然而很多时候,双方之所以缺乏合作精神与患者的期

第四章 形成并使用治疗联盟

待有关系。一些有挑战性问题的患者是很不容易在治疗中进行合作的。例如,当梅雷迪斯的治疗师试着打断她的讲述并引导她进行问题解决的时候,她变得很愤怒。她觉得她的治疗师在试图控制她。她的治疗师于是迁就她,在每次会谈的第一部分,在她愿意聚焦解决一个问题之前,不打断她的谈话。在另一个例子中,约书亚是一个很有依赖性的患者,在会谈中很被动,觉得他的治疗师应该单方面地做全部的决定,因为他觉得自己没能力给日程表上的问题排出解决的先后顺序或者对自己的功能不良思维做出反应。约书亚的治疗师要鼓励他更加积极一些。

展现共情、关心、乐观、真诚、准确的理解和能力

有效的认知治疗需要治疗师掌握并使用所有这些基本的咨询技巧。回顾咨询录音可以发现治疗师是否确实展现了这些品质。然而,很重要的一点是,治疗师通常需要调整自己的治疗风格,确定要在多大程度上对患者直接展现这些品质。在治疗中的每一刻留心患者的情感体验是很必要的,这样才能判断现在的进展如何。

大部分的患者会对直接地表达共情有相当积极的回应。他们会感觉到被支持了、被理解了,治疗联盟也就变得更加牢固。然而,有一些患者,至少在有些时候,可能会因此觉得更糟。詹妮,一个有着表演型人格的抑郁患者,当她叙述一段又一段人际问题事件的时候,有时会在会谈中哭泣。当她的治疗师表现出太多直接的共情时,她会哭得更凶,因为她把治疗师的话错误地理解为对她毫无希望的处境的认同。

同样地,大部分的患者能够从真诚地表达关心中获益,但是有些人不会,尤其是在治疗的早期。劳埃德是一个有着分裂样人格的自愿前来的患者,当他的治疗师在治疗早期表达关心的时候,他感觉特别不舒服。丹妮尔是一个偏执型患者,当她的治疗师对她做出积极评价

的时候，她对此表现出了高度怀疑。桑迪是一个回避型患者，当治疗师在第一次会谈中表达出对她直接的共情时，她变得很痛苦，因为她害怕当她的治疗师发现她其实很坏、不值得被关心时，会变得很生气。

当治疗师对治疗的效果保持一贯的乐观态度时，大部分患者通常会对此有积极的回应。然而，有一些患者则会有消极的回应，尤其是那些觉得这种乐观没有保障的患者，他们觉得这种乐观显示了治疗师对他们和他们遇到的麻烦缺乏理解。

当治疗师对患者在思维和行为上的改变给予强化的时候，大部分患者会积极回应，但有一些人并不会这样。朱利安的治疗师表扬他终于起床并整理了自己的公寓，可是，他觉得治疗师说话的时候带着某种优越感。当桑迪的治疗师给予她积极反馈的时候，她变得焦虑，害怕她的治疗师将对她抱以更多、更高期望，而她不能满足这种期望。

治疗师准确地理解患者的经历以及有能力把这种理解传达出来是很必要的，比如要判断在什么时候以及多大程度上跟患者分享你的理解。一些患者会因为他们的治疗师进行了不太准确的概念化而感到痛苦——甚至在他们对治疗师形成足够的信任之前，治疗师就过早地表达出了准确概念化，这也会令患者不安。当克雷格的治疗师在治疗早期表达了她的一个假设之后，他觉得受到了威胁。她说他之所以因为一点点小事就对她妻子表现得那么愤怒，是因为妻子拒绝顺从他，让他觉得自己显得软弱无能。尽管这个概念化在后来被证明是正确的，但是这位治疗师也不应该在那么早的时候就把它呈现给这位自尊心很脆弱的患者。治疗师没有识别出克雷格在语言和非语言上的线索，这些线索提示出他在会谈中变得越来越不舒服。

当治疗师在会谈中营造了一个有能力的、自信的氛围时，大部分的患者会给予良好的回应。但是，对有一些患者来说，这种氛围是令人不安的。当威廉姆的治疗师面对他明显的挑衅而保持镇定的时候，他觉得治疗师是故意表现得很"优秀"来让他觉得自己很无能。

让自己的治疗风格与患者的特定性格相适应

治疗师需要为一些患者改变自己的治疗风格。要识别这类治疗问题需要在持续的督导中回顾治疗录音。很多患者可能对治疗师自然的风格反应良好，而另一些人，尤其是在治疗中表现出挑战性问题的患者则可能不会。例如，一个自恋型人格障碍的患者会在治疗师表现得有点儿恭敬顺从的时候感觉更好。当杰里跟治疗师炫耀他昂贵的由名家设计的套装时，治疗师毫不避讳地承认她没听说过这个设计师，并通过向他询问这个设计师来让他觉得自己比治疗师更厉害。在另一种情况下，当治疗师不要求他透露敏感信息的时候，回避型患者一般会对治疗师建立起信任感。当治疗师主持整个会谈并表现得很有指导性的时候，一个依赖型的患者会对治疗师很感激，而一个强迫型人格障碍的患者则通常不会。尽管大多数患者会对治疗师直接表达关心感到很舒服，但偏执型患者可能会因此变得怀疑和警惕。

当治疗师在会谈中自我表露的时候，一些患者会感觉很好，另一些人则会觉得治疗师在浪费他们的时间。对于那些非自愿前来治疗的患者，治疗师用学院式的方式进行治疗会让他们感觉好一些。一些患者对直接解决问题感觉很舒服，另一些人则需要在问题解决的过程中得到很多的共情和支持。治疗师必须清楚，认知疗法的一部分技巧在于治疗师要识别出患者什么时候对当前的治疗风格感觉不舒服了（在本章的后面会讲到），并相应地修正他们的治疗方案。

缓解痛苦

巩固治疗关系最好的方法之一就是帮助患者解决他们的问题、改善他们的情绪。事实上，DeRubeis 和 Feeley（1990）发现，随着症状的改善，患者会认为自己的治疗师是与自己共情的。当患者意识到在治疗结束时他们感觉好一些了，尤其是当他们注意到在接下来的一周里他们的功能得到了改善时，治疗联盟会大大地得到巩固。通过评估患者在会谈前和会谈后的情绪并回顾患者在过去的一周里的功能改变情况，可以知道治疗师是否达到了这一目标。这里有一个例外，就是那些担心如果在治疗中有所好转，他的生活会变得更糟的患者（例如，他担心自己要开始去承担他不想承担的责任，或者要去面对这样的可能——他那段非常令人不满的婚姻可能不会有显著的改善了）。

引出反馈

一些患者对治疗师产生功能不良的反应会阻碍他们在会谈中获益。当治疗师注意到有负性情感转移出现在会谈中时，通常需要引出患者的想法，努力找出治疗关系中的问题，改善治疗联盟。下一部分会更充分地讲解这一类患者。

治疗师在会谈快结束时向患者寻求反馈在大多数时候是很必要的。那些之前没有接受过认知治疗的患者通常会对治疗师允许其批评、改正或者修正自己的治疗方案感到惊讶和欣喜。引导患者进行反馈可以极大地巩固治疗联盟——也为治疗师进行更有效的治疗提供了很有价值的信息。

这其中很重要的一点是治疗师要用一种认真的、不敷衍的方式寻求患者的反馈，他可以使用这些问题：

❖ "你对今天的会谈有什么想法？"
❖ "你觉得有没有什么地方是我理解错了或没有理解的？"
❖ "有没有什么是你觉得在下次会谈中可以做点改变的地方？"

让一些患者在会谈后马上填写一份反馈表是很有用的（例子见 J. Beck，2005）。这个表格让患者直接对治疗的重要内容和过程做出反应，并在关心和能力的维度上对治疗师进行评估。从这个表格中我们可以收集有价值的信息,尤其是当治疗师强调收到这些积极反馈(治疗的效果得到了肯定)和消极反馈(患者认为治疗师本应发挥更大的作用)是多么地有帮助时。有一些患者愿意在填写这个表格的时候提供诚实的反馈,但不愿意口头上给予这些反馈。

如果治疗师怀疑或者知道患者在上一次会谈中有一些消极的反应,也可以在当前的会谈开始时寻求反馈。例如,肯在上一次会谈中有点儿恼怒,但是他否认了这一点。在下一次会谈中,治疗师问道:"我考虑了一下,在上一次会谈中我督促你考虑找一份很难的工作,我督促得太紧了。你是不是也这么觉得呢?"

当患者仍然不愿意提供反馈的时候,就像下一部分即将讲到的,识别出在他们不愿透露反馈的背后有什么功能不良的信念是很重要的。

识别并解决治疗联盟中的问题

为了解决治疗关系中的难题,治疗师需要识别出当前的问题,对为什么会出现这个问题进行概念化,基于对此的理解和对患者问题基本的概念化,想出策略来改正它,下面将进行详细的介绍。

识别治疗联盟中的问题

有一些治疗关系中的问题是很明显的。有的患者会大声地质疑治疗师的动机和专业性。也有患者会公然地对治疗师撒谎(要更多地了解这个问题,见 Newman & Strauss,2003)。还有的患者会指责治疗师不关心她。但是治疗关系出现问题的信号更多时候是很隐晦的,治疗师可能不知道到底存不存在问题——以及如果存在,是不是治疗联盟的问题。患者可能会避开治疗师的目光,说话时思前想后。他们可能会突然变得比治疗前更加痛苦。他们的肢体语言显示出他们在试着保护自己。

因此，察觉患者的情绪状态和在治疗会谈中的情感转移是很必要的。患者的肢体语言、面部表情、语调和措辞的消极变化都可以指示出患者有可能会干扰治疗的自动思维。当治疗师注意到这些变化的时候，他们可以用标准化的问题来引出患者的情绪和自动思维：

> ❖ "你现在感觉怎么样？"
> ❖ "你刚刚在想什么？"

有下列自动思维的患者可能不会从治疗中收获很多：

> - "我的治疗师不理解我。"
> - "我的治疗师不关心我。"
> - "我的治疗师没有倾听我的心声。"
> - "我的治疗师在试图控制我。"
> - "我的治疗师在评价我。"
> - "我的治疗师应该把我'治好'。"

例如，罗宾在一次会谈中开始显得很紧张。她开始抖腿，神色紧张。经过询问，她的治疗师发现她在想："如果把我的性生活史告诉治疗师，她会对我有看法。她可能会不喜欢我。她可能不想再给我治疗了。"

这里很重要的一点是，很多情感转移是跟治疗联盟问题无关的。患者可能是表达了一个对自己（"我一团糟"）、对治疗（"这太难了"）或者对他们自己遇到的困难（"如果我解决不了这个问题怎么办"）的自动思维。

同样地，患者也可能出现干扰治疗的行为。不过要注意的一点是，问题行为跟治疗联盟出现问题可能有关系，也可能没关系。例如，一位患者没有做家庭作业，因为他预期自己会做不好，然后治疗师就会批评他。而另一个患者跟治疗师的治疗联盟很牢固，但是因为在家的生活太没条理也没有做家庭作业。我再强调一次，询问患者在其出现功能不良的行为或者没有成功完成一个功能良好的行为之前，他们想了什么，这是很重要的。

如果治疗师怀疑存在治疗关系的问题，但患者却不承认，那么可以对问题进行正常化并进一步探究：

> ❖ "一些患者不喜欢写作业，因为他们觉得我是在命令他们做事。你也有类似的感觉吗？"

下面的例子说明了治疗师应怎样判断患者的行为是否暗示了治疗联盟中的问题。

案例1：患者一直说"我不知道"

汤姆，一个15岁的抑郁青少年，在第一次会谈中经常说，"我不知道"。第二次会谈开始的时候，当他的治疗师问他在学校的生活有没有什么改变的时候，他又回答说"我不知道"。

治疗师：（我刚刚问的）那个问题让你感觉不舒服了吗？

汤姆：（耸耸肩）。

治疗师：我在想，你是不是真的不知道——说"我不知道"是否有什么好处。（停顿）比如，我就不会再烦人地问问题来打扰你了？

汤姆：（笑了笑）。

治疗师：你在笑。是我说对了吗？你是不是希望我别再纠缠你了？你是不是宁愿不在这儿？

汤姆：是的，我猜是的。

到此，治疗师证实了她的怀疑，患者没有感觉到跟她有积极的关联，事实上他宁愿不在这里进行治疗。另一个患者对同样的问题给出了另一个回答："不，不是你的问题很烦人，是我这几天特别困惑。"没有任何信息指示治疗联盟是存在问题的，治疗师概念化了这个问题后，还需要实际解决这个问题。她用更加具体的提问方式解决了这个问题。

案例2：患者不直接回答问题

乔迪的治疗师注意到，乔迪在感觉不舒服的时候不会直接回答问题。当乔迪第三次出现同样的行为时，治疗师直接提出了这个问题：

治疗师：（总结）所以有理由相信你对丈夫的影响比你以为的要大？

乔迪：你看，他总是这个样子。在我们约会那会儿，我应该多留意这点的。我的意思是说，他那时候也做过同样的事。

治疗师：（把话题拉回来）你怎么看待你现在可以影响他这一点呢？

乔迪：他对他妈妈也这样。

治疗师：乔迪，当我说到你可能对你丈夫产生了一些影响的时候，你的感觉是怎样的？（停顿）你觉得有点儿焦虑吗？

乔迪：（思考，叹气）我不知道。

治疗师：当我说到这个的时候，你觉得这对你意味着什么？

乔迪：我不知道。

治疗师：我明白，但是你看上去感觉不太好。

乔迪：不是。（思考）看，我猜我还是不那么确定我应该继续跟他在一起还是离开他。

在这个案例里，治疗师通过概念化发现，患者之所以没有直接回答他的问题，是因为乔迪对她婚姻的态度模糊不清。尽管这里并没有出现治疗联盟中的问题，但乔迪明显不想和她的治疗师探究与丈夫改善关系的可能性。

案例3：患者改变话题

在另一个案例中，治疗师确定患者不直接回答一些问题不是因为治疗联盟出了问题，而是患者的说话风格就是如此：

第四章　形成并使用治疗联盟　　　　　　　　　　85

治疗师：我发现今天我打断了你很多次。这有没有打扰到你呢？

患者：没有，可以的。

治疗师：我是想弄清楚你几次转移话题是不是因为你不想继续谈论这个话题——就是你跟你姐姐的问题。

患者：我很想讨论这个话题。我想我刚刚又跑题了。我妻子说我总是说话跑题。

概念化问题并计划策略

为了做出最好地巩固治疗联盟的决定，治疗师应该评估这个问题的严重程度；忽略这个问题是否会更好；是立即处理它，还是稍后再解决它。为了找到一个解决策略，治疗师必须对问题为什么会出现进行概念化。就像前面提到的一样，一些问题的出现是因为治疗师的失误，一些则是因为患者的信念，而一些是两者都有。

判断问题的程度及解决时间

当治疗师判断问题跟治疗联盟有关后，他们接下来需要确定在这上面花多少时间和精力。一个约定俗成的原则是让关系足够牢固到患者愿意跟治疗师一起为实现目标而合作。如果花费超出需要的时间来处理治疗关系，那意味着帮助患者解决真实世界中的问题的时间变少了。（但另一方面，积极的治疗关系可以成为修正患者关于自己和他人的功能不良的信念的有力工具——有强大的理由支持治疗师给予治疗关系更多的关注。这会在本章的最后讲述。）

有时候，治疗联盟的问题很迫切，明显需要立即处理——例如，患者向治疗师表达愤怒，患者焦虑到几乎不能讲话，或者患者掌控了会谈的主动权以致治疗师几乎插不进嘴。通常，治疗师需要特别关注这类问题并进行补救。比如，哈罗德对于他的治疗师过快跳到解决他的问题中感到不安。治疗师需要做些事情来修补他们的关系：要注意对他多一些明显的共情，要跟他一起商议会谈的结构（给他一段时间，不打断他说话），并且要修正哈罗德的一种观念，即认为治疗师不是真的关心自己这个人，只是像做生意一样想要去"治好"他。

有时，治疗联盟中的一些问题只是偶尔出现或者相对比较轻微，可以在会谈的进程中加以解决。当马丁的治疗师忘记了上一次会谈中的一个很重要的议题时，马丁理所当然地感到很恼火。一句简单的道歉——"对不起，我应该记得的"——就可以解决这个问题。在霍莉的第二次会谈中，当治疗师布置作业时，她看起来相当痛苦；她预期自己做不好这些作业，会让治疗师失望。她的治疗师建议她在两个作业中选做一个，快速地解决了这个问题。他很明智，没有进一步进行干预，如果霍莉以后的反应证明这一点是典型的、有问题的，到那个时候再处理这个问题也不迟。

还有其他一些问题也是可以忽略的，至少可以暂时忽略。乔治是一个正值青春期的男孩，当治疗师建议他找老师弄清楚作业的问题时，他翻了一个白眼。治疗师选择忽略这个细小的消极反应，继续问他班里面谁能帮他弄清楚该做什么作业，患者也逐渐认可了这个问题。

当治疗师在治疗联盟中看到了功能不良的模式时，通常需要对治疗关系做更多工作。当迈克尔（在本章最后的个案记录中会出现）的治疗师给予他积极强化并向他介绍了一些关于抑郁的基础知识时，他变得很恼火。第一次和第二次出现这种情况的时候，治疗师对此道歉并继续治疗。当他第三次显示出消极的反应时，治疗师探究了她说的话对于迈克尔来说意味着什么，引出了一个功能不良的信念，并在他们的关系中（和他的一些其他关系中）修正了这个信念。

对问题为什么会出现进行概念化

在发现处理治疗联盟中的问题很重要以后，治疗师需要判断这个问题的出现是因为他们自己的失误，还是因为患者的功能不良的信念被激活了，或是两者都有。

当治疗师犯了错误的时候

治疗师要认识到治疗关系中的问题可能跟自己的行为或态度有关。有时，向患者寻求真诚的反馈可能会得到这一必要信息；有时，关键是要请求同事回顾治疗会谈的录音，来判断这个问题在多大程度上是由治疗师引起的。

当治疗师意识到是自己犯了错误时，通常最合适、最有帮助的做法就是道歉。不带防御的道歉是一种重要的技术，可以作为那些有挑战性问题的患者的榜样。例如，在短时间内被治疗师打断好几次之后，鲍勃变得很痛苦。当他指责治疗师不让自己把话说完时，他的治疗师道歉了。鲍勃确实是对的；治疗师之前误解了鲍勃。她的道歉巩固了他们的治疗联盟。

基斯因为家庭作业而焦虑。治疗师犯了错误：她给基斯布置的作业对他来说太难了。她承认了自己的错误并道了歉，而基斯的焦虑减轻了，对治疗师的信任增加了。

当患者的功能不良的信念干扰了治疗联盟时

治疗联盟中出现的问题也可能跟患者对自己、对他人和对关系的普遍的功能不良的信念以及应对这些信念的策略有关。例如，一些患者可能认为他们的治疗师总想批评他们。如果这个信念只是针对治疗师的，而不是针对普遍意义上的所有人的，那可能比较容易改变。另一方面，如果这个信念来自于一个更广泛的对他人的信念（"别人很有可能会批评我"），那么它可能会妨碍标准认知治疗的进行。

治疗师首先要在进行良好的概念化的基础上识别患者的干扰性信念，并计划相应的应对策略。直接引出并检验信念对一些患者是有效的。而暗地里识别并围绕这个信念进行治疗（例如，调整治疗方案来避免激活这个信念）可能对另一些患者会更有帮助。不论哪种情况，随着时间推移，治疗师都需要采取多种干预措施，下面会举例说明。

案例 1

布伦特，35 岁，是一名伴有自恋型人格障碍的抑郁患者。他认为自己在根本上是自卑的，其他人都比自己好，尽管他会用展示自身优势和提要求的方式来掩饰这些自卑的信念。他总是认为其他人不尊重他。一些小事儿，甚至无关对错的事情都会把他惹怒：收银员没有在他付钱的时候对他说"谢谢"；引座员给他指了一下位子而没有把他带到坐位上去；电梯员没有为他按"开门"按钮；商店的经理在打烊的时候请他离开。

在他跟别人相处时所激活的信念在治疗中也同样被激活了。因为他来治疗中求助，他自然而然地感觉自己处在一个低人一等的位置上。他认为治疗师会自以为比较优越而他是下等的——并会像对待一个下级一样对待他。他过分敏感地贬低治疗师，并误解了治疗师的意图。他试图去贬低她，开她办公室家具的"玩笑"，问她是否知道一些晦涩难懂的心理学术语的意思，当治疗师说她没听说过布伦特最喜欢的古典音乐家的时候，他表现得非常吃惊，说他以前的治疗师们比她更有水平。当他的治疗师没有同意他的特殊要求（例如，要求治疗师在非常规时间进行咨询）时，他会表现得异常生气。布伦特试图通过各种方法让治疗师对他的优秀品质印象深刻：使用复杂的词汇、炫耀他高档的衣服、吹嘘自己在工作中的一点点成就。

治疗师经过概念化认识到，如果她在治疗早期对布伦特批评的言论进行面质，就会进一步激活他自卑的信念。相反地，她忍受这些批评并对他进行无防御的回应。当布伦特断定她没有他以前的治疗师的技术好时，她问道："你能告诉我，他们做了什么而我没有做到吗？这样我可以更多地帮助你。"当他问到一些她不熟悉的心理学概念的时候，她说："尽管我应该知道，但是我真的不知道，那是什么意思？"当他拿她办公室的陈设开玩笑时，她跟他一起笑，并且拿自己开玩笑："你知道吗，我应该拿一个 MBA 的学位，这样我就能有更好的家具了！"

通过这种方法，治疗师完成了几个治疗目标。她直接示范了不带防御的行为，展示了接受批评和贬低并没有削弱一个人的自尊。治疗师没有批评或者贬低布伦特，这降低了他的脆弱感并增加了他对治疗师的信任，因此巩固了治疗关系。随着时间的推移，在很多不同形式的干预之后，布伦特开始改变他的信念。他越来越不需要在治疗师的身上使用他功能不良的应对策略。他也开始相信也许不是所有人都要贬低他。他开始更加乐意在治疗外进行行为实验，在这些实验中，他不再为了让别人没有机会贬低自己，而试图先去贬低别人。

布伦特的治疗师的概念化是她需要先围绕着布伦特的信念进行工作，而不触及这个信念。仅仅是识别这些认知的行为都会过于强烈地激活这个信念。在治疗后期，他的治疗师可以用标准的信念修正策略（见第十三章），更直接地引出并修正这个信念。

案例 2

克莱尔是一个 42 岁的重度抑郁患者，并伴有终生心境恶劣和被动－攻击型人格特质。她认为自己软弱、有些无用、懒惰，而认为别人强壮、有侵略性、苛求。当她被要求做她不想做的事情时，她会通过愤怒的表现来试图施加控制，或者表面上同意别人的要求，但是要么不好好地完成它，要么干脆不去完成它。通常，当她的丈夫让她去做她不喜欢做的家务时，比如结算支票簿或者跑腿，最终的结果都是他还得自己去做。因为对控制的过度敏感，她会找办法渐渐削弱丈夫的权威，即使他给孩子们设定的是合理的规矩。

克莱尔发现，保住一份兼职相对容易，但因为不能达到老板的期望，全职工作了几个月后就被辞退了。她跟家人的关系很紧张，不像她的兄弟姐妹们那样。她要么就不参与家庭的活动，要么就去得很晚；她还拒绝照顾年迈的双亲。

克莱尔关于控制的功能不良的信念在治疗中被激活了。她觉得自己很软弱,治疗师正试图控制她。她在会谈中花了大量的时间来抱怨她的丈夫、老板和其他人。她拒绝使用治疗师建议的解决问题的方法。尽管她会和治疗师一起商量如何安排作业,克莱尔却总是不做,并要么推说自己弄丢了治疗笔记,要么说这一周太忙了,或者意识到作业不是真的有帮助。

克莱尔的治疗师迅速概念化到克莱尔是在使用应对策略来避免激活令她痛苦的信念。她直接证实了她的假设:"克莱尔,有时候,当我向一些人建议回家可以做的事情时,他们会觉得我在试图控制他们。(停顿)你也曾这么觉得吗?"当克莱尔承认她的确这么觉得的时候,治疗师共情地回答:"这一定感觉很不好。那么我们应该尝试一些不同的事情。你有什么好主意吗?"克莱尔摇头,治疗师说道:"你知道,我想再回顾一遍你的治疗目标,看看你是不是真的想完成它们,并想想它们是不是会有帮助。如果你想要完成它们,那我们可以试着弄明白怎样才能用一种不会让你感觉被控制的方式实现它们。(停顿)你觉得可以吗?"

在她们回顾目标清单的时候,治疗师让克莱尔根据目标的重要程度排序。克莱尔说她最想做的是多参加一些有趣的活动,比如跟朋友约会、读书、在网络上搜索有趣的话题。随着抑郁的加重,她已经几乎不再做这些事了。然后治疗师给了她一个选择:她们可以在会谈中一起讨论下一周可以做些什么,或者她也可以自己在家想这些。克莱尔选择了后者,并且在下一次会谈中报告说她做了一些活动。

当克莱尔开始感觉好一些的时候,治疗很快取得了进步。她的治疗师帮她识别并回应了一个干扰她的信念:"如果我感觉好一些了,我的治疗师和丈夫就会对我有越来越高的期待。"治疗师评估了这个信念,通过简单的问题解决和角色扮演安慰了克莱尔:如果这个问题出现,她可以维护自己的权利并取得更大的进步。

很多有挑战性问题的患者要学习的重要一课是，人际关系的问题是可以得到改善或者解决的：可以通过采取对他人行为更加准确、更加功能化的理解来解决；也可以通过直接的问题解决方法来解决，比如，改变自己的行为或者要求他人修正他们的行为。

利用治疗关系来达到治疗目标

有很多策略可以供治疗师使用，来巩固治疗联盟并同时达到其他的治疗目标。在这一部分，讲述了三个重要领域的策略：提供积极的关系体验；处理治疗联盟中的问题；把处理治疗关系中的问题的收获泛化到患者生活中其他重要的关系中。

提供积极的关系体验

有挑战性问题的患者可能会有一些令他们不安的关系，伴随着对他们自己或他人的功能不良信念。治疗会谈给治疗师提供了很多机会来纠正患者的负性信念。治疗师可以帮助患者从很多方面强化更积极的（实际上是更现实的）看待自己和他人方式，包括：

- 使用积极强化。
- 使用自我表露。
- 减少治疗关系中的不公平。
- 不同意患者的负性自我观念。
- 提供现实的希望。
- 直接表达共情和关心。
- 表达对治疗限制的遗憾。
- 帮助患者意识到跟治疗师的联结。

治疗师还可以通过表达他们是不会伤害患者的，以及在处理人际问题上做榜样等方式，来帮助患者改变对他人的看法（Safran & Muran，2000）。

使用积极强化

治疗师不仅仅要直接表达共情和支持，在患者对他们的想法、情绪、行为进行适应性改变的时候，或者在现实中展现出积极的态度或行为时，对他们进行积极强化也是十分重要的。在标准化的治疗中，认知治疗师会在每次会谈开始的时候询问患者，自上一次会谈之后有没有做过什么积极的事情或者发生了什么积极的事情。他们还会让患者叙述在家庭作业中取得的进展。这种回顾给治疗师提供了对患者进行强化的机会。

- "我很高兴你……（去参加了聚会并且玩得很开心）。"
- "我希望你能为自己……（通过考试）而感到自豪。"
- "你能够……（在你的邻居需要你的时候伸出援助之手）真是太棒了！"
- "你能够……（在他那么做了之后，回应你的负性思维，之后感觉好多了）真不赖！"
- "能够……（像你这样安慰人），这真是你的一个好品质。"
- "不是所有人都能……（像你一样好地处理批评）。"
- "你能够……（在这周几乎每天都让自己起床）真好！"
- "你做到了……（做了这些事情而没有伤害你自己），有没有给自己肯定的评价呢？"
- "要是每个人都能……（像你一样弄清楚他们孩子的真正需要是什么），该多好啊！"

像这样的鼓励性话语可以削弱患者认为自己是无助的、不可爱的、没有价值感的信念。它们还可以强化患者的信念，认为治疗师是支持和关心他们的。

使用自我表露

明智的自我表露可以帮助巩固治疗联盟，并为患者提供一个重要的学习工具。克劳迪娅感到非常不安，因为她的丈夫将要接手一份需要负更多责任的工作,这意味着他晚上常常不能回来跟她和孩子共进晚餐。她的治疗师谈到几年前自己是如何处理类似的问题的:她想到了丈夫的工作需要倒班,这意味着如果他想保住这份工作的话,就不得不在晚上工作。克劳迪娅对于治疗师愿意分享她个人的事情感到很感激,并且觉得跟治疗师的联系更牢固了。

治疗师的自我表露也间接地让克劳迪娅意识到她不是天底下唯一要面临这种情况的人,克劳迪娅可以选择因此感到苦恼,也可以选择换个方式思考这个问题并感觉好一些。克劳迪娅能够采取后一种方式来看待丈夫的工作,并且减轻了自己的痛苦。然后她能够跟治疗师一起使用问题解决的方式来找出在傍晚管理孩子们的更有效的方法。

另一个案例有关一个自愿来访的患者艾琳,那时她有非常严重的抑郁,又需要置换一些坏掉的家具,她对此感觉无法承受。她的治疗师举了她自己和其他人的例子,使得患者的问题正常化。治疗师说,她最终是叫了几个朋友来帮忙,并且意识到她只需要买一些合适的家具就可以了,并不一定要完美。发现自己的难题是个普遍问题,这让艾琳感到振作起来了,并且开始相信如果治疗师请求别人帮忙是可以的,那么自己这么做也是可以的。

重新调整治疗关系中的平衡

对于那些感到沮丧的患者,帮助他们重新调整治疗关系中的不平衡尤其重要。吉尔是一名客户服务代表,他总是觉得自己跟别人比是失败的。当治疗师问他关于工作的问题,并指出他在跟那些难对付的监督员和易怒的顾客工作时所展现出的耐心和能力时,他感觉自己更有能力了,自卑感也少了一些。基思的治疗师告诉他,他对歌剧和古典音乐的了解让自己多么印象深刻。劳拉是一个慢性抑郁患者,每天的日常生活都有很多困难,她有时不能很好地料理家务。但当她的治疗师有意地询问有关她的狗的问题时,她会感觉好一些。劳拉的治疗师刚养了一只狗,对于如何照顾和训练狗狗知道得很少,而这正是劳拉所擅长的。征求劳拉相关的意见并称赞她的建议非常有帮助，让劳拉感觉更加有成就感了。

不同意患者的负性信念

治疗师要让患者知道，根据患者的经历，他们的信念是可以被理解的，但是治疗师作为一个旁观者，并不一定要同意这些信念。当琼表达了她的无助感，觉得自己再也不会好起来时，治疗师并不同意这个观点，这使琼感到了安慰。

治疗师：哦，我现在能够理解为什么你对于好起来会感到那么的无助。如果那些事发生在我身上，我也会对自己持有这样的信念，我肯定也会感觉相当的无助。你认为自己很糟糕，因为你爸爸是那样对待你的。但我想让你知道，我不认为你是糟糕的，从来没这么认为过。很显然，他才是有问题的——不是你！（长时间的停顿）你觉得呢？

把理解与现实性的乐观结合起来

那些经历过情感剥夺的患者通常需要治疗师极大的抚慰、共情和支持。但是需要意识到的一点是，如果患者（正确地或者不正确地）觉得，治疗师认为他们受到负性（有些时候是毁灭性的）生活事件的影响是不可改变的，单纯的共情有些时候会让患者觉得更糟。为了防止患者有这样的感觉，治疗师在表达共情的同时需要说些别的，至少表达一些对未来最保守的乐观态度。

当然，观察患者对这种表述的反应也是很重要的。一些患者会怀疑或者不相信治疗师的话，有些人甚至会认为治疗师在把他们的问题简单化。有这些感觉的患者通常会出现情感上的变化，细心的治疗师会抓住这个机会引出他们的思维以及与其相关的意义，并更有效地对这些思维进行反应。

> - "这些事情发生在你身上让我感觉很难过。没有人应该承受这些,至少你不应该承受这些。(轻柔地继续)但是我很高兴你愿意来我这里治疗,这样我可以帮助你。"
> - "这一定很难——我知道你现在还因此感到很痛苦。(停顿)现在你可能还是觉得没有希望,但是我要让你知道,我觉得你是有希望的,我们可以减少你的痛苦。"
> - "难怪,这对你来说太难熬了……我现在清楚了,我们要把(任务)分成小步,慢慢来,先从简单的开始……你觉得怎么样?"

案例

梅雷迪斯是一个患有慢性抑郁症和创伤后应激障碍的患者,童年时,她的爸爸对她进行过身体虐待和性虐待。她的妈妈教唆并辅助了这些施虐。梅雷迪斯认为自己"不好、不可爱、没有价值"的信念根深蒂固。随着时间的推移,她的治疗师使用了很多策略来帮助她修正这些信念,包括很多对治疗关系的干预。例如,她的治疗师努力地鼓励梅雷迪斯谈论她在教堂做志愿者的工作;她跟她的孩子之间的(非常积极的)关系;她在难民所面临的困境。这些谈话让治疗师有机会展现她对梅雷迪斯的兴趣和尊重,同时积极地强化了患者慈悲的特质。治疗师还可以利用从这些谈话中收集到的信息作为在后续治疗中支持梅雷迪斯树立新的核心信念的证据,那就是"她是一个挺好的人"。

表达对治疗限制的歉意

有时候,治疗师表达他们对患者的歉意是很有帮助的:"我真希望我有力量带走你的痛苦",或者"很抱歉我不能既做你的治疗师,又做你的朋友。"后面还要跟上一个更积极的叙述:"尽管如此,我愿意来看看我们能做些什么以减少你的痛苦";"如果我只能扮演一个角色,我愿意成为你的治疗师,这样我可以努力地帮助你。"

帮助患者意识到跟治疗师的联结

治疗师有时候需要直接或者间接地表达自己在持续不断地跟患者保持联结。例如，治疗师可以告诉患者，他们在两次会谈之间也没有被忘记。

> ❖ "这周我考虑了你的事情。我想如果我们在这次会谈中 _____ 的话，可能会有帮助。

这类表述传达了这样的信息，即治疗师是关心患者的，并没有在会谈结束后忘记患者，即使不在治疗室内，治疗师也会思考患者的事情，愿意更多地帮助她。

当患者抑郁的时候，通常会更难感觉到跟他人的联结，也会更难感觉到跟治疗师的联结。治疗师需要对这种情况保持警觉，尤其是对那些在治疗期间抑郁严重加剧的患者。通常，患者自己觉得联结减少了，就会认为治疗师也觉得联结变少了。治疗师可以通过直接提问的方式来揭示这些问题：

治疗师：你这周似乎有点不一样。我想你是不是觉得自己跟治疗、跟我的联结感少了？

患者：我想是的。

治疗师：你是不是觉得我对你的联结感也少了。

患者：（思考）是的。

治疗师：我很高兴你告诉我这一点。所以让我告诉你事实是怎样的。事实上，我觉得与你的联结感更多了。你严重地感觉到自己更加抑郁了——这让我想更多地帮助你。（停顿）这样好吗？

患者：好的。

处理治疗联盟中的问题并泛化到其他关系中

当治疗关系中的难题跟患者的功能不良的信念相关时，治疗师就有机会了解患者是用何种歪曲的方式来看待治疗师的——并且，很有可能也是这样看待其他人的。引出并评估他们关于治疗师的信念的正确性，可以起到巩固治疗联盟的效果。治疗师通常也有机会示范如何解决人际问题。很多患者从未学习过这些技术，很多人从未有过用合乎情理的方式解决人际问题的体验。事实上，有人际困难的患者能够学习到的很重要的一点是，他人是怀着良好的意愿的，他们是可以解决人际问题的。把学习到的东西泛化到其他人身上可以帮助患者在治疗外发展功能更加良好的关系。

这部分首先讲述了当患者因治疗师而感觉痛苦时，可以用到的一个范式。然后讲述了治疗师可以怎样利用治疗关系，给患者关于人际行为的结构化的反馈。

当患者因治疗师而感觉痛苦时

当治疗关系中出现了重大的问题时，下列范式可能是有用的。例如在一次会谈中，患者对他的治疗师感到很愤怒，因为他限制患者在非危机的情况下，在会谈外给治疗师打电话。

- 引出然后总结患者在认知模型中歪曲的自动思维。（"所以当我提出打电话的话题时，你有这样的想法：'我的治疗师不关心我'，然后你觉得很受伤，很生气。是这样吗？当时你在多大程度上相信这些想法？现在你有多相信？"）
- 帮助患者检验自动思维的正确性，用苏格拉底式提问替换想法。（"我不在乎你的证据是什么？有没有反面的证据？对发生的事情有没有其他的解释？"）

- 鼓励患者直接询问治疗师。("对你来说，弄清楚我不关心你的想法是真是假很重要。你要怎样弄清楚呢？直接问我怎么样？")
- 提供直接的、真诚的积极反馈。("我当然是关心你的。我需要限制你在会谈外给我打电话的原因是我需要维持生活的平衡，这样我才能拥有比较平静的个人空间，才能够帮助你和其他患者。")
- 进行问题解决。("我们来看看如果你真的觉得很不安，你还能做些什么？""我不希望你就一直忍受着折磨等待下一次会谈。")
- 识别及修正功能不良的假设。("那么，总结起来，你好像有一个很令你不安的想法：'如果我的治疗师真的关心我，她应该在我觉得不安的时候帮助我，不论她正在干什么。'你还能怎么看待这一点呢？")
- 在其他的关系里评估假设。("你对其他人有过这种想法吗？就是说如果他们关心你，他们就要在你觉得不安的时候做任何事情？这种想法有没有让你跟他们在一起的时候也感觉不好？你还对谁有过这种想法？你现在能用不同的方式看待它吗？")
- 让患者总结她学到的并写下来，以便回家后进行复习。

当患者需要关于他们人际风格的反馈时

作为一种评估线索，治疗师自己对患者的负性反应是非常有用的。这能够评估患者在会谈内的行为和态度在多大程度上代表了他们在会谈外的行为和态度。治疗师通常可以了解到患者的困难和在患者的生活环境中人们是怎样对他们进行反应的。如果治疗师在有限的会谈时间内对患者形成了一个牢固的反应方式，那么其他人，尤其是经常跟患者在一起的人，更有可能有这种反应方式。

治疗关系的一个重要的作用就是让治疗师教患者掌握重要的人际

关系技术，例如，当他们感觉痛苦的时候，怎样改变他们的沟通风格（Layden, Newman, Freeman, & Morse，1993）。经过几个月的治疗之后，患有边缘性人格障碍的凯莉已经跟她的治疗师形成了一个比较好的治疗联盟。可是，在一次会谈中，当治疗师询问她关于解决亨利（一个同事）的问题有什么想法时，她变得非常不安。然后治疗师就此提了几个建议。凯莉平静下来参与到了她选择的讨论中去。之后，治疗师对凯莉反馈说，在这种情况下，她应该首先表达她的不安——因为他知道凯莉有这样的反应模式：当她感觉烦躁不安的时候就会指责别人，而别人也会因此而疏远她。

治疗师：好，让我们来处理亨利的问题，你觉得怎么样？

凯莉：好的。

治疗师：我们可以先回顾一些事情吗？你还记得当你告诉我这个问题而我问你对此有什么想法的时候，发生了什么吗？

凯莉：记得。

治疗师：那时候你想了些什么？

凯莉：我想的是你期望我弄清楚该做什么——但是我做不到！所以我才第一个就谈到这个问题。

治疗师：哦，怪不得你会那么的不安。有时候，你对彼得（凯利的丈夫）是不是也会有这种感觉？或者对你妈妈？

凯莉：可能是的。

治疗师：那么我有一些主意，可能会让你更好地得到他们的帮助。

凯莉：好吧。

治疗师：当你感觉很不安的时候，你可以像今天这样说："你没有帮到我！你不理解我！"或者你可以说："我感觉承受不住了，我真的需要你的帮助。"（停顿）你能明白这两者的区别吗？用第一种方式，别人会变得带有防御性。用第二种方式，他们会更乐意帮助你。（停顿）你觉得呢？

凯莉：（慢慢地）我想是吧。

治疗师：你这周愿意再多思考一下这个问题吗？

凯莉：好的。

总结性案例

最后的这个案例说明了这章讲到的很多原则：对患者表达歉意；首先围绕患者被激活的功能不良的信念进行工作；修正患者关于治疗师的功能不良的信念；把患者学到的技巧泛化到其他关系中去。

在几次治疗中，每当迈克尔（一位抑郁症患者）的治疗师对他进行积极强化的时候，他都表现得很恼怒，于是治疗师跟他一起对治疗关系问题进行了广泛的讨论。在他们的第三次会谈中，迈克尔，第一次对治疗师表达了不开心。迈克尔刚刚描述了他在家庭作业中进行的一个行为实验的结果：在一个同事面前表现得坚定而有主见，他以前经常被她喋喋不休的唠叨弄得很烦。

迈克尔：她似乎很惊讶，然后在接下来的几天，她和我保持了些距离，但是她现在不再那么惹人讨厌了。

治疗师：那么，那个想法，如果你对她说了，你觉得你在她身边会觉得特别不舒服？

迈克尔：一开始的时候确实不好受，但是现在可以了。

治疗师：我觉得你做了一件很重要的事情。你有一个负性的假设，你检验了它，然后发现这并不是真的。现在，你在工作中会觉得好一些了……这真是太好了。

迈克尔：（看起来很不高兴。）

治疗师：我这么说的时候你在想什么？

迈克尔：(深呼吸) 我觉得你像是在屈尊跟我讲话一样。
治疗师：(示范道歉) 哦，如果我给你这样的印象，真是对不起。我不是故意的。(停顿) 关于工作还有什么是我们应该谈的吗？
迈克尔：没有了。(叹气) 我就是希望她能辞职。
治疗师：(共情地) 是的，这能解决很多问题。(停顿) 那现在我们是不是应该谈一谈你怎样在家更有条理地生活呢？
迈克尔：是的，好的。

在上面的摘录中，治疗师选择不详细讨论患者对她的反应。她仅仅是道歉然后继续治疗。她和患者能够重新一起合作讨论另一个重要的问题。在下一次会谈中，治疗师发现患者没有按照他们在上一次会谈中讨论的那样进行锻炼。患者再一次觉得治疗师好像很有优越感。治疗师间接地承担了这个问题的责任，重新聚焦到患者身上。

迈克尔：(叹气) 我不知道我怎么了。我知道我应该去锻炼。我真的很软弱又没力气。我知道我在锻炼的时候会感觉好一些。可我不知道该怎样让自己觉得有动力。
治疗师：(把他的体验正常化并提供心理教育) 你知道，很多人都觉得他们需要先有动力，然后再开始做事情。事实上，还有另一种办法。大部分的人需要的是开始做，然后他们就会觉得更有动力了。
迈克尔：(恼怒地) 我知道，我知道。你都说过多少遍了。
治疗师：(认可患者的负性反应) 不是很有用，是吗？
迈克尔：没用。
治疗师：(希望通过用更能被接受的、重新聚焦在其他问题上的方式建立合作关系) 好，我们来弄清楚这周有什么想法阻碍了你，这也许会更有帮助。这周你在什么时候考虑过去体育馆。

接下来治疗师帮助患者识别出了他的破坏性想法,形成了一个有力的反应,并写在索引卡片上每天在家阅读。进行到这次会谈的后半段时,患者又一次感觉不高兴了。

迈克尔:所以我提醒自己,跟茱莉亚(前女友)相处得不好,可能不完全是我的错。

治疗师:当你这样告诉自己时,你感觉怎么样?

迈克尔:好一点了。我的意思是,她也不完美。

治疗师:真棒。你真的能够影响你的情绪了。

迈克尔:(看起来很厌烦。)

治疗师:呃,你刚刚想了什么?

迈克尔:当你那么说的时候,就好像你比我优越一样。

治疗师:怎么像?

迈克尔:就好像你在拍着我的头说,(用不高兴的语气嘟囔着)"好孩子"。

治疗师:好,我很高兴你能告诉我……我是不是听起来很虚伪?是这样吗?

迈克尔:不是,更像是你因为我做到了那么小的一件事而赞扬我。(停顿)不是说我认为你真的想侮辱我。

治疗师:没错。我并不想那样。但是如果我真的是在赞扬你做到的小事,那有什么不好的吗?

迈克尔:(看向地面)我不知道。

治疗师:(假设)那是不是会让你觉得自己有些渺小?就好像我是一个专家,一个大人物在对一个小人物表达善意。

迈克尔:(思考)是的,就是这种感觉。

治疗师:你只是说说而已?还是你真的同意这个想法?

迈克尔:嗯,我觉得是这样的。就好像你是老师,然后我只是一个学生。

第四章　形成并使用治疗联盟

治疗师：好，现在我明白了。而且你在某种程度上是对的。我是有些东西要教给你……另一方面，我更愿意把我们看做一个团队。

迈克尔：嗯。

治疗师：作为一个团队，我们要一起解决问题。我想我不应该再说积极的事情了……但是我们得找个方法让你知道你在往正确的方向行进；或者当我说积极的事情的时候，你有没有其他的理解方式呢？

迈克尔：比如说？

治疗师：我不知道……也许是我们作为一个团队做得还不错？

迈克尔：（思考）不……我不觉得可以这么理解。

治疗师：好的，这确实是个难题。你能在这周想想这个问题吗？思考一下怎么做才能对我的肯定感觉好一些？

迈克尔：好的。

在这一部分的摘录中，治疗师感觉到继续聚焦于这个问题可能不是很有效果，所以她让患者在两次会谈之间思考这个问题。在下次会谈中，治疗师评估了探究治疗联盟问题背后的信念在多大程度上是有用的。

治疗师：（合作地）我又思考了一下上次会谈中出现的问题，就是你觉得我对你展现了我的优越感。我们现在再多谈一些，你觉得可以吗？

迈克尔：可以。

治疗师：你想出看待它的其他方式了吗？

迈克尔：没有。

治疗师：我能不能问你个问题：这种觉得别人是在对你展现优越感的感觉，有没有一次又一次出现在别人身上？是仅仅针对我的吗？

迈克尔：（想了一会儿）不只是对你。嗯，我对我老板也总有这种感觉。他总是解释得太多，他一定是觉得我很蠢（停顿）。

治疗师：还有别人吗？

迈克尔：当然，还有我的父母。我告诉过你，他们总觉得自己比我知道得多。他们总是告诉我要做什么。

治疗师：跟莎伦（迈克尔的女朋友）呢？对她有没有过这种感觉？

迈克尔：（思考）不太有……等等……嗯，有时候也有。

治疗师：比如说？

迈克尔：比如说她会在一些事情上有她的观点，比如，我们应该去看什么电影，因为她读了（报纸的）娱乐版的报道。我会说我想去看另外一部电影，因为我听说很好看。她会说她知道那个不太好看，因为她读了一个影评。一个影评——那只是某个人的观点，然后她就相信了，然后她就不想去看我想看的电影。

治疗师：哦，这是挺烦人的。那么我听到的是，这种觉得自己很渺小、而别人在卖弄优越感的感觉一次又一次地出现。

迈克尔：我想是的。

治疗师：（预期到并阻止了他的反应）你认为你对老板、父母和莎伦的看法有可能产生改变吗？

迈克尔：也许对莎伦能改变一点点。

治疗师：对我也能改变一点点吗？

迈克尔：可能吧。

治疗师：但是你的老板和父母还是继续令你厌烦？

迈克尔：是的，很有可能。还有我的姐姐。

治疗师：那么你愿不愿意把这个作为一个目标，学习怎样才能不这么烦恼？怎样才能使他们不让你觉得自己很渺小？

迈克尔：是的，我想这样会很好。

在上面的这段摘录中，治疗师探知了患者对她的反应是他大模式的一部分。她判断治疗关系中的这一问题是值得花时间处理的，因为她可以借此机会改善他们的治疗联盟，并帮助患者把学到的东西泛化到其他重要的关系中。请注意她是怎样让患者同意把这个问题作为治疗目标的：她共情了他厌烦的感觉，然后给他提供了一个令其感觉更好的方法。在下面的摘录中，治疗师提供了一个替代性的观点。

治疗师：所以我们可以从我开始。我想你是有选择的。当我说出一些肯定的话，或者解释太多或者不同意你的时候，你可以说，"（我的治疗师）又在贬低我了"，然后你会觉得很烦，即使我真诚地试着让你不感觉自己很渺小……或者你可以说，"（我的治疗师）不是要贬低我。她是在试着帮助我感觉好一些"。或者说，"这就是她说话的方式"。（停顿）或者我猜你可以说，"她只是以为我不知道这些或者她真的认为我做的这种小事很好，这并不能让我变得渺小。这是我需要学习的以克服我的抑郁。我值得为我做到的事情获得肯定。"（停顿）你觉得怎样？

迈克尔：我不知道。

治疗师：嗯，如果你能告诉你自己，"她是对的——我是值得被肯定的"，或者"我已经知道了，这很好"，你会觉得不那么烦吗？

迈克尔：是的，我想是的。

治疗师：好，这是可以思考的一些事情。也许我们可以在下次会谈中有更多讨论。

迈克尔：好的。

治疗师感觉到患者现在没有准备好采取这些功能化更强的（和更

加正确的）观点。但她已经播下了一颗种子，这会在随后的会谈中有助于评估他们还需要多长时间才能够直接对这个问题进行工作。一旦患者确实修正了他对治疗师的看法，她就可以帮助他，把他对被贬低的新的理解应用到其他的关系中去，并跟自信心训练结合起来（这样他可以更加坚定、自信），并对他的功能不良的信念做出反应。

总　　结

当治疗师使用或者修正标准的认知治疗原则来建造一个牢固的治疗联盟的时候，很多有挑战性问题的患者都对此反应良好。另一些患者则表现出了更大的问题。然而他们面临的难题给治疗师提供了一个机会来更好地概念化患者的功能不良信念，并了解他们的行为对他人的影响。当治疗师帮助患者修正对自己、对治疗师的负性观点，然后让他们把所学到的应用在修正对其他人的负性想法上的时候，治疗关系就会是触发改变的有利媒介。

第五章

治疗关系中的问题——案例

下面的案例中将举例说明出现在治疗关系中的各种常见难题。前几个案例举例说明了患者对治疗师愤怒的种种原因：他们认为治疗师不认同他们，将会拒绝接受他们，想要控制他们，不理解他们，或者不关心他们。接下来的几个案例呈现了患者对治疗持怀疑态度、感觉自己被迫接受治疗或者对治疗的结构有阻抗时的情况。再接下来的一组案例描述了一位在会谈结束时向治疗师提供消极反馈的患者，以及一位即使给予保证，仍无法向治疗师提供消极反馈的患者。最后，是一个关于患者逃避向治疗师透露重要信息的案例。

案例1：觉得不被治疗师认同的患者

在一次会谈中，罗莎琳德描述了哥哥对待自己的方式让她觉得不被认可这一问题。当她的治疗师针对她的看法进行提问时，她仍觉得不被认同。治疗师对这一问题进行了概念化，然后改变了治疗策略。

治疗师：（概括）所以当大卫（罗莎琳德的哥哥）说他不会改变他的家庭计划的时候，你的想法是，"他又来了，他从来都不会顾及我和我的家人，总是做他自己想做的"。你觉得非常受伤和愤怒。（停顿）对吗？

罗莎琳德：是的。他从来没有考虑过我的感受，从来没考虑过他的所作所为会对我产生什么影响！

治疗师：那么这意味着什么，或者说最糟糕的部分是什么？

罗莎琳德：这意味着我不重要。

治疗师：对于为什么他不想改变计划，除了他认为你不重要和不关心你之外，还有没有其他的解释呢？

罗莎琳德：你不明白！他总是这样，他总是把自己放在第一位！

治疗师：哦，听起来好像在他的眼中，只有自己才是最重要的。

罗莎琳德：对，是的！

治疗师：这让你觉得非常受伤。

罗莎琳德：是的。

治疗师：我想试试，看我们能不能帮你消除一点儿难过的情绪。可以吗？

罗莎琳德：（生气地）你是在说我不应该感到难过吗？别人也总是这么说！你和其他人一样！你根本没听懂！

治疗师：（平静地）你说我没听懂也许是对的，但是我并没有说你不应该感到难过。考虑到你所想到的那些，你确实应该感到难过！

罗莎琳德：所以你现在是说我的想法错了。

治疗师：事实上，我不知道。可能你是百分之百正确的。我所能确定的是，你对于你哥哥感到很心烦。我想看看我们能做些什么来让你的心烦减轻些。（停顿）但是试着让你的心烦减轻些有什么不对吗？

罗莎琳德：你好像是在说我错了。就像其他人一样，（模仿他人）"罗莎琳德，你反应过激了"，"罗莎琳德，你太敏感了"。

治疗师意识到需要对治疗做出调整了。他试着弄清楚她的哥哥是否可能有其他动机让罗莎琳德觉得自己被误解了,认为自己被当作傻瓜和有缺陷的人。治疗师确实不知道患者对她哥哥的评价在多大程度上是正确的。只有在他们共同寻找证据,并考虑哥哥的行为还有什么替代性解释之后,才会知道答案。然而,治疗师判断这时候这么做可能会破坏治疗联盟。于是,治疗师对罗莎琳德给予共情,然后找出罗莎琳德悲伤背后的信念。

治疗师:哦,这种感觉真的太糟糕了。(停顿)我们假设你是百分之百正确的,你对于你哥哥就是不重要的。这对你来说意味着什么?……最糟糕的部分是什么?

罗莎琳德:(平静下来)你知道,我总是被我的家人排斥。我的父母更喜欢我的哥哥。他永远都是最讨人喜欢、最有成就、最受关注的那个。他们觉得他能做到任何事情,直到现在都这么觉得。

治疗师:这真的很伤人。你的父母和哥哥这么做,对于你来说意味着什么?

罗莎琳德:让我觉得我什么都不是(核心信念)。

治疗师:(点头)什么都不是。(停顿)听起来是不是很耳熟?好像我们之前讨论过这一想法。

罗莎琳德:是的。

接下来,他们讨论了即使受到不公的对待,罗莎琳德就真的什么都不是吗?或者说,不管家人的行为如何,她就真的是个不重要的人吗?治疗师帮助罗莎琳德识别出了她的一般假设——"如果人们没有顾及我,就意味着他们认为我不重要",以及"如果人们认为我不重要,那么他们是正确的——我什么都不是"。治疗师要求罗莎琳德一旦觉得他对她不好,就要马上告诉他,这样他们就可以立刻解决问题。在另一次会谈中,治疗师帮助罗莎琳德认识到自己对于别人待自己不好一事过于警觉了,她有时会误解别人的动机,因为罗莎琳德总是觉得自己"什么都不是"。

案例2:担心治疗师会拒绝自己的患者

安德里亚的核心信念是"我是不好的"。她坚信她的治疗师也会以这种极度负面的眼光来看待她。在第一次会谈快结束的时候,安德里亚生气地告诉治疗师她认为他将会拒绝接受她。她的治疗师用一种直接的、共情的、安慰的方式回答了她。

安德里亚:为什么你同意为我治疗?你很可能会讨厌我,并像其他治疗师一样把我"扔"出治疗室。

治疗师:(共情地)哦,你过去一定有过这种艰难的处境。(停顿)对于你有过这种经历,我感到很难过。

安德里亚:但是你也会这么做的。

治疗师:你知道,我并没有看到这些事情发生。我也从没真的"开除"过哪个患者。让我想想……有过几位患者是我们彼此都觉得他们应该换一位治疗师试试……可是我不知道这种情况为什么会发生在你身上。

安德里亚:可是,这很有可能会发生。

治疗师:是什么原因让你这么想的?你知道了关于我的什么事情吗?

安德里亚:你是一位治疗师。治疗师都是一个样子的。

在会谈的下一阶段,治疗师首先谈到患者的想法可能是正确的。

第五章 治疗关系中的问题——案例

然后他给予了与患者之前的治疗经历截然不同的治疗方案，来帮助患者重新评估她的想法（"你们都是一样的"）。

治疗师：我想，可能我跟他们是一样的。但在另一方面，我在帮助那些曾经接受过其他治疗的患者的时候，表现得一贯不错。

安德里亚：（改变论点）这种治疗不会有效的。

治疗师：是什么让你这么想的呢？（"这种想法的证据是什么"的另一种说法。）

安德里亚：我之前接受过的治疗都是无效的。我还是这么抑郁。我的生活依旧糟糕极了。

治疗师：（考虑到在会谈前一阶段所讨论过的认知治疗的要素）你对治疗不太有信心是正常的。（停顿）关于这次治疗，有没有一些东西听起来是跟以前不一样的呢？你以前的每位治疗师都会跟你一起设置日程，让你回家阅读治疗笔记，让你在每次会谈结束时都给予反馈吗？

安德里亚：（缓慢地说）……不是。

治疗师：那么，事实上，这就令人充满希望了。如果我要做的跟你的其他治疗师所做的完全一样，那么你可以说我基本没有可能帮得上你。（停顿）我不能保证我一定帮得了你，但我也找不到任何能证明我帮不了你的证据。（停顿）你愿意给自己一个机会吗？比如说，我们试着进行4~5次会谈，来看看会发生什么吗？

安德里亚：我不知道，我不能保证。

治疗师：那么我们就先一次一次的来。（停顿）同时，你告诉我说你认为我会把你"扔"出治疗室，这非常重要。我需要你在每次出现这种想法的时候都让我知道，可以吗？

安德里亚：我想可以。（改变话题）我知道你一定觉得我很烦，总是给你添麻烦什么的。

治疗师：（尽可能地给予诚实的、积极的回答）不，我并不觉得你很烦。我想我能理解为什么这些对你来说很困难。

安德里亚：但是你的其他患者……对付他们一定比对付我轻松。

治疗师：嗯，是的，我想他们中的一些人是的。但是这并不意味着我不想跟你一起进行治疗。（暗指她是特别的）你并不是那种"每天都能见到"的患者，我很乐意和你一起工作。

接下来的会谈中，治疗师评估了安德里亚在多大程度上相信他的真诚。

治疗师：当我说我想跟你一起进行治疗的时候，你在多大程度上相信我？

安德里亚：（看向别处）我不知道。

治疗师：（猜得很低）10%？25%？

安德里亚：也许25%吧。

治疗师：很好，这是一个好的开始。我想时间会证明一切。但我还想重复一次，我不希望你把我这个治疗师给"开除"了。我愿意跟你一起进行治疗。

在这段交流中，安德里亚的治疗师进行了概念化得出：安德里亚的"我不好"的核心信念和"别人可能会拒绝接受我"的假设被激发了出来。他设法区分他和他的治疗与安德里亚以前的治疗师和治疗经历的不同，并表达了想要治疗安德里亚的愿望。他向安德里亚寻求不强求继续接受治疗的承诺，但并未强求她，他支持安德里亚表达她的担心。他巧妙地提醒安德里亚，他作为治疗师并不是发号施令的人，安德里亚有权利按照自己的意愿结束治疗。治疗师所做的一切让安德里亚平静了下来，并且最终也确实参加了全部治疗。

案例3：感觉被治疗师控制的患者

詹森是一个59岁的老男人，在第二次会谈中，当治疗师和他探讨如何改变他的行为以改善他的情绪的时候，他表现出了治疗联盟方面的问题。詹森对治疗师的建议很反感。治疗师立即表示她愿意尊重詹森自己的想法，因为詹森在第一次会谈中表现出的挑剔让治疗师预期到他可能会在这个时候表现得比较消极，她觉得现在还适合直接跟詹森探讨治疗联盟的问题。

治疗师：你觉得如果试着每天出去锻炼一会儿，会不会对你有帮助？
　詹森：（直截了当地）不会！
治疗师：那么我们先把这个跳过去。你以前做过什么事情能帮助你提升情绪，哪怕只是提升一点点也好？

几分钟后，会谈中又出现了相似的问题。治疗师假设这两种情况反映出了一种功能不良的模式，她决定直接处理这一问题。

治疗师：（关于你的偏头痛）你有没有考虑再向医生寻求帮助？
　詹森：没有。
治疗师：你觉得这样合适吗？
　詹森：不觉得。
治疗师：（温柔地）詹森，当我给你建议的时候，你在想什么？
　詹森：你在期望我解决偏头痛的问题，但我不想吃药——我觉得吃药没有用——所以我真的什么都做不了！
治疗师：（显得惊讶）詹森，我感到有些困惑……你听到我说什么了吗?

詹森:嗯,你说我应该解决偏头痛的问题——就是说要吃药。我已经吃得够多了!

治疗师:这一点真的很重要。我并不是想让你现在就去解决偏头痛的问题,如果这让你有压力的话。(停顿)你记得我刚才实际上是怎么说的吗?

詹森:说了些关于吃药的事情,但我不想吃药!

治疗师:那么你就不用吃。我很抱歉让你因为这个感到不舒服。但你需要知道我并不认为你一定要继续服药。当你准备好的时候,你可能就会想从你的医生那里获得更多信息。我并不认为你需要马上就处理偏头痛问题。

詹森:(转换话题)好像我们讨论的东西都是太细节的东西,对于我的问题来说,这就像水桶里的一滴水一样。

治疗师:嗯,在某种意义上这是对的。(给出一个类比的例子)你一小步一小步地慢慢来是很重要的,这样你不会觉得难以承受……但是每天走一小步,最终你能走很长的距离。每天往水桶里加一滴水,最终能够把水桶填满。

詹森:(叹气。)

治疗师:听起来,今天我们讨论的话题对你并没有什么帮助。你觉得怎样会对你更有帮助一些?

詹森:(摇摇头。)

治疗师:你知道吗,我有这样的感觉,好像我们俩站在栅栏的两边。你觉得我们怎样才能站在同一边呢?

詹森:(耸耸肩。)

治疗师:(假设)我猜想你是不是觉得我并不真的理解你,你是怎么感觉的,我是不是过多地批评你或者指责你了?

詹森:(咕哝着)是的。

第五章 治疗关系中的问题——案例

治疗师：这种问题解决式的咨询方式在今天可能并不适用。也许我应该更多地听你说话并试着理解你。

詹森：（停顿）我不知道。

治疗师：那么今天我们不继续讨论如何改善你的生活了，你觉得如何？（停顿）作为代替，也许你可以帮助我更好地理解在你的生活中到底发生了什么。

詹森：（耸肩。）

治疗师：你能感觉到我很想帮助你吗？

詹森：我猜是的。

治疗师：嗯，你是对的。我是想帮助你。

詹森：但是当你对我有那么多期待的时候，你并没有帮助到我。

治疗师：谢谢你告诉我这一点。好，我向你保证，我今天会试着不对你产生期待。但如果你感觉我有了期待，比如我对你服用药物的态度过于热烈，你愿不愿意让我知道呢？然后我会诚实地告诉你我是不是犯错了，错在哪儿……你觉得怎么样？

詹森：（慢慢地）好吧。

治疗师：那么，告诉我，你觉得我不理解什么？

詹森在这次会谈中显得很被动。他对于被控制和被伤害的信号过于敏感，显得急于对治疗师下结论，并会温和地攻击治疗师。治疗师会温和地回应他，纠正他的误会。当詹森感到失望并贬低治疗的时候，治疗师试着给他提供支持。发现治疗联盟出现裂痕后，治疗师会假设患者为什么会感觉不好，然后试图改变他们曾经的做法。治疗师表现出她渴望帮助患者的态度。她让詹森在以后的治疗中纠正她，试图让詹森感觉到他处在高一级的位置上。通过仔细倾听、展现共情和精准的理解，治疗师帮助詹森减少了对受到伤害的担忧，因此也就减少了他使用"在别人攻击我之前先攻击别人"这个应对策略的倾向。

在这次会谈结束的时候,詹森已经平静下来了。然后治疗师开始直接针对治疗关系展开工作。

治疗师:你觉得如何?在后面这段会谈里,你有没有感觉好一些?

詹森:是的。

治疗师:当我说我会试着不对你期望太多的时候,你有多相信我?

詹森:我相信你会试试看——但我不确定你是不是真的能做到。

治疗师:嗯,你可能是对的。那么有什么防范措施吗?

詹森:我不知道。

治疗师:我想我们已经在这一点上达成一致了,即你愿意跟我一起核对——看看我是不是犯了错误,这样我才可以改正。

詹森:好吧。

治疗师:那么,你能不能告诉我,如果我对你抱有不合理的期待,最坏的可能性是什么?

詹森:我会感觉我必须要做你想让我做的,这样你才会满意。

治疗师:还有别的吗?

詹森:或者你会说你不再帮助我了。(咕哝)我的上一个治疗师就是这样。

治疗师:那么如果你愿意的话,我想我们最好再来约定一个协议。只要我对你还是有帮助的,我就愿意一直为你治疗,无论你是否按我说的去做。

詹森:好的。

治疗师:(重新调整力量的平衡)同时我也希望你能跟我一起工作——如果你感觉我没站在你那边的时候,你要跟我核对我的真实意图。

詹森:(停顿)好的。

詹森的治疗师理解到詹森是脆弱的。在会谈中，令他痛苦的核心信念一再地被激活，即使他的治疗师表现得通情达理。治疗师意识到她需要加强治疗联盟，帮助詹森感觉到安全——否则詹森很可能单方面终止治疗。接下来，治疗师询问詹森愿意做些什么以让他自己在接下来的一周过得更好一些，没有直接给他布置家庭作业。

案例4：声称治疗师不理解自己的患者

琼是一个37岁的未婚女性，有一份不太令人满意的、收入微薄的工作。她特别嫉妒那些（她觉得）过得比自己好的人——在他们面前，她会显得很自卑。在第二次会谈的一开始，治疗师问她是否还想在自己的目标清单上加一些内容。

琼：（用不耐烦的语气）听着，我觉得你并不理解我。

治疗师：我不理解……

琼：这就是我！……毕竟，你是专业人士。你能赚很多钱。你结了婚，有了孩子……你什么都有了。而我什么都没有。

治疗师：（共情地）哦，这一定让你觉得很不公平。

琼：是的！就是这样的！

治疗师：没错，是这样的。（停顿）你能不能再多讲一些你觉得我不理解的事情？我真的很希望能更好地帮助你。

琼：（平静了一些）所有的事情都那么难熬。我在经济方面有困难，我的生命中只有我一个人。我真的很孤独。我那不正常的家庭一直是我的负担。我讨厌我的工作……

治疗师：（共情地）你真的很坚强。（停顿）我不能保证让你的生活变得轻松，但是我愿意试试看，如果你愿意的话。（停顿）也许我们应该挑出一个问题在今天处理——但是你要详细地讲给我听,这样我才可以更好地理解你。(停顿)这样可以吗?

琼:(勉强地)我猜可以吧。

治疗师:你愿意从哪里开始呢?

回顾她的目标清单能让琼更清楚地意识到自己现在所面临的问题。她开始拿自己跟治疗师做比较,治疗师确实过着比她更轻松也更有成就的生活。当这种比较激活了她自卑的核心信念时,琼采取了她一贯的应对策略:责备他人。她的治疗师共情地回应了她,表明了她愿意帮助琼,请求患者允许她采取问题解决的治疗取向,让患者知道自己是理解她的。患者勉强同意先集中解决一个问题。这样她们的会谈取得了一些进展,患者会感觉稍微好一些。在这次会谈快结束时,治疗师重新回到了治疗关系的话题上。

治疗师:我想回到最开始谈到的话题上。我有这样的感觉,每周来找我咨询让你感觉很不舒服。我想,你是不是经常拿自己跟我做比较呢?

琼:我想是的。

治疗师:很抱歉这让你感觉很不好。你有没有什么好主意来帮助我们解决这个问题呢?

琼:我不知道能不能解决这个问题。

治疗师:(停顿)嗯,我愿意做一些尝试。我愿意跟你在一起做治疗。我确实认为我能帮到你——就像我们今天讨论的问题——如何对你父亲设置限制,这样他就不会让你那么不安。

琼:(看向地面咕哝着)我不知道。

治疗师:你愿不愿意在这周思考一下,然后我们可以在下周对此进行讨论?

琼:我想可以的。

治疗师：我也会在这周思考一下的。（停顿）我也很愿意。我们有机会解决这个问题，我不希望你因此放弃治疗。

在会谈的这个部分，治疗师明确宣布了她愿意解决她们关系中出现的问题，并愿意在接下来的一周中去思考这个问题。治疗师也在心中提醒自己要弄清楚：拿自己跟别人比较是不是这位患者一贯的思维模式。

案例5：认为治疗师不在乎自己的患者

亚历山大，68岁，男性，在治疗师按时结束他们的第四次会谈的时候变得很愤怒。治疗师引出了亚历山大对她的特殊信念和对他人的一个普遍信念。她引导亚历山大在他们的治疗关系中修正他的信念，并帮助他从中学到可以应用到跟朋友和家人的和谐关系中去的东西。

治疗师：我们只剩下几分钟的时间了。你对今天的会谈有什么想法？
亚历山大：（惊惶的声音）但是，但是我跟我姐姐的这个问题并没有解决。（亚历山大并没有把这个问题列入会谈议程，也没有在会谈最开始的时候提起过。）她又回到了老样子，你知道的，我刚出院的时候，那时候她是那么支持我，但是现在……
治疗师：（打断）哦，我很抱歉我们现在没有时间来谈论这个话题了。我们能不能把它列为下周会谈议程的第一项？
亚历山大：但是你不理解，我真的不知道该怎么办！
治疗师：真的很抱歉，但是我们的时间到了。我知道你因为这件事情感到不安。你想不想把下一次会谈安排得早一些？这样我们就能尽快谈这个问题了。

亚历山大：不！我就想现在谈这个！

　治疗师：你一定觉得很失望。我向你保证，下周我们会第一个谈这件事——我们也会谈一下你感到失望的问题。这样可以吗？

亚历山大：（愤怒地咕哝着）我想我根本没有选择。

　治疗师：我感到很抱歉，你因为这个感到不安。你看这样如何？你愿不愿意把这件事写下来，然后留给我的接待员呢？我会在我们下次会谈之前读，这会让我对于接下来要做什么先有一些想法。

亚历山大：（很恼怒的声音）好吧，但我不会写的，下次会谈我会跟你讲。

　治疗师：这样也好。

亚历山大：（咕哝着）好吧。

　　　在下一次会谈中，亚历山大的治疗师在一开始就提出了这个问题。

　治疗师：亚历山大，在做其他事情之前，我们能不能先聊一下上次会谈结束时发生的事情？最让你不安的是什么？

亚历山大：嗯，我真的有个很严重的问题，但是很明显你并不想听。

　治疗师：如果我真的是不想听，那这意味着什么？

亚历山大：你只关心你的时间表。

　治疗师：那么如果这是真的，那意味着什么？

亚历山大：你不在乎我。你的时间表比什么都重要。

　治疗师：嗯，我很高兴你告诉我这个。因为弄清楚我是不是在乎你真的是一件很重要的事情。

亚历山大：嗯，很明显，你不在乎。

　治疗师：好，这确实是我之所以按时结束治疗的一种解释——我不

　　　　　在乎你或你的问题（写下来）。我按时结束治疗还有没有
　　　　　其他可能的解释？

亚历山大：我不知道。

　治疗师：你看，在你下定论之前，找出所有的可能性是很重要的，
　　　　　尤其是那些会让你很痛苦的事情。（停顿）我需要按时结
　　　　　束治疗的原因是，只有这样我才可以记录下本次会谈中重
　　　　　要的内容和我觉得我们需要在下次会谈中解决的每一件事
　　　　　情。然后我要找出下一个患者的治疗记录，我刚刚也找出
　　　　　了你的，这样我可以读读我的治疗笔记，看看我该怎样做
　　　　　才能在最大程度上帮助你。

亚历山大：我还是认为如果你真的在乎我，你会给我一些时间的。

　治疗师：我有没有用其他的方式表现过我对你的关心？

亚历山大：（向下看）我想是有的。

　治疗师：你能不能告诉我？（提供证据）比如我的语调，我说看到
　　　　　你那么不安的时候我有多难过，（停顿）我还很努力地去
　　　　　帮助你解决你的问题。

亚历山大：我想是的。

　治疗师：我其实也可以就坐在这儿听你说，我什么也不说，也不做
　　　　　什么来帮助你。

亚历山大：是的。（停顿）但是如果你真的在乎我，你会给我额外的
　　　　　时间。

　治疗师：如果我真的在乎你，我还应该做什么？

亚历山大：你应该让我在会谈之外的时间给你打电话，不是只有当我
　　　　　想自杀的时候才可以打。

　治疗师：还有吗？

亚历山大：（思考）你还应该告诉我姐姐，她应该对我好一点。

　治疗师：（把这些记下来）还有吗？

亚历山大：我不知道。

治疗师：那么事实就是，我没有做到这些就意味着我不在乎你。

亚历山大：嗯，如果一个人真的在乎你，他们会为你做到百分之百。

治疗师：哦，我想我现在明白了。如果一个人不为你做到百分之百，就意味着……

亚历山大：他们不在乎我。

治疗师：哦，难怪你会觉得我不在乎你。

接下来，他们讨论了亚历山大非黑即白的思维——"一个人要么百分之百地关心并百分之百付出，要么就是完全不在乎我"。

治疗师：如果我真的为你百分之百地付出百分之百，会发生什么？我可以计划接待其他的患者吗？毕竟，你希望让我在白天或者晚上的任何时候跟你谈话。我还能够做我需要在家做的事情吗？我真的可能为你百分之百地付出吗？

亚历山大：(慢慢地)我猜不可能。

治疗师：所以可不可能，我不为百分之百地为你付出，但是我依然是在乎你的？

亚历山大：我不清楚。(停顿。)

治疗师：有人为你百分之百地付出过吗？

亚历山大：(思考)没有。

治疗师：你觉得最在乎你的人是谁？

亚历山大：我猜是我的朋友，纳丁。

治疗师：她为你百分之百地付出了吗？

亚历山大：没有。

治疗师：你有没有曾经觉得她不在乎你？

亚历山大：是的，有时候。

第五章 治疗关系中的问题——案例

治疗师：最近一次是什么时候？

亚历山大：几天前。我们本来是要一起去吃晚饭的。就在马上要出发的时候，她说她得工作，不能去了。

治疗师：那你有没有这么想，"纳丁不在乎我"？

亚历山大：是的。我的意思是，如果她真的在乎，她可以把工作推掉，她以前就这么做过。

治疗师：你现在再看这件事情，有没有什么不同的想法？

亚历山大：我不确定。

治疗师：如果纳丁真的为你百分之百地付出了，她还能关心她自己吗？

亚历山大：我猜不能了。

治疗师：你在乎纳丁吗？

亚历山大：是的，所以她做这种事情的时候，我才会感到这么受伤。

治疗师：你为纳丁百分之百地付出了吗？

亚历山大：（长时间的沉默）我想没有。

治疗师：那么，怎么会这样呢？如果你真的关心纳丁，你要不要重新安排一下你的生活，这样你就可以为她百分之百地付出？

亚历山大：（思考）不，我想我不会那么做。

治疗师：所以，你脑中的那个规则可能并不那么正确？就是说，你没有为别人百分之百地付出，你也可以是在乎他们的；同时，别人也是在乎你的，即使他们没有为你百分之百地付出。

亚历山大：可能吧。

治疗师：所以即使我没有给你额外的治疗时间，我也可能是在乎你的。

亚历山大：（慢慢地）我想是的。

治疗师：但是如果你假设我不在乎你，会发生什么？

亚历山大：很愤怒。

治疗师：是的，我真不愿意看到你那么不安。

亚历山大：（叹气）但是我希望你能为我付出更多。

治疗师：当然可以。如果我没有为你付出更多，一定会让你很难过。但是你能不能明白，也许我真的是在乎你的，只是有很多原因让我没法为你付出更多。

亚历山大：我明白。

治疗师：那么你觉得在接下来的一周，如何提醒自己会比较有帮助？

患者和治疗师一起讨论出了一个具有适应性的反应。亚历山大写道：

> （我的治疗师）不能为我百分之百付出，这并不意味着她不在乎我。事实上，她说她在乎我，而且大部分时候，她的所作所为也确实表现出她在乎我。如果我告诉自己她不在乎我，我会觉得非常不安，而且这甚至可能并不是真的。

治疗师：非常好。现在告诉我，这张卡片是不是也适用于纳丁的问题呢？

亚历山大：（叹气）是的。

治疗师：你愿不愿意把她的名字也加在这张卡片上？

亚历山大：好的。（照做了。）

治疗师：最后一件事——我们今天谈论的问题是否适用于除了纳丁和我之外的其他人呢？

亚历山大：嗯……我不确定，也许也适用于我的姐姐。

治疗师：那么这周你回家阅读这张卡片的时候，能不能思考一下它是否适用于你姐姐呢？

亚历山大：好的。

在后面的会谈中，他们讨论了在这个假设背后的信念。亚历山大认为自己在本质上是不可爱的。因此，他对于别人的不在乎过度敏感——因为人们不关心的行为验证了他是不可爱的。他们还讨论

第五章 治疗关系中的问题——案例

了亚历山大另外一个应对策略：在别人拒绝自己之前，先发怒并拒绝别人。

案例 6：对治疗抱怀疑态度的患者

大卫在开始进行认知治疗之前，寻求过很多精神健康方面的专业帮助。他总是过早放弃治疗，以致至今也没有取得什么进展。他是抱着怀疑的态度参与第一次会谈的。另外，当他的治疗师向他解释学习回应自动思维的重要性的时候，他"不能胜任"的核心信念被激活了，他采取了一贯的逃避的应对策略——在这个案例中，他大概连治疗本身也一起逃避了。

治疗师：你能不能总结一下我们刚刚谈了什么内容？

大卫：嗯，我猜你刚刚说的是我要去抓住我抑郁的想法，然后想得更现实一些。但是，你知道的，我不确定这个治疗是否适合我。我不认为它会有效。（停顿）我不认为我来到这儿聊聊我的想法就会有帮助。

治疗师：嗯，没错！仅仅是来这儿聊聊天是不太会有帮助的——或者说，聊天所起到的帮助还不够。但在你每天的生活中做一些改变，是会有帮助的。

大卫：（停顿）可能吧。

治疗师：看，我认为你的怀疑是很好的。我说什么你就信什么并不可取。你需要去试试，然后看看会发生什么。看看我们在会谈中谈论的问题以及你在家所做的尝试会不会让你觉得好一些。（停顿）关于治疗或者我本人还有什么让你觉得你不会有用吗？

大卫：就是那个自动思维什么的。我不知道适不适合我。

治疗师：嗯，我想如果你愿意继续来进行几次的治疗，我们就可以一起来探讨这个方法是否适合你。（停顿）你是认为自己没有自动思维——还是认为自己有自动思维，但是你不能很好地回应它们，来让自己感觉好一些？

大卫：我想是后者。

治疗师：嗯，那是我的工作。你现在确实不知道该怎样回应它们。你从未参加过类似的治疗。我们要一步一步来——你要让我知道我有没有帮到你。好不好？

大卫：好的。

治疗师谨慎地认可了患者的怀疑。她邀请他参加后两次治疗，并承担了帮他取得进步的责任，以此来减少他的焦虑。然后他平静了下来，能够更加合作地配合治疗。

案例 7：感觉自己被强迫来参加治疗的患者

16 岁的罗杰是被学校和父母送来参加治疗的。像很多在别人的坚持下来参加治疗的人一样，来参加治疗让他很不开心。他的治疗师对他的自动思维进行了假设，并给予共情，同时称他的反应是正常的，然后试着证明治疗对他的好处。

治疗师：你今天想得到什么帮助？

罗杰：（看向别处。）

治疗师：嗯，最近有什么事情在困扰你吗，比如你的家人、学校或者同学？

罗杰：（看起来很恼火，没有回答。）

治疗师：你知道，如果我是你，这个治疗室就是我最不想待的地方。

我敢打赌，来这儿并不是你的主意。

罗杰：是的。

治疗师：如果我是你的话，我会这么想："我为什么要跟这个女人讲话？她根本不认识我，她以为她能帮助我，实际上她根本就不能。"（停顿）我说得差不多吗？

罗杰：大概是的。

治疗师：我还会想："我怎么样才能离开这儿，我讨厌这里。"（停顿）是吗？

罗杰：（叹气）我不知道。

治疗师：嗯，我跟你直说吧，我不知道。我也不怪你不想待在这儿……但是只要你在这里，我就愿意试试看……当然，你可以自己判断——值不值得跟我聊聊，或者说我是不是个蠢蛋。

罗杰：（看起来很惊讶。）

治疗师：所以只要你在这里，你愿不愿意告诉我你希望你的生活有什么改变呢？（停顿）例如，你希不希望你的父母能少干涉你一些？

罗杰：我想是的。

治疗师：还有谁让你困扰吗？老师？同学？

罗杰：（用厌恶的语气）老师。我希望他们不要管我。

治疗师：好的，两个问题（写下来）。父母、老师……现在，在我们开始之前，如果你觉得你的父母和老师对你干涉得太多，你可能也会开始觉得我在干涉你。所以如果你觉得我给了你这样的感觉，一定要告诉我。（停顿）否则的话，我们的治疗就不会有效。（停顿）如果我说起话来像你的父母或老师的时候，你愿意告诉我吗？

罗杰：我猜我会的。

治疗师：很好。你首先想谈什么，你的家庭还是学校？

罗杰的治疗师把她自己和罗杰生活中的其他成人区分开来，说明她并不希望像他的父母和老师那样控制他。她表现出的姿态令罗杰很惊讶。他能够把他的治疗师跟其他人区分开来，这样他就会愿意合作一些。

案例8：那些给予消极反馈的患者

梅雷迪斯的治疗师在一次会谈中没有注意她的不舒服，也没有留足够的时间来回应她的消极反馈。但治疗师对梅雷迪斯表达她的痛苦给予了强化，明确了他会在下一次会谈中处理这个难题。

治疗师：在这次会谈中，有什么是你不太喜欢的，或者你认为我做得不对的或者有什么不理解你的地方？

梅雷迪斯：嗯，确实有。你一直让我告诉你我有多相信某个东西，或者我情绪的强烈程度有多少，我感觉很不好。我讨厌什么东西都要在量表上测一测。

治疗师：很抱歉这让你感到不舒服，但是我很开心你能够把这种感觉告诉我。你觉得下一周我们首先来解决这个问题好不好？（在治疗笔记上写下来）我希望我们现在能有时间讨论这个，但实际上我也愿意在接下来的一周里思考一下这个问题，因为我不想给你一个敷衍的答复。如果你觉得可以的话，我们在下一次会谈中首先聊一下这个问题。好吗？

梅雷迪斯：嗯，我想可以的。

治疗师：在这次会谈中还有什么困扰到你了吗？

梅雷迪斯：我想没有了。

在下一次会谈中,梅雷迪斯的治疗师再次阐述了让她测量自己的情绪和信念的程度背后的原理。他们达成协议,治疗师改用一些更粗略的方式来对梅雷迪斯进行评估:"你是有些相信呢,还是中等程度相信呢,还是很相信呢?""你现在是觉得好一些了,还是跟原来一样,还是更糟了呢?"

梅雷迪斯在治疗的其他情境中也表现了她的挑剔,这让她的治疗师有很多机会来解决人际间的问题,也巩固了他们的治疗关系。她的治疗师很快识别出,当梅雷迪斯"不能胜任"的核心信念被激活的时候(无论在会谈内还是会谈外),她都会表现得很恼怒。最初,治疗师试着避免在会谈内激活这个核心信念,而专注于帮助梅雷迪斯解决问题,为在治疗室外的情境(付账单、雇用修理工人、买二手电脑等)中产生的以"不能胜任"为主题的思维找到具有适应性的应对方式。然后,他帮助梅雷迪斯用从中学到的东西来解决在会谈内她因感觉"不能胜任"而产生的问题。

案例 9:回避给予真诚反馈的患者

希拉的治疗师怀疑希拉有一些没表达出来的对会谈的消极反应。在会谈结束时,治疗师鼓励她给予真诚的反馈。

治疗师:今天的会谈稍稍有些不一样。我感觉我逼得你太紧了。你是不是也这么感觉呢?

希拉:不,不是的。我知道你只是在试着帮助我。

治疗师:你有没有觉得我们进展得太快了(针对你的广场恐惧症等级)?

希拉:(慢慢地)没有,我想没有。我的意思是,我知道我就是需要做这些事情,不然的话我是不会好起来的。

治疗师:如果你确实感觉到我逼得你太紧,你愿不愿意告诉我呢?

希拉:我想我会的。

治疗师:很好,因为我想确定我们的治疗进展是适合你的。如果你在家的时候对这点有了不同的看法,那么下一次会谈开始的时候一定要让我知道,好吗?

希拉的治疗师真诚地让她知道,给予消极反馈也是被允许的,同时表示如果需要的话,他愿意做出改变。如果治疗师没有表示出这种开放和灵活,可能会导致患者突然退出治疗。

案例10:不愿透露重要信息的患者

曼蒂在会谈中显得非常紧张,因为她觉得治疗师的提问会导致她吐露小时候被妈妈施以身体虐待的事情。曼蒂的手绞在一起,表情很焦虑、很紧张。当治疗师询问曼蒂的想法时,她看向地面,轻声说:"我不能告诉你。"她的治疗师判断她们的治疗关系足够牢固,可以推她一下。

治疗师:好吧,但是你能不能告诉我,你现在觉得焦虑吗?

曼蒂:是的。

治疗师:你不必告诉我刚刚你脑中想了什么,但是你能不能告诉我,如果你真的告诉我刚才在想什么,你担心会发生什么?

曼蒂:(声音依然很低并看向地面)你可能会觉得我是不好的。你可能不想再见到我。

治疗师:(用认知模式总结事实)所以情境是我问你刚刚想了什么,你就有了这样的自动思维:"如果我告诉(我的治疗师),她可能会认为我是不好的。她可能不想再见到我。"这些想法让你感到焦虑，对吗？

曼蒂：是的。

治疗师：好，你不必告诉我你刚刚在想什么，但是我们能不能一起来看看这些想法："(我的治疗师)会认为我是不好的。她不想再见到我了？"

曼蒂：(点头。)

治疗师：你有哪些证据证明我会认为你是不好的，我会不想再见到你了？

曼蒂：(用手指卷头发)嗯，发生的事情真的很糟糕。

治疗师：(给出一个可供选择的观点)有没有可能我并不认为那是糟糕的？（停顿）或者即使我确实认为很糟，有没有可能我并不认为你是一个不好的人？

曼蒂：(轻声的)我想有可能。

治疗师：你有没有任何相反的证据——我可能不会把你想得很坏，也许我还是想继续为你治疗？

曼蒂：我不知道。

治疗师：你以前有没有告诉过我一些不好的事情？

曼蒂：我不知道。

治疗师：嗯，比如你和你姐姐之间的问题？你记不记得那时候你也很担心我会认为你很坏？

曼蒂：(点头。)

治疗师：我的反应是怎样的呢？我有没有认为你不好？

曼蒂：(用平静的语气，依旧没有眼神接触)没有。

治疗师：你确定吗？

曼蒂：是的。

治疗师：所以我那时是怎么做的？

曼蒂：实际上你是站着我这边的。你说你认为她很不可理喻。

治疗师：是的。（让患者完全领悟）现在，如果那时候我真的认为你不好了，会发生的最糟糕的事情是什么？

曼蒂：不想再为我治疗了。

治疗师：好，这是最糟糕的。（停顿）会发生的最好的事情是什么？

曼蒂：我不知道。我想你还是愿意继续让我来治疗。

治疗师：那么最现实的结果会是什么？

曼蒂：（思考）你可能会认为我不好，但是你还是愿意继续给我治疗？

治疗师：或者我也许会把你看成一个完整的人，而不会觉得你不好？

曼蒂：我不知道。（停顿。）

治疗师：你愿不愿意告诉我一点点，来看看我会怎么反应？然后你可以决定要不要告诉我更多。

曼蒂：我想可以。

当曼蒂对透露自己的想法过于焦虑的时候，她的治疗师选择引出了这种担心。她帮助曼蒂以事实为依据评估自己的预期，提供其他可供选择的观点——这样帮助患者意识到自己负性的预期并不一定会成为现实。她的治疗师为她提供了选择，比如可以先透露一小部分。然后，曼蒂透露了在她的童年，妈妈对她进行身体虐待的事情。她的治疗师显示出了同情和关心。曼蒂开始相信她的治疗师不会对自己做负面的判断并拒绝自己，她也愿意透露更多。

总　结

本章案例中描述的患者在跟治疗师发展治疗联盟时都经历了一段困难时期。大部分的患者并不会出现这么严重的问题。然而，做好准备应对治疗关系中的考验和压力是很重要的。治疗师保持冷静、卸去防御是很重要的。当难题出现时，治疗师需要将问题概念化，判断患者是否感觉脆弱、被强迫、被控制、不被认同或者被拒绝。治疗师可以表达理解和共情，然后小心地鼓励患者尽可能客观地、建设性地评估治疗关系。治疗师需要拿出他们最好的人际交往技巧来处理这些问题，要真诚、开放、灵活并对修复治疗关系保持乐观，这样治疗才会取得进展。当治疗师在做到这些方面存在问题时，他们可能需要调整自己的态度和行为，我们会在下一章讲到这些内容。

第六章

当治疗师对患者有功能不良反应时

由于治疗师也只是普通人,因此有的时候,他们对患者(尤其是那些带来挑战性问题的患者)的态度可能会妨碍治疗。那些认为这种情况有时会出现,并且不会因此过度苛责自己的治疗师们可能会采取问题解决式的方法去处理出现的问题。那些对自己抱有不现实期待的治疗师(如"我绝不应该对患者产生负面感受")和会指责自己竟然产生消极想法的治疗师(如"这说明我是一个糟糕的治疗师"),则可能在解决这类问题时遇到更大的挑战(Leahy,2001)。

在确认自己已产生不合理的反应后,治疗师必须尝试解决问题。正如大多数的治疗挑战,这个问题可能是实际存在的(例如:治疗师感到压力很大,因为他没有跟患者设置界限),也可能是心理层面的(例如:治疗师有干扰性的信念,如"患者应该感激我"),或者这二者兼而有之。总之,治疗师应调整他们自我关注(self-care)的水平,以确保自己处于良好的状态,可以帮助患者。本章会首先识别并解决治疗师对来访者的反应的问题,然后通过案例讲解典型的问题。

第六章　当治疗师对患者有功能不良反应时

识别治疗师反应中的问题

通过留意自身思维、情绪、行为或者生理上的变化（除非他们的反应是轻微的或者慢性的），治疗师们常常能注意到自己对患者的负面反应。不过有些变化对于治疗师来说太过细微以至于难以识别，例如他们的语音语调、身体语言或面部表情的变化。对治疗师而言，有一种可以快速识别自己是否对患者产生负面反应的方法，即在翻看某天的咨询预约患者名单时，监控自己的想法和感受。感觉不舒服是一个警告信号，即治疗师需要检查自己的反应，并对自己的思维做出适当的回应，以使自己能对患者有积极的感受，并向患者表现出积极的态度。为此，患者治疗师可以这样问自己：

> ❖ "今天你希望谁取消咨询？"

如果治疗师能识别出这类患者，他们应该仔细考虑为患者做不同的准备，同时还可能需要改变治疗策略。

在治疗的不断发展中，治疗师需要确认他们对患者整体的共情水平。即在治疗开始前、治疗过程中以及治疗结束后，都需要通过自我提问的方式监控自己的反应——包括情绪、行为或生理反应中的任何变化。

> ❖ "我感到苦恼、生气、焦虑、伤心、绝望、压力过大、内疚、难堪、被贬低吗？"
> ❖ "我有没有出现任何功能不良的行为，如指责、支配、或控制患者？"
> ❖ "我的声音声调、面部表情、身体语言合适吗？"
> ❖ "我感到紧张吗？心跳加快了吗？感到脸很热吗？"

患者常常能从他们的治疗师身上捕捉这些变化，这可能导致治疗联盟的破裂。有时，患者能准确地觉察到这些变化（亨利准确地发现了他的治疗师陷入了绝望），有时也不准确（帕姆误解了她的治疗师，误以为他认为自己是讨厌的来访者，其实治疗师是在担忧自己的能力不够）。这些变化常常表明治疗师正有一些关于患者或他们自己的自动思维。治疗师需要及时评估这些自动思维，如有问题则需要加以解决。例如在治疗开始前，治疗师可能会做如下的预测：

> ❖ 患者将会：
> 感觉更糟；
> 没有任何进步；
> 占用我太多精力；
> 让我难以应对；
> 责备我，和我争吵，让我感觉不舒服；
> 忘恩负义；
> 索要（不应得的）权利；
> 期待我解决他的全部问题；
> 不让我做我应做的。

治疗师可能发现他们自己犯了跟患者同样的（关于患者或者关于自己的）认知错误（Leahy,1996）。

> **过度概括或贴标签**
> "(患者)没有完成他的家庭作业，说明他是懒惰的。"
> "我忽视了患者的痛苦程度，我真蠢。"
> "家庭作业对这类患者没用。"
> **灾难化**
> "这个患者永远不会变好。"
> "我永远不会了解这个患者。"
> "患者正在寻找我的过失，这样他/她就能起诉我了。"
> **低估正性信息**
> "虽然患者完成了一部分家庭作业，但她仍然没有尽全力。"
> "即使患者对他的进步很满意，我仍应该帮助他进步得更多。"
> "上周的进步只是一个错觉。"

概念化负性反应

治疗师将自己的情绪反应和功能不良的行为当作信号,去识别潜在的问题,这非常重要。当他发现自己感觉不舒服或有不适当的行为(例如,回避重要议题,过于控制患者或对患者控制不足,说话尖锐或者没有共情)时,治疗师应识别自己功能不良的思维和信念并对自己的薄弱之处进行概念化。例如,有些治疗师责任感过度强烈,试图解决患者的所有问题。当患者在治疗中过于情绪化或表现得过于强势时,有些治疗师自己也会感到失控。有些治疗师在患者的表现一直功能不良,或违反治疗师自己的道德标准时,就会变得非常愤怒。

为了对自己功能不良的情绪或行为反应进行概念化,治疗师可以向自己提问:

- ❖ "患者的这个行为对我意味着什么?"
- ❖ "成功的治疗对我意味着什么?"
- ❖ "它最终对我意味着什么?"

治疗师常常把负性意义归因于患者:"(这个行为意味着)患者是坏的、软弱的、没有价值的。"有时,他们也会将负性意义归因于自己:"(患者没能在治疗中取得进步意味着)我没有能力、不够优秀。"

案例 1

当哈利描述他在上一周与儿子的几次互动时,治疗师认为,哈利的行为极大地侮辱了他的孩子。她最初的反应是将哈利看成一个在情感上虐待孩子的父亲,是一个坏人。她开始质疑自己是否有足够的能力影响这个父亲以"挽救"他的孩子。治疗师的无助感、严苛的道德标准和功能不良的强烈责任感使她感到愤怒,她开始指责患者并控制他。治疗师的态度和行为妨碍了她帮助患者去控制他对儿子的怒气，并学习更适当的处理策略。

案例2

当玛丽描述她小时候在邻居家里被同伴粗暴对待的经历时，她开始哭泣。她的治疗师把这种感情的流露看得太过严重了："她那么沮丧，太糟糕了。如果她一直哭怎么办？我不得不让她停止哭泣！"治疗师感到压力很大，无力去处理患者的悲伤。他突然独断地改变了谈论的主题，导致患者将他视为没有同情心的人，觉得他不愿帮助自己。

案例3

治疗师正在为一对夫妇进行谈话治疗。克雷格是一个身居要职和有过度控制欲的男性，艾米是一个谦恭顺从的女性。每当治疗师试图打断克雷格以便让艾米说出她的观点时，克雷格都会非常没耐心且对治疗师表现得不屑一顾。治疗师是一个常常感到自己情感脆弱的人，她对引起克雷格的愤怒感到很焦虑，因此渐渐会避免激怒他，在治疗中变得非常消极。

案例4

伊莎贝尔总是贬低其他人以显示自己的优越。当她对治疗师的建议表示出轻视时，治疗师首先感到被伤害，然后变得愤怒。治疗师关于"我显得脆弱和无能的"信念被激活了。治疗师开始用他自己典型的应对方式威吓患者，试图扳回治疗中的权力平衡。

改善治疗师对患者的反应的策略

一旦治疗师觉察到自己对患者的反应,并对遇到的问题进行概念化,他们就可以运用很多策略来解决问题。这些策略包括:

- 提高自身的能力。
- 对自己的认知做出反应。
- 对自己和患者抱以现实的期望。
- 调整自身共情的水平和表达方式。
- 设置界限。
- 给患者反馈。
- 增加自我关注。
- 将患者转介给另一个治疗师。

提高治疗师的能力

有时,治疗师表现出对患者的负性反应仅仅是因为他们自己缺少重要的技术,需要增加他们在诊断、认知形成和概念化、建立关系、制订治疗计划、开发整体的策略、规划治疗以及操作技术等方面的能力。对于这些目标,治疗师可以通过阅读、观看指导视频,或者接受额外的培训、咨询或督导来完成。附录A提供了大量的资源以提高治疗师的相关能力。

对功能不良认知的反应

改善对患者负性反应的一个关键是对消极认知的反应。功能不良的思维记录单(J. Beck, 2005)对此很有帮助。治疗师可定期阅读记录单上可供选择的反应的记录,如下所示。

> 他总是沉浸在痛苦情绪中，这是他知道的唯一的应对方法，这让我感到治疗得很费劲。他有很多现实的困难，需要治疗很长一段时间。我不能期待他很快地发生转变。

> 她不想改变自己，却想让我为她解决所有的问题。因为她真的相信自己太无助了，不能做任何事来帮助自己。

> 她正在阻碍我帮助她，因为她认为如果她好些了，她的生活就会变糟。如果我不能想出办法解决这个问题，那么我可以阅读材料或请教其他人。

当治疗师遇到有挑战性的患者时，他的自动思维常常是消极的，而有一些则可能是过度积极的：

❖ "这个患者很特别，应该用特别的方法治疗他。"
❖ "我希望与患者建立超越治疗关系的关系。"

当治疗师的确对患者有过度激进的反应时，治疗关系可能会变得太像朋友关系，在这种状况下，治疗师不能将注意力集中在患者的问题上。治疗师也可能会对患者产生性的感觉，此时，他们需要用专业负责且符合伦理的方式识别并处理这个问题，以使自己能以对来访者有益的方式工作（Pope,Sonne & Horoyd,1993）。在这样的情况下，请教同事或督导可能是非常有帮助的，有时甚至是必要的。

对自己及患者抱以现实的期望

治疗师可能会充分地意识到他们的期望，也可能不会。当自己的期望太高或者太低时，治疗师会产生不适当的反应。当索尼亚拒绝找一份全职工作时，治疗师感到挫败；他还没有意识到索尼亚在躁郁症发作期会表现出多种症状，功能也会受到影响。罗伯特的治疗师对他的期望非常低，她过于同情罗伯特的不幸，而没有温和地推动他去做出改变。桑迪的治疗师对他自己有不切实际的期望，认为他应该处理好桑迪的所有问题，因此对他自己的表现和桑迪的缓慢进步感到焦虑。

调整共情的水平和表达方式

在很多情况下，治疗师需要提高他们对患者共情的程度。对患者行为的原因进行概念化是非常重要的，可以通过他们的早期生活经历和遗传因素，理解其是如何发展出关于自己、世界和他人（包括治疗师）的消极信念的，理解其为何仅使用一小部分有限的应对策略（包括在咨询中表现出的功能不良的行为），以及这些造成的影响。在治疗遇到困难时，治疗师对患者的表现大致处于哪个发展阶段进行概念化也是非常有帮助的。很多患者的思维、情绪或行为反应十分幼稚。把已成年的患者视为一个非常痛苦的孩子或青年，可以增加治疗师对患者的共情。

案例 5

在治疗的前 3 个月，25 岁的格雷有时对他的治疗师表现得很挑剔，有时甚至进行贬低。治疗师发现，当格雷进到她的办公室时，他会表现得像个孩子。他认为治疗师会像他父亲和其他成年人那样轻视他。格雷在治疗中表现得明显不像一个成年人。他像一个 8 岁的孩子，预期自己会被贬低，这样他就可以通过先贬低治疗师来保护自己。

在有些案例中，治疗师过度同情患者。他们可能误认为患者对问题的消极观点是完全正确的，或者他们的问题是不可解决的。

案例 6

康妮得慢性抑郁症很多年了，跟她的丈夫关系不好，她感到非常迷惑和无助。治疗师对康妮的痛苦共情过多，不相信她有能力勇敢地面对丈夫，并学习新的方法与叛逆的儿子相处，或者在家庭外寻找新的兴趣。在向一个同事咨询后，治疗师检验了自己的假设，鼓励她的患者尝试一下行为实验。结果证明，康妮可以在之前提到的三个方面都做出小的改变，这给了她奋斗的希望和动力。

案例 7

艾米的治疗师有时表达了过多的共情。当艾米在治疗中十分沮丧时，治疗师仍在说她为艾米经历了这么多困难感到难过，并且自己也感到非常糟糕。治疗师强调的次数越多，艾米感觉越糟糕。直到她的治疗师将治疗方向转向问题解决时，艾米才感觉好些。

设置适当的限制

当患者占据了治疗师太多的时间和精力时，治疗师有时会开始怨恨他们。在这样的情况下，治疗师应该评估一下他们是否给患者设置了合理的限制。例如，他们可能在治疗时不知不觉地给了患者额外的时间，与非危机状态下的患者通过电话交流，或者答应提供其他特殊的帮助。意识到这个问题后，治疗师可能需要把它放入讨论日程中，和患者共同创造性地解决问题。例如，如果患者打来太多电话，她可能是需要更频繁的咨询（可以将一周一次的完整咨询改成一周两次，但每次的咨询时间减半）。当治疗师提出这些议题时，患者的反应可能比较消极。治疗师必须准备好纠正患者不正确的假设，如"我的治疗师不关心我"等。

给患者反馈

通常，治疗师不会向患者呈现自身的消极反应。如果真要这么做，他们应该先确认：确实是患者出现了不合理的行为，而自己的反应尽管消极，但都是合理的。当治疗师决定向患者说明自己的消极反应时，应基于很有利的理由：这样做的目的是改善治疗关系，为患者提供一段很重要的学习经历，患者可能会学习到改善在治疗外的人际关系的技巧。治疗师需要斟酌自己的用词，避免让自己听上去很挑别；应选择合适的时间点，当与患者的治疗关系建立得足够好时，再与患者讨论自己的消极反应。在下面的案例中，治疗师谈论到当她觉察到患者在操纵自己时的感受，不过她没有使用贬义的词语。

治疗师：我想跟你讨论一下我在治疗中注意到的一些东西，我认为这样可以帮助你和你的姐姐及朋友，芭芭拉；还有你的邻居，托比。如果你同意的话我就开始了？

患者：（耸肩。）

治疗师：当我这样做的时候，我需要你密切留意你正在想什么，以及感觉怎么样，因为我猜你可能会生我的气。好吗？

患者：好的。

治疗师：请告诉我，你认为我说的是对是错，这很重要。（暂停）我注意到，有的时候，我不得不拒绝你的要求，比如当你迟到了，想要我延长咨询时间时；或者想要我允许你使用我的办公室电话时。当我拒绝你时，你仍试图说服我或迫使我改变主意。你不愿接受"不"这个回答，然后我会因为这一点而感觉有点怨恨。（暂停）你注意到这类情况了吗？

患者：我不确定。

治疗师：嗯，我想跟你提这点，不是为了我，而是我担心有其他人用同样的方式对你做出反应。你认为你姐姐或者你的朋友们会有这样的想法吗？你认为接受"不"这个回答是很困难的吗？如果我们能在治疗中处理好这些问题，你可能会采取不同的方式与其他人相处。（暂停）你认为呢？

类似地，治疗师也可以选择给患者写封信（然后让他们在治疗中读这封信），这样他们能仔细地识别需要共同解决的问题，并以健康的、积极的方式推进治疗（Newman,1997）。在理想情况下，这封信应是用一种团队精神邀请患者重新参与治疗，相互理解并努力朝向共同制订的目标前进。写信使得治疗师有机会仔细斟酌他们的用词，因此可能增大纠正反馈的作用，同时减少了在无意中激化矛盾的可能性。

增加自我关注

治疗师应评估他们可以进行良好的自我关注活动的程度。如果这些自我关注活动在他们的控制中，就可以有技巧地安排那些让自己产生消极反应的患者的会谈时间。与这些患者约在一天工作之初或者午餐后，可以让治疗师有更多的时间在心理和情绪上为患者做准备。而另一种，将这些会谈安排在午餐前或一天工作的结束前，则可以让治疗师在治疗后立即进行反思。此外，如果治疗师长期忙碌或超负荷地工作，他们就可能需要全面改变家庭和工作安排。给他们的日常生活增加休息时间，或者进行正念练习，也可能会有帮助。

转介患者

当转介带给患者的益处超过弊端时，治疗师应考虑与患者讨论将其转介给其他治疗师的可能性。应在与患者共同商量后做出这样的决定。有时与一个新的治疗师重新开始治疗可以带来希望、能量和新的观点。尽可能积极地结束与患者的治疗很重要，治疗师应表达自己很遗憾不能更好地帮助患者，并相信另一位治疗师将为患者提供更多的帮助。

案　　例

接下来的案例将说明：当治疗师对患者有消极反应时，如何进行概念化并制订方案。涉及的情况如下：①当治疗师对患者感到无望时；

第六章　当治疗师对患者有功能不良反应时

②当治疗师感到面对患者压力过大时；③当治疗师认为自己会让患者不高兴时；④当治疗师感到焦虑、被贬低、自己有防御心理、挫败感或被威胁时。

当治疗师对治疗感到无望时

这种消极反应通常包括三个问题。治疗师可能认为：

- "我没有足够的能力帮助这个患者。"
- "患者的问题无法得到解决。"
- "患者经历的是对生活压力的正常反应，因此我没什么可帮助他的。"

有的时候，治疗师感觉不胜任是因为他们对患者的期望过高。

> 当斯泰茜的进步不够快时，斯泰茜的治疗师认为自己没有能力治疗这位患者。他开始对自己和患者的预后感到绝望。（"我做的是一份烂工作——她没有变得更好。"）不知不觉地，他将这份绝望传递给了斯泰茜，然后斯泰茜对她自己更绝望了。斯泰茜的治疗师自己也需要咨询，以认识到他正在为一个慢性抑郁患者进行正常而合理的治疗，他需要调整他和患者对治疗进展以及治疗时间的期望。

有的时候，治疗师感到绝望是因为他们的治疗其实不恰当。

> 泰勒患有强迫症。由于不熟悉认知疗法治疗强迫症的具体方法，他的治疗师仍然把泰勒当成广泛性焦虑障碍患者来进行治疗，泰勒的症状仍然很严重，他的治疗师感到绝望。最后直到治疗师学会并实行了针对强迫症的治疗，患者的状况才开始改善，治疗师的绝望感也降低了。

有的时候，治疗师感到绝望是因为他们接受了患者对自己疾病的看法。

达恩患了抑郁症，有许多生活问题和压力：经济困难，健康问题，老板苛刻，孩子患慢性病。他的治疗师想，"对他的治疗没有进展是因为他的问题是难以解决的"，因此感到绝望。治疗师的这一看法让她退回到仅仅提供支持性治疗的阶段，这是最初级的治疗形式。她没有帮助达恩解决问题或者教他需要的技能。当她最后寻求督导时，她的督导师指出，尽管所有人处于患者这个位置时都会感到痛苦，但不是所有的人都会患慢性抑郁。因此，治疗师应该假设达恩至少有一些不良的认知和信念，调整这些不良认知可以帮助他感受更好，达恩需要在问题解决技巧方面获得帮助。例如，像很多抑郁患者一样，达恩没再参加以前很喜欢的活动，他需要从治疗师那里获得帮助，以弄清如何重新安排这些活动。

当治疗师感到压力过大时

治疗师可能由于患者的实际问题而感到压力过大，例如，患者正在接受的护理水平不足以使他们从疾病中康复时。

拉里患有双相情感障碍，需要周期性住院。当他处于危机中时，他常会打电话给治疗师。因为经济和保险限制，尽管拉里的病情已比较严重，需要接受一部分住院治疗，但他的治疗师仍只能每周与他见一次。最后，他的治疗师帮他申请并接受医疗补助，让患者得到了适当的照料。

然而，治疗师常常因为变得过于负责或者他们没有设置适当的界限而感到压力过大。

有位治疗师因为患者而一直感到负担过重。患者中很多人的生活非常混乱，当他们叙述一连串的问题时，他可能会想："有这么多问题，而且这些问题都太难以克服了，我将如何对他们的生活产生影响呢？"在实践层面，这个治疗师需要学习在每次治疗时帮助患者确认一个或者两个问题。在心理层面，这个治疗师需要调整他的过于负责的信念："我应该能够帮助所有患者处理他们的全部问题。我应该为了所有患者加倍努力，即使这样做需要付出很大代价。"治疗师需要调整对自己的期望，检查他设置的限制和界限，更好地照顾自己。

当治疗师认为他们会让患者不高兴时

一些治疗师很担心如果他们用一种标准的方式进行治疗（例如，打断患者、结构化治疗、温和地挑战患者），患者会对此感到恼火。

玛莎滔滔不绝地说话，当她的治疗师尝试插话时，她没有理会他。治疗师想："如果我更强势地让她停下来，她会发火。"治疗师害怕自己不知道接下来做什么，怕患者会终止治疗。直到他和同事商讨后，他才意识到自己的灾难化思维。他用角色扮演的方式，巧妙地向患者解释打断和结构化的治疗过程的必要性。他做了一个行为实验，出乎他意料的是，患者并不介意由他引导治疗过程。即使玛莎生气了，治疗师也可以告诉她很抱歉自己让她生气，并直接和患者讨论这个问题，协商解决办法。

当治疗师过于焦虑时

当患者存在伤害自己或他人的危险时,治疗师感到焦虑是理所应当的。但是,治疗师有时会将自己的焦虑传递给患者,或者让焦虑干扰了适当有效的治疗的开展。

多莉丝在过去两年里试图自杀了三次,目前处于间歇性自杀状态。她的治疗师很焦虑,害怕如果没有很好地帮助患者,她很可能再次自杀——这一次可能是致命的。多莉丝感受到了治疗师的苦恼,但是她错误地理解了治疗师苦恼的性质。她没有理解治疗师焦虑的原因,以为治疗师对帮助她感到挫败。多莉丝想:"他认为自己帮助不了我。"这个想法加重了她的绝望感和自杀风险。幸运的是,治疗师引出了多莉丝的想法,他留意到自己多么担心多莉丝得到他的帮助之前会再次尝试自杀。治疗师与同事讨论,阅读了更多对自杀患者治疗的资料,增加了他和多莉丝接触的频率,又进行了两次家庭治疗。这样一来,他对治疗多莉丝的自杀问题有了更多信心,他的焦虑也随之降低到了可控的水平。

当治疗师感到被患者贬低时

有一些自卑的患者会发展出一套贬低他人的应对策略。有自卑倾向的治疗师可能会感到不被尊重,并在这些患者面前表现欠妥。

卡莉的治疗师准确地察觉患者从第一次治疗就开始贬低他。她尽可能地贬低他,以彰显自己的聪明,在他回答不出来她的问题时嘲笑他。治疗师关于自己不如别人的信念被激活了,在第三次治疗时,他在言语上对患者表示了轻视。可想而知,卡莉结束治疗后再也没有回来。这个治疗师应该对自己说:"卡莉可能感到自卑，她做出的反应就好像一个感到自卑时只知道无力挣扎的脆弱少年。我应该对她共情并尝试帮助她消除不自信的信念。"如果治疗师能够准确地对卡莉进行概念化，回应她的自卑信念，那么他就可能用一种更有建设性的方式应对患者带来的挑战。

卡莉：你的意思是你觉得我在解决性心理发展的口唇期没有遇到困难！难道你不觉得你应该对精神分析理论有更多的了解吗？你的博士头衔是怎么得到的？

治疗师：事实上，你可能是对的。也许我应该多了解一些精神分析理论。（停顿）你很在意这点吗？

卡莉：当然在意。我不确定你能否帮到我。可能我应该见一下诊所的主任，看她怎么说。

治疗师：（没有防卫地）当然，我确信她非常乐意与你见面讨论，或者同时见你和我，如果你愿意的话。我认为两个人面对好过一个人。

卡莉：（咕哝）好吧，我再想想。

治疗师：好，现在，你愿意回到刚刚谈到的你和妈妈在一起的事吗？

当治疗师感到自己有防御时

当治疗师感到被批评或指责时，防御的感觉往往就会出现。他们会反过来指责患者，而不是视批评和指责为将要解决的问题。

在第五次治疗时，伊夫林用一种恼火的声调说："你知道，我想我现在本应该感觉好些，我已经来这里治疗 5 周了，但是我仍然感觉不好。我想你不知道你在做什么。"她的治疗师想："我正在做正确的事情，这是她的错——她没有完成家庭作业。"他大声说："我不认为那是真的。我想如果你能够完成每次治疗间的作业，你会比现在感觉好些。"患者自然感到被指责了，治疗关系进一步恶化。较适当的方式应该是用一个共情式的回应，伴随合作式的问题解决方法。

治疗师：很抱歉，你没有感觉好些。这一定让你感到挫败。
伊夫林：确实！
治疗师：能告诉我你为什么认为我们没取得进展吗？你认为治疗应该如何进行？

这样的语言常常可以解除患者的攻击性，也能导向更有效的治疗计划。

当治疗师感到挫败或者愤怒时

当治疗师对他们的患者有不合理的期望时，就会产生挫败和愤怒。

- "我的患者应该是合作的／感恩的／容易帮助的／积极参与治疗的。"
- "他不应该这么难以治疗／好支使人／有这么多要求。"

事实上，基于患者先天的基因条件、经验、信念和形成的策略，治疗师如果能认识到患者之所以处于现在的状态是有原因的，将有助于治疗。当治疗师感到挫败或者愤怒时，他们需要提高共情能力，认识到如果想要患者获得改变，治疗师自己需要先改变态度（有时甚至是他们的整体策略和行为）。

罗德尼的治疗师对罗德尼试图控制她，并要她开抗焦虑的处方药感到很恼火，患者过去有滥用这类药物的经验。她的想法是："他不应该问我药物的事情，他在试着让我对他感到歉意，操纵我，这样我就可以给他药物了。他在违反我们的协议。"其实，此时更适当的想法应该是："这是可以理解的。他当然要去找药。他认为他不可能用其他方式获得更好的感觉。因此我不需要跟他讨论药物。我要做的就是清晰地阐明这些限制。"带着这样的观点，治疗师就可以对来访者共情并更积极地开展治疗了。

治疗师：我很抱歉，你感觉如此糟糕——你可能已经感到我不得不拒绝你了，因为药物在过去已经成为你的一个问题了。（停顿）我能做的是让你看到没有这些药，你一样能感觉很好。（停顿）好吗？

治疗师通常会对生他们气的患者感到生气。

当她的治疗师再一次为两次治疗间的电话联系设置界限时，莎伦十分痛苦。莎伦非常愤怒地回应："你根本不明白。我不会总给你打电话的，只有当我感到很糟糕、忍受不了时才会打给你。你根本不关心我。你和其他人都一样。我只不过是你的另一个咨询对象。"治疗师的自动思维是："莎伦是个讨厌的家伙，她总是反应过激。难道她没有意识到我也有我自己的生活吗？"此时，更适当的观点应该是共情式的："可怜的莎伦，她对糟糕感受的忍耐度是那么低，这对她来说真的太难了。"这样的想法会使治疗师给出更适当的回应，并开始共情。

治疗师：我真的很抱歉，我不能一直陪着你。在某种程度上说，如果你能随时找到我是很不错的，无论在白天还是晚上，能立即得到帮助。（停顿）当然，快速解决问题也有它的不足之处。你可能会认为你离不开我，这将是很可怕的。（停顿）我们试试能否用另外的方式来解决这个问题。你愿意吗？

当治疗师感受到患者的威胁时

应该指出的是,治疗师能忍受的事物是有限制的。特别是当治疗师有理由相信他们(或他们的家人)由于患者的行为而处于危险中时,从伦理上讲,此时他们可以选择停止与患者的关系(见 Thompson,1990)。虽然事实上,治疗师需负担起更多责任,以一种成熟的、负责的态度处理紧张的咨询关系,而另一事实是他们也有权利保护自我。当患者给他们的治疗师带来真正的危险时,治疗师对他们自己、他们的家人和他们的其他患者的责任都将高于需要"照料"这个危险患者的责任。

当患者提出关于治疗师反应的问题时

患者自己偶尔会问出一些关于治疗师反应的问题,并指出他们是如何察觉治疗师的感受的。他们可能准确地察觉到治疗师感觉不舒服或者很痛苦,但却由此得出不准确的结论。治疗师需要真诚地澄清这些误解。

> 患者:你一定感到跟我工作很挫败。
> 治疗师:什么让你产生了这个想法?
> 患者:我不知道。你看上去……像是很急躁。
> 治疗师:好吧,我很高兴你告诉我这些。不,我没有感觉挫败。(思考)但是我想我感觉有些焦虑。我真的想帮助你。

有时,患者准确察觉到了治疗师的消极反应。治疗师应尽可能真诚地回应,就像前面章节讲到的。对一个具有挑战性问题的患者的正确回应如下:

患者：你认为我很麻烦。

治疗师：为什么这么说？

患者：我知道我不是一个容易应付的患者。

治疗师：确实，你不是。老实说，你的情况真的很有挑战性，但是我喜欢挑战。你一直在促使我思考。

总　　结

因为治疗师只是普通人，他们偶尔会对患者有不适当的回应，这是不可避免的，有时甚至是有益的。作为专业人员，治疗师需要对产生问题的原因进行概念化，这样他们可以评估并解决问题。解决问题对治疗师来说可能是重要的成长经验，因为他们能从中学会调整自己的想法和行为，提高他们有效地帮助患者处理难题的能力。为了评估并且改变功能不良的模式，让治疗师以更有帮助的、充满希望的方式回应患者，请教同事或进行持续地督导是非常重要，而且（对某些个案来说）是必要的。

第七章

目标设定中的挑战

在治疗中，患者必须对他们的治疗方向有一个明确清晰的认识，这样可以保证他们的治疗不偏离轨道，还可以增强他们参与治疗的动机。治疗师与患者的第一次会谈通常以一份目标清单开始，在以后的会谈中如果又出现了其他的问题或新的治疗目标，则再加入其中。治疗师每隔一段时间要回顾一下目标清单，问问患者每个目标是否仍然对他们非常重要，这将会有助于治疗的进行。因为这样做可以不断提醒患者，他们是在接受治疗，而不是来取悦治疗师的，而且还可以提醒患者他们不能简单地描述问题，更重要的是去完成对他们来说重要的事。目标清单其实是问题清单的另一种表现形式，目标清单以一种具体的、行为化的方式进行描述，同时也包含了解决问题的方法。例如，把"孤单"这一问题变成去"见一些新朋友"或"与朋友一起计划出去玩"，就明确指出了患者可以达到的具体的工作目标。

这一章主要讨论目标设定；第八章则会介绍如何达成目标，主要针对问题解决和行为改变进行讨论。和绝大部分治疗问题一样，我们也可能会遇到实际问题（例如，治疗师没有让患者把一个宽泛的目标具体化）、心理学问题（例如，患者有一些干扰性信念，"如果我设定了目标，我就得做一些我不想做的事情"），或者两类问题都会遇到。

这一章首先要介绍的是采用和改变标准策略来设定目标。干扰目标设定的典型功能不良信念和行为将在下文一一列出。最后，我们还将以案例呈现的方式介绍如何调整或解决阻碍目标设定的功能不良信念。

使用及改变标准策略来设定目标

有时，目标设定的过程中之所以出现问题，并不是因为患者的阻抗，而是因为治疗师没有有效地利用标准技术。例如，治疗师可能与患者一起设定了过于宽泛的目标，或是治疗师没有很好地处理患者的无望感，又或者他们没有帮助患者把那些为了他人而设定的目标改成为了自己而设定的目标。

通过询问设定具体目标

当治疗师询问患者为治疗设定的目标时，患者通常会回答一个宽泛的、一般性的目标："我想更幸福一些"，"我不想再焦虑了"。对治疗师来讲，要精确地达到这样的目标是非常困难的。治疗师会犯的一个典型错误就是不进行深入的询问来帮助患者明确他们的目标：

> ❖ "通过治疗，你希望你有什么样的改变，或者你希望你的生活有什么样的改变？"
> ❖ "你希望（在工作上、人际关系上、家庭管理上、身体健康上、你的精神/文化/智力方面）有什么样的改变？"
> ❖ "如果你更加幸福了，你的生活会是什么样的？"

治疗师可以把患者目前在各类活动中实际花费的时间、他们理想中希望花费的时间在饼形图上标注出来，以此来帮助患者进行对比。这个过程还可以引导患者设定他们想要完成的具体目标（J. Beck,

1995）。逐步明确患者可以完成的具体目标有利于治疗的进行；如果不这么做的话，可能会阻碍治疗的进展，如下例所述：

案例

杰西卡是一位患有双相障碍的来访者。她设定了一个目标：变得幸福。由于她看不出这个宽泛的目标和她所需要做出的具体行为改变之间有什么关系，因此，在随后的治疗中，她的治疗师希望对她每天的生活进行规划，她则要完成计划，正常吃饭、睡觉和活动，以调整她的生活，她却表现出了阻抗。事实上，她把这些行为视为干扰她潜在幸福的因素，因为她认为这些行为让她不自在，缺乏乐趣。直到她的治疗师询问她什么样的生活会让她觉得更幸福，杰西卡才把她的长期目标以文字的方式表达出来：她希望能有一份稳定的、亲密的人际关系；希望与家人相处得好一些；希望能在工作中取得成功，这样可以培养自己的艺术技能；希望能存一些钱买一部车。明确了这些目标之后，杰西卡变得乐于采取下一步行动来达成她的目标。

通过想象设定具体目标

想象技术可以用来帮助那些在设定目标上存在困难的患者。治疗师帮助患者在头脑中想象一天中的典型生活，这一天是符合他们未来的期望的。治疗师需要问一些引导性问题，让患者把自己想象成功能和感觉良好的人。

> ❖ "你能不能想象一下一年后的今天，那时你感觉好多了。我们来谈一谈那时你的生活会是什么样子的吧。我们就假定现在是某天早上。你感觉非常棒，睡眠也很好，你全身充满了力量。这天早上你是几点钟起床的呢？你能想象自己正在起床吗？感觉如何？接下来你打算做什么呢？你已经下床了吗？直接走进厨房打开咖啡机？你希望想象自己接下来做什么呢？接下来呢？……再接下来呢？"

治疗师继续问患者，鼓励他们在脑海中想象这些情景。患者也可能会需要其他一些引导性问题：

> ❖ "好的，现在是午餐时间。你希望接下来发生什么？你看到自己在邀请（你的同事）约翰和你一起吃午餐了吗？你看到自己正在向午餐桌走过去吗？把它描述出来……你感觉如何？……你在午餐时谈论了什么？……接下来你会想象自己去做什么？"

这种想象最好一直持续到患者看到自己在夜晚上床休息，思忖着他所拥有的美好的一天，慢慢地睡着为止。在这样的想象练习之后，治疗师可以和患者讨论一下，患者想象中的情景和目前现实中的情景有何区别，以此来帮助患者设定具体的目标。

想象技术也可以用在另一种方式中。当患者感觉过于无望而无法想象未来美好的一天时，治疗师可以让他们描述过去的典型的一天——在记忆中这一天也是美好的。然后，治疗师要帮助患者指出他们目前的行为与过去行为之间的差别，这样患者就可以明确地看出自己需要做出什么样的改变了。

案例

艾伦感觉特别的无助，他无法回答那些有关目标设定的标准问题，而且很难想象出未来的情景。

治疗师：我们现在来讨论治疗的目标，你觉得可以吗？

艾伦：（叹气）应该可以。

治疗师：通过治疗，你希望有什么样的改变呢？你希望你的生活与以往有什么不同？

艾伦：（低落地说）我不知道。我再也不知道不抑郁时是什么样了。我感觉我会永远这么（抑郁）下去。

治疗师：（问引导性问题）我不知道，你能不能想象出一天，例如一年后的今天，如果你不再是现在的你，感觉非常的棒，不再抑郁了，而且充满力量和活力，等等。（开始具体化）那么，你会几点起床呢？

艾伦：我不知道。我想象不出自己还能有别的样子。

治疗师：你情绪非常低落。

艾伦：是的。

治疗师：我不知道你能不能告诉我，你上一次感觉不像现在的你时，是什么样子的？

艾伦：（思考）哦，天呐。（叹气）那都是很久以前的事了。

治疗师：那时你还在（当地的一家公司）上班吗？

艾伦：（思考）是的，我想是的。

治疗师：你能不能给我讲讲那个时候你的生活是什么样的？你那时感觉如何？

艾伦：我那时感觉非常好，我想，我喜欢我的工作。还经常与朋友一起打篮球。

治疗师：你那时的精力如何？

艾伦：很好。没问题。

治疗师：你喜欢你工作的哪些方面呢？

治疗师引导患者，让他慢慢回忆起生命中的美好时光。她帮助艾伦制造了一幅景象，通过询问收集了关于艾伦以前的活动、情绪、人际关系和他如何看待自己的信息。她通过明确艾伦以前从事的活动和以前的行为来帮助艾伦设定目标，同时她还要帮助艾伦解决干扰他的自动思维，进行一些问题解决活动，她建议艾伦换一个角度看待目前的情形。

治疗师：那么，你觉得重新开始跑步这个主意怎么样？

艾伦：我不知道。恢复到以前的身材应该要花费很长的时间。我以

第七章 目标设定中的挑战

前每天可以跑 3～5 公里。

治疗师：那你是怎么想的呢？再也不跑步好呢，还是设定一个目标，先少跑一些，再逐步恢复耐力更好呢？

艾伦：我想是后者。

治疗师：好的，你能把这个写下来吗？我想当你跑步的时候给自己记录个分数很重要，即使是只跑了两个街区。（停顿）我觉得跑两个街区总比没有跑要好。

艾伦：是的。

治疗师：好，不错。（停顿）你还提到过你以前会花些时间在你姐姐家待着，和她的孩子一起玩，帮她做一些事情。（停顿）如果重新这么做，对你会有什么好处吗？

艾伦：（看起来很沮丧）可能吧。但是她的孩子现在已经长大了，我不确定他们还愿不愿意和我一起玩。

治疗师：嗯，你说的可能是对的。或者你也可以换一个方式和他们相处。（提供一个迫选项）你觉得哪一个孩子最有可能接纳你？

艾伦：（思考）最小的，乔伊。

治疗师：他现在多大了？

艾伦：我不知道。8 岁还是 9 岁？

治疗师：你可以和他一起做什么？（停顿）你在那么大的时候都喜欢做些什么呢？

基于艾伦对自己过往的记忆，治疗师继续帮助他设定目标，创造性地针对他的无望感进行工作。

把为他人设定的目标变成为自己设定的目标

患者有时候设定的是他人的目标，而不是自己的目标："我希望我的老板不要再压制我"，"我希望我的丈夫不要再酗酒了"，"我希望我的孩子能听我的话"。如果患者没有干扰性的功能不良信念（例如，"如果我为自己设定目标，我就得为改变负责"，或是"要求我做出改变是不公平的"），治疗师可以轻松帮他们理解一个事实，即患者和治疗师不能直接改变他人。患者通常都乐意接受一个能够在他们掌控中的目标。

治疗师：你希望通过治疗使你的哪方面发生改变？变成什么样子呢？

患者：我希望我的妻子能够更加尊重我。她经常指责我，要我做这个做那个的。我不理解，她为什么就不明白我已经为她做了很多了！你知道的，我真的在以自己的方式让她幸福。我努力工作，我不乱搞（其他女人），我每周都把我的薪水支票拿回家给她。

治疗师：（共情地）听起来真令人沮丧。（停顿）听起来去改变你妻子会是一个很好的目标。（停顿）但是我不想误导你，我们的治疗不能直接改变她——除非她愿意来接受治疗，然后，我为她设定那个目标。

患者：（闷闷不乐地）不，她不会的。

治疗师：那么，或许我们可以设定一个在你自己掌控下的目标。（停顿）为了使你的妻子尊重你，你有过哪些努力？

患者：（思考）每次我把薪水支票交给她存起来时，我都会提醒她，我正在努力地为这个家庭奋斗。

治疗师：还有吗？

患者：（耸耸肩。）

治疗师：你告诉过她，她应该对你尊重些吗？

患者：嗯，当然。尤其是当她没事找事的时候。

治疗师：你为了让她尊重你而做出的这些努力有什么成效吗？

患者：（愠怒地）没有成效。

治疗师：你觉得如果你继续下去，她有可能突然改变并开始尊重你吗？

患者：（思考）不，可能不会。

治疗师：所以，我们治疗的一个目标可以是：学会改变你的行为，对你的妻子说些别的。（停顿）说不定她也会以不同的方式对待你。（停顿）你觉得呢？

患者：我觉得可以。

治疗师：好的，那么我们的一个目标就是"学习以不同的方式对妻子说话"可以吗？

患者：可以。

患者对目标设定持有功能不良的信念

前面讲述的标准技术对一些患者来说并不奏效。这样的患者通常对自己、他人或治疗师都持有一些功能不良的信念。当治疗师问这些病人想要达到的目标时，他们的核心信念可能会变得活跃起来："我很无助"、"我没有竞争力"、"我很脆弱"、"我毫无价值"。患者会对设定目标、做出改变和变得更好等行为的结果或意义做出一定的假设。这些假设反过来又与他们在会谈中所表现出来的功能不良行为之间存在联系。

> **关于自己的假设**
> "如果我设定了目标，我就会感觉糟糕（例如，我会无法胜任我必须要做的事情）。"
> "如果我设定了目标，我就必须改变。"
> "如果我必须做出改变，那就意味着我以前都是错的或不好的。"
> "如果我尝试做出改变，我必定会失败。"
> "如果我改变了，那我以前所遭受的痛苦就没有意义了。"

"如果我改变了，那么我的生活会更糟糕。"
"我不值得做出改变并拥有更好的生活。"
"为什么我必须做出改变，这是不公平的。"

关于他人的假设
"如果我改变了，就便宜了那些（应该受到惩罚）的人。"
"如果我改变了，别人就会对我有更多的期望。"

关于治疗师的假设
"如果我设定了目标（正应了治疗师的要求），那就意味着她控制了我，而我就是弱者。"
"如果我设定了目标，我就必须向我的治疗师表露自己。（这样我可能会受伤。）"

功能不良的行为

如果患者持有上面所描述的那些假设的话，他们可能会有如下的行为：

- 否认存在问题（所以设定目标就没用了）。
- 将问题归咎于他人，并且为他人设定目标。
- 断言治疗是没用的（所以设定目标就没有意义）。
- 说自己很无助或没有能力做出改变。
- 设定不切实际的目标。
- 只设定与寻找生命意义有关的存在主义的目标。

治疗策略

当患者对设定目标表现出抵制或者由于一些功能不良的信念而设定一些没用的目标时，下面的策略可以起到作用：

第七章 目标设定中的挑战　　163

- 引出那些干扰目标设定的自动思维，并对其进行干预。
- 告诉持怀疑态度的患者，治疗并不保证一定会成功，但是治疗师之所以对治疗抱有希望，是基于他们对患者的深入了解。
- 帮助患者认识到，如果他们继续按照现在的方式生活、做事和思考，他们的情况只会变得更糟糕，而不会变好。
- 帮助患者理解他们可以掌控什么样的目标，他们无法掌控什么样的目标；帮助患者把那些为他人设定的目标转换成患者自己可以完成的目标。
- 把患者的抱怨和不满变成治疗目标。
- 教育那些从生物学角度思考问题的患者——心理治疗是如何减轻生理症状的。
- 等患者的症状减轻时，再设定那些存在主义的目标。
- 如果因促使患者设定目标而破坏了治疗关系时，就让患者在会谈中掌握更多的主动权（例如，先接受患者的宽泛的、模糊的目标，随后再明确一个具体的目标，或者把目标设定这一环节推后一些）。

关于这些策略的详细介绍请看下面的例子：

案例1：一位怀有强烈无望感而无法设定目标的患者

托马斯，男性，32岁，严重的抑郁症复发患者。不久前，他又被一家公司解雇了，他的家人都与他保持距离，他没有好朋友，也没有与谁保持亲密关系。另外，服药的副作用给他带来很不舒服的感觉。起初，他对治疗师鼓励他设定目标的努力毫无反应。

治疗师：托马斯，你对治疗所持的目标是什么？
托马斯：（低下了头）我不知道。

治疗师：那你希望通过治疗有什么样的改变呢？

托马斯：（咕哝）我不知道。

治疗师：听起来，你现在的情况并不太好。

托马斯：（咕哝着低下头）是不好。

治疗师：情况一直都不好吗？

托马斯：是的。

治疗师：如果你可以改变生活中的一件事情，你希望是什么？

托马斯：我不知道。

治疗师：（停顿）你现在感觉如何？

托马斯：（低下了头。）

治疗师：不是很好？

托马斯：是的。

治疗师：悲伤？焦虑？无助？

托马斯：（思考）低落，真的很低落。

治疗师：（推测他的自动思维）你是不是认为治疗对你不会有什么帮助呢？

托马斯：（停顿）是的。

治疗师：是因为这不是你所期望的治疗，还是因为我不是你想找的治疗师？

托马斯：（思考）都不是。

治疗师：那是因为你自己吗？

托马斯：（轻轻地，但是仍然低着头）是的。

治疗师：你是不是感觉很没有希望？

托马斯：（点点头。）

治疗师：就好像你什么事都不能做？

托马斯：是的。

治疗师：你什么事都不能做，你有多相信这个想法？

托马斯：(停顿) 很相信。

治疗师：你觉得束手无策？

托马斯：是的。

治疗师：嗯，那你愿意让我帮你弄清楚，你能否摆脱这种束手无策的状态吗？

托马斯：(停顿) 我觉得我不行。

治疗师：嗯，关于这一点你可能是对的，但也可能是错的。几乎每一个第一次走进这扇门来接受治疗的抑郁症病人，看起来都非常无助……但是我确实很好地帮助了他们。

托马斯：哦。

治疗师：但是有一件事情我很清楚，如果你不知道你来治疗的目的，那么想获得好的治疗结果是很困难的……例如，你是否想找到一份能够长期做下去的工作？你是否想与他人更亲近一些？

托马斯：(仍然低着头) 我不知道。

治疗师：(收集更多的信息) 这么做有什么坏处吗？

托马斯：我不认为那会发生。我已经反复挣扎了很长一段时间了，但没有任何效果。

治疗师：(猜测) 你是不是很害怕抱有什么期望？

托马斯：(点点头。)

治疗师：(正常化他的反应) 嗯，我猜，如果我是你的话，我可能也不想再抱有什么期望了……我能说的就是，你的一切都没有让我觉得灰心……你愿意和我一起进行至少四次会谈吗？到那时我们再一起决定治疗是否有效好吗？

托马斯：(点点头。)

治疗师：那我们能不能谈一谈在接下来的四周内完成什么事情是比较合理的？

托马斯：好的。

治疗师：我看了你填写的这份表格（描述他目前的一些功能），你很难保持家里的整洁。你能针对这一点跟我谈谈吗？

随后，他们讨论了一些小的目标，关于如何收拾家务（例如，扔掉垃圾，把账单整理到一起，打扫厨房）。治疗师还发现患者不清楚什么样的社会服务是他可以做的，所以他们为托马斯设定了一个目标，让他去打电话询问这方面的信息。其他的目标还有打电话给堂兄妹，约见他的精神科医生做身体检查，打保龄球等。

为什么对托马斯来说设定目标如此困难？在后面的几次会谈中，治疗师验证了对他的假设。托马斯有一个核心信念，即他认为自己是无能的，是一个失败者；他认为无论自己如何努力，最终都会失败。他在治疗中所表现出来的策略是回避：他回避会导致失败的所有行为。而且由于他深陷抑郁之中，感觉自己很脆弱，所以他也回避希望。（关于慢性抑郁症病人无助感的更多讨论，可以参见 Moore & Garland, 2003）。

案例2：一位拒绝设定目标的患者

艾瑞卡，女性，57岁，离异，残疾人。她大部分时间都足不出户，在家里照顾她的母亲，而她的母亲则经常对她进行言语攻击。艾瑞卡有一个很可怕的童年，她童年时遭受了很严重的情绪、躯体和性虐待。她由于企图自杀而有过很长一段时间的住院史，也有过短期住院史，以及门诊团体治疗和个体治疗史。在第一次会谈中，她的新治疗师尝试让她设定目标。

治疗师：艾瑞卡，你对治疗的目标是什么？通过治疗，你希望有什么样的改变呢？

第七章 目标设定中的挑战

艾瑞卡：(长时间的沉默后，以很小的声音说) 我不想再这么痛苦了。

治疗师：(轻柔地) 当然，那很重要。(停顿) 如果你的痛苦减轻了 (不想听起来过于乐观)，你的生活会是什么样子的呢？会有什么不同吗？

艾瑞卡：(长时间的沉默) 不会的，我想。

治疗师：所以说你还会和现在一样，只是感觉痛苦减少了而已？

艾瑞卡：(停顿) 我想是的。

治疗师：在生活上，你有什么希望改变的吗？(认识到患者更容易回答有多项选择的问题而不是一个开放性的问题。) 更多地参与到他人的生活中？重新回到工作中？(停顿) 给生活增加一些乐趣？

艾瑞卡：(叹气，停顿) 不，我并不这样认为。

治疗师：因为……

艾瑞卡：(有点生气) 那根本不可能。

治疗师：你不认为你会改变？

艾瑞卡：(生气) 不会。

治疗师：好的，那从现在起，我们只讨论关于减少痛苦的问题，如何？

艾瑞卡：(点点头。)

  治疗师感觉到如果继续讨论目标设定的问题，会拉远患者与治疗师之间的距离。他们目前充其量也只是有一个脆弱的治疗联盟，治疗师在第一次会谈中最重要的工作是营造一种氛围，让患者感到安全，下次愿意再来。

  一周后，艾瑞卡又来了，她给治疗师提供了一些信息，让治疗师明白了为什么在上一次治疗中设定目标那么困难。通过她的活动日程表可以看出，患者认为自己是一个坏人，不值得拥有快乐。事实上，她坚信如果做了什么让自己开心的事情，她一定会受到惩罚。她在会谈中的策略是抵制尝试（包括尝试设定目标）以让自己感觉好一些。事实上，治疗师没能让艾瑞卡设定目标，直到治疗中发生了一些事情：

- 治疗师把原来问艾瑞卡的问题，"你希望通过治疗有什么样的改变"换成了"你应该做一些不同的事，对此你怎么想？"
- 患者对治疗师的信任增加了（她不再认为治疗师会强迫她做令其感觉不舒服的事情——尤其是娱乐活动）。
- 患者开始调整她的核心信念——"我是坏人"，以及她关于感到快乐就应该受到惩罚的假设。

案例3：一位否认自己有问题的患者

丽莎，女性，15岁，有轻度抑郁，并且伴有对立违抗障碍的症状。她的母亲坚持要她来接受治疗。她的母亲称丽莎在家里越来越不听话，非常情绪化，而且总是不停地攻击她的母亲和弟弟。丽莎在学校里有几门功课不及格，她的母亲怀疑她嗑药。丽莎在治疗一开始的时候就宣称她不愿意来接受治疗。

治疗师：丽莎，让我们来讨论一下你想通过治疗获得什么，可以吗？

丽　莎：（耸耸肩。）

治疗师：你想有什么样的改变？或者说，你希望生活有什么样的改变呢？

丽　莎：我甚至都不知道我为什么会在这里。我已经告诉你了，需要治疗的是我妈妈。她真的很神经。自从我爸爸离开之后——顺便说一下，这都是她的错，她变得越来越糟糕。你去问任何一个人——我弟弟、我婶婶弗洛，谁都会告诉你她有多么失控。

治疗师：（温和地）我猜她可不这么认为。

第七章 目标设定中的挑战

丽莎：(生气地) 她认为我有问题。(讽刺地) 真是可笑。

治疗师：(共情地) 听起来你真是无可奈何。明明是她有问题，却让你来接受治疗。

丽莎：(小声抱怨) 一切都好好的，挺好的，如果我不必面对她的话。

治疗师：(收集信息) 这发生的可能性有多大呢？

丽莎：不。怎么说呢，不太可能。

治疗师：所以说，你现在必须要面对她？

丽莎：是的。

治疗师：你能给我介绍一下你母亲吗？

丽莎：(笼统地说) 她让人难以忍受！

治疗师：(努力让丽莎描述得具体一些) 什么最困扰你呢？

丽莎：噢，所有事情。我甚至都不想再看到她。

治疗师：(共情地) 事情有那么糟？

丽莎：是的。

治疗师：嗯，我想看看你和我能不能做些什么事来改善一下你的状况。

丽莎：(看着天花板。)

治疗师：我从你的沉默中看得出来，你并不认同这个主意，是吗？

丽莎：明明是她有问题，却要我改善自己，这不公平。我就是希望她不要再压迫我了。(以一种指责的口吻) 但是你肯定会告诉我，(以一种讽刺的口吻) 我得尊重我的妈妈，变得乖点，做一个好女儿。

治疗师：啊，嗯，我很高兴你告诉我这些。好吧，我会尽力不那样说的。但是，丽莎，我也可能会稍不留神就说了。如果我真的说了，我希望你能告诉我，我会改正。(停顿) 你愿意那样做吗？

丽莎：(吃惊地) 是的，当然，我愿意。

治疗师：好的，因为如果你不那样做的话，我可不认为咱们的治疗会有效果。

谈话进行到这里，治疗师发现在患者愿意设定目标之前，必须先解决好治疗关系方面的问题。治疗师通过同意患者的话——事实上，她还请求患者来纠正她可能犯下的错误——有意表现出自己在努力纠正她们之间的力量平衡。然后她们回到了设定目标的问题上。

治疗师：那么，回到你想从治疗中获得什么这个问题上来。

丽莎：（为他人设定目标）让我妈妈对我好一些。

治疗师：你觉得你可以做些什么让它发生呢？

丽莎：（闷闷不乐地）不能。

治疗师：所以说，那不是你能直接控制的事情（暗示她可以间接地控制）。

丽莎：是的，不过或许你可以告诉她对我好一些。

治疗师：好，我非常希望我们一起去告诉她这些。你还记得我告诉过你，我想在这次治疗结束时把她叫到这里吗？

丽莎：（点点头。）

治疗师：同时，我们能讨论一下哪些是你自己能够控制的事情吗？

丽莎：（想了一会儿）我不知道。很烦。从她下班回到家一直到她去睡觉，她一直都在跟我和我弟弟争吵。我经常觉得都没有一个地方可以让我安静地待着。

治疗师：（共情）那真可怕。（自我表露）当我工作了一天，下班回到家，我知道晚上有段时间是可以静静地坐下来放松一下的。（停顿）但是对你来说，这却无法实现。

丽莎：是的。我妈妈经常找我的麻烦。只要我一进门，她就开始找事。"做这个，做那个"。我的意思是，我还没有脱下外套，她就开始支使我了。而且她特别不喜欢我坐下来看电视。她不停地挖苦我，让我把电视关掉。我弟弟也是那样——他们都很讨厌。

治疗师：天啊，你在家里的确是需要一些安静的时间……我们可以把这作为一个目标吗？

丽莎：可以。

在这里，治疗师抓住了患者的抱怨，并且把抱怨变成了患者同意的治疗目标。

治疗师：你觉得你妈妈会同意吗？

丽莎：不会的。她肯定会说，在我没有完成她想让我做的所有事情之前，我不可能有独处的时间。况且她还会说家庭作业优先。她真的很让人难以忍受。

治疗师：那么，或许我们现在可以想一想，一会儿我们俩应该怎么跟她说。

丽莎：好的。

那些阻碍丽莎设定目标的初始信念和策略是什么呢？首先，她的核心信念是她很无助；而别人，尤其是她的母亲，控制了她。她做了几次功能不良的假设：

"如果我尝试改变我的生活，我会做不到。"

"如果我承认我遇到的麻烦也有自己的原因，我就必须得为改变负责。"

"如果我改变了，妈妈就赢了。"

"如果我改变了，我就不能惩罚妈妈了。"

"如果我按照治疗师的要求去做，那就意味着是她控制了我，而不是我在控制自己。"

因此，丽莎在会谈中所使用的策略就是把她所有的问题都归咎于她的母亲，而且从一开始就抗拒为她自己设定目标。治疗师决定在丽莎要求获得一些安静的时间这一点上开展工作，而不再继续尝试在第一次会谈中设定目标，因为这样可以增强他们之间的治疗联盟，使丽莎在下一次会谈中对目标设定更顺从一些。因此她们一起制订了一个计划，内容是丽莎认为可以说服她母亲的方法，治疗师和丽莎进行了角色扮演，教她如何跟母亲说这些事。在治疗会谈结束时，她的母亲参与到会谈中。治疗师使丽莎认识到这种与母亲谈话的新方式，尽管需要表现得很有礼貌，又很合作，却能帮助她更好地控制与母亲的关系，而且这样还可以得到丽莎想要的东西。

在家里获得一些安静的时间这一经历，虽然只是一次小小的成功，却改变了丽莎对治疗的态度。她开始相信治疗可能是有帮助的，她开始相信在使自己的生活变好这一点上，她可以获得更多的控制权。事实上，在后面的几次会谈中，当讨论到她的长期目标和她需要在短期内采取的步骤时，她至少最低限度地表现出了顺从。

案例4：一位相信自己的问题完全是生理问题的患者

格瑞戈，男性，32岁，未婚，木匠，因为惊恐障碍前来求助。他很确信他没有心理问题，而他之所以来接受治疗，是因为他的心脏病医生坚持要他来的。格瑞戈有过度进行医学检查和化验的经历，在过去的6周中，他曾经四次造访急诊科。在第一次会谈中，治疗师开始设定目标，然后却发现她需要对病人进行一些心理教育。

治疗师：我想和你稍微讨论一下治疗目标这个问题。我想最主要的一个问题是解决你的惊恐障碍吧？

格瑞戈：是的……不过说实话，我不认为你能在那个问题上帮我。

治疗师：你不认为心理治疗可以帮你克服惊恐障碍，还是认为我帮不了你？

格瑞戈：不，不，不是你的问题，医生。但坦诚地讲，我来这儿只是因为我的医生坚持要我来。

治疗师：你知道他为什么想让你来这里吗？

格瑞戈：嗯，他说心理治疗可能会有帮助。但是，你看，我真的不这么认为。我的意思是，很显然我生病了。而谈话并不能治疗我的疾病。

治疗师：（澄清）你生理上有病。

格瑞戈：是的。

治疗师：噢，你说得对。很显然你生理上是有些毛病。根据你所说的内容，你的心跳加速，开始心慌，你感到胸闷，而且你感觉呼吸困难。当然这是生理的毛病。

格瑞戈：那为什么……

治疗师：为什么我认为我能帮你？

格瑞戈：（点点头。）

然后，治疗师向患者介绍了惊恐障碍的认知模型，以及进化论的解释，人类的大脑中有一个很活跃的天然警报系统（Clark & Ehlers, 1993）。患者仍然有些怀疑。

治疗师：嗯，我猜有两种可能。一种是当你有这些可怕的感觉时，你真的有生命危险……或者，就像我之前说的那样，当你心脏病发作时，你并没有危险，而你的身体却越来越警觉，越来越敏感，因为你确信你正在经历心脏病发作。

格瑞戈：是的。

治疗师：那么，依我看，你有两种选择。你可以认为你患了威胁生命的疾病，而医生还没有发现，然后继续寻求医学治疗——尽管你告诉我，你的医生已经用了他们能使用的所有化验方法，而急诊室的医生也一直没有发现你的心脏有任何问题。

格瑞戈：（点点头。）

治疗师：或者你也可以下周再来（暗示患者不用做长期的承诺），然后我们一起来讨论一下你是否需要纯医学的治疗，或者讨论一下认知治疗的方法对你是否有帮助。（停顿）你觉得怎么样？

格瑞戈的核心信念是"我很脆弱"。他的假设是：如果他同意进行心理治疗，而不再继续深入寻求医学帮助，他就可能会受到伤害。所以他在会谈中所使用的策略是坚持认为他有纯生理的问题，拒绝对他的症状进行其他的解释。治疗师又对他进行了心理教育，然后提出了治疗的目标，即与他一起探索，寻找最佳的治疗方案。当治疗师建议他尝试几次认知治疗时，格瑞戈虽然不情愿，但还是接受了这一目标。

案例5：一位设定不现实目标的患者

斯蒂芬妮，女性，40岁，已婚，有两个上小学的孩子。她很抑郁，而且感到无法承受。她要担负起抚养两个孩子的责任，还要养家。她还在一家超市的面包部做全职员工。她的丈夫，吉尼，在当地的一家加油站做汽车修理工。斯蒂芬妮最近在和她的已婚邻居哈尔偷情。哈尔比斯蒂芬妮小15岁，而且他很明显只对暂时的性关系感兴趣。

治疗师：你想通过治疗得到什么？你希望有什么样的改变？

斯蒂芬妮：我希望哈尔能花更多的时间陪我。我希望吉尼能跟我离婚，至少我认为我是这么想的。我知道他不想离婚。他说

第七章　目标设定中的挑战

他还爱着我。我不知道他会怎样——我的意思是，如果他发现了我跟哈尔的事。我不想伤害吉尼。我希望他能认识到我们必须分开。他是个好丈夫。他应该找一个真正爱他的人。我是说，我在一定程度上还爱着吉尼。我只是不想再跟他继续婚姻生活了。而且我不希望我的孩子受到伤害，尽管他们已经因为我经常不在家而感到伤心了。他们真的很黏人。我害怕吉尼会在孩子的监护权上令我难过。

治疗师：（草草记下目标）好的，我来确认一下我是否正确理解了你的意思，再确认一下这些要完成的目标是否真的都在你的控制之下。第一，你希望哈尔能花更多的时间陪你。第二，你想，或者你认为你想跟吉尼离婚，而且又不想伤害到吉尼。第三，你不希望孩子受到伤害。我理解对了吗？

斯蒂芬妮：对了。

治疗师：你知道，斯蒂芬妮，我不想误导你。我不认为我们能使这些事情发生。

斯蒂芬妮：（以一种失望的口吻）哦。

治疗师：（预期她的自动化思维）这并不意味这我不能帮你——很显然你很抑郁，很焦虑，而且需要帮助——但是我们可能需要改变一下目标。

斯蒂芬妮：你觉得哈尔会为了我离开他的妻子吗？

治疗师：老实说，我对你与他的关系了解得并不多，但是听起来并不怎么好。或许那可以成为一个目标：找出哈尔的真实意图。（停顿）你觉得如何？

斯蒂芬妮：不行。（思考）我害怕。我不想逼他那么紧。我觉得如果跟他谈论这个问题的话，他会把我甩掉。

治疗师：听起来这些并不在你的控制之中。

斯蒂芬妮：不在，所有事情都是由他决定的——例如，我们什么时候在一起这件事。

治疗师：所以，希望哈尔能花更多的时间和你在一起这个目标并不是你所能决定的，因为他才是真正做决定的人。

接下来，通过治疗师的苏格拉底式询问，斯蒂芬妮总结出：她与哈尔偷情，与吉尼讨论离婚的可能性，同时还不伤害到吉尼，这种期望是不现实的。治疗师还帮助斯蒂芬妮认识到，如果她继续把时间都花费在和哈尔待在一起上，而不是和孩子们相处的话，并且如果她与吉尼之间的关系持续紧张下去的话，她的孩子仍然会继续伤心，甚至会更加严重。

治疗师：(允许斯蒂芬妮表达她的压抑)你知道的，如果我是你的话，斯蒂芬妮，我会对这样的讨论感到失望。

斯蒂芬妮：是的。我是说我明白你的意思，但我就是接受不了生活中不再有哈尔这个念头。

治疗师：噢。让我想一想。我真的很想帮助你——我希望你知道这一点。我很害怕给你一些错误的期望……好吧，这是我的想法。你告诉我唯一能让你开心的就是和哈尔在一起的时候，或者当你想象和他在一起的情形时。对吗？

斯蒂芬妮：(点点头。)

治疗师：但另一方面，我们并不知道他是否也像你期望的那样，想和你有一个未来。事实上，听起来他似乎是不想——他正计划和他的妻子再要一个孩子。

斯蒂芬妮：(脸痛苦地扭曲。)

治疗师：我觉得我们也有必要找出能让你感觉开心的其他方式。这样，如果哈尔不同意和你结婚的话，你仍然可以生活幸福。(停顿)你觉得呢？

斯蒂芬妮：（敷衍了事地）我想是吧。但我并不知道还有其他的什么事能让我感到开心。

治疗师：嗯，那你觉得这可以作为我们一起努力的目标吗？找到令你感觉开心的其他方式？

斯蒂芬妮：是的，我猜可以。

治疗师：说到吉尼。好像你一方面想和他离婚，另一方面又不是很确定这个想法。我们可以把做出这个决定也作为工作的目标吗？

斯蒂芬妮：是，我知道，我一直在拖延。我只是希望吉尼自己能够明白，然后离开我。这样可能会容易一些。

治疗师：在一定程度上，或许吧。（停顿）不过这点让我有些迷惑。我们的目标是决定是否离婚；还是你已经决定要离婚了，而我们的目标只是帮你渡过难关，然后尽量不伤害吉尼呢？

斯蒂芬妮：我觉得我还是不太确定。

治疗师：好的，那我们的第一个目标就是做出决定。（写下来）然后，我猜，不管结果如何，都要尽量减少你和吉尼之间的争吵和紧张气氛，对吗？

斯蒂芬妮：是的。

在这一点上，他们讨论了其他的目标：更好地与孩子相处，减少照顾家庭的负担，计划一些没有哈尔参与，也不在心里想着哈尔，但却能让自己感到愉快的活动。

治疗师：（总结出了目标清单）我们所设定的这些目标，不包含让哈尔花更多的时间与你待在一起，也不包含与吉尼离婚但却不伤害到吉尼和孩子们，你失望吗？

斯蒂芬妮：（沉思）我的确很失望。

治疗师：既然你这么失望，下次你不会来了吧？
斯蒂芬妮：不，我还会来。

在这个例子中，治疗师需要帮助患者设定现实的目标。不过，治疗师事先需要知道，如果她与斯蒂芬妮的对抗过于激烈的话，斯蒂芬妮可能会中断治疗。最后，她允许患者表达对治疗师的不满，然后确认她仍然会继续接受治疗。

为什么斯蒂芬妮很难设定现实的目标呢？她的核心信念是"我很无助，很脆弱，我不可爱"。她主要的功能不良的假设包括："只有和哈尔在一起，我才快乐。如果我不再和他见面，或者不再想他的话，我会感觉很糟糕，我会受不了的。"她主要的应对策略是，当她感到紧张抑郁时，她就开始浪漫地幻想，回避思索她所面临的问题。

案例6：一位设定存在主义目标的患者

亚瑟，男性，31岁，在轴Ⅰ上的诊断为重度抑郁症和早发型慢性抑郁心境，在轴Ⅱ上的诊断为回避型人格障碍伴有显著的自恋特征。他目前没有工作，而且以前从事某一工作的时间也从来没有超过一年，他几乎没有朋友，与父母住在一起，而且在经济上也依靠父母，与父母常有冲突。在第一次会谈的后半部分，亚瑟表现出了他的存在主义担忧。

治疗师：那你对治疗抱有什么样的目标？
亚瑟：我必须老实告诉你，我没有目标。事实上，我不知道治疗能否有帮助。我已经挣扎了很长一段时间了。我也见过很多的治疗师。（停顿）但是我的生活一点都没有改善。在大部分时间里，我都觉得生命没有什么意义。
治疗师：所以一个很重要的目标就是帮你寻找生活的意义？

第七章 目标设定中的挑战

亚瑟：是的。（叹气）不过我并不期待那会奏效。
治疗师：哦，让我来问问看吧。你能不能想象出一个场景，你刚醒来，正在思考这一天，你自然而然地感觉到你有一个目标——就是去做一些很重要的事情？
亚瑟：（思考）不行，能那样做的话，我就不会在这里了。
治疗师：你能意识到别人是有他们的目标的吗？
亚瑟：可以，我想可以……他们有他们觉得重要的工作，或者他们需要供养的家庭。
治疗师：那些是你想奋斗的目标吗？
亚瑟：不，不，我可不这样认为。
治疗师：因为……
亚瑟：我看不到自己在一份工作中很充实的样子。大部分的工作都很无聊。我知道我现在没有工作，但是以前我做过很多不同的工作。我很讨厌它们。我是说，有什么意义呢？你像奴隶一样拼命地工作，一个小时才挣几美元，而公司的老板却得到数百万。然后下班回了家，熬到该睡觉了就去睡觉，醒来再去上班。要是有个妻子和一群孩子，或者别的什么人，那就更糟糕了，我就得更加拼命地工作，要不然他们就得挨饿。
治疗师：哇，那听起来真凄凉！毫无疑问，你都不知道能否改善自己的生活。
亚瑟：不管怎么样，那又有什么意义呢？你工作、吃饭、睡觉，然后顺理成章地，你也会死去。

患者接着又用几分钟描述了他的存在危机，质疑他在宇宙中的位置，认为工作和努力让自己快乐都是没有价值的，因为他知道，人终将一死。治疗师总结了患者的担忧，然后确认她已经了解了患者的困扰。接下来，她对患者进行了一些心理教育。

治疗师：你看，这些是你提到的所有重要问题，本质性的问题。我觉得治疗可以帮助你找出一些答案，尽管在我们的一生中，很多人都或多或少在这些问题之中挣扎过。（停顿）不过，我们已经发现了一点，就是当人们陷入抑郁时，他们几乎都找不到这些问题的答案。（停顿）一旦他们接受了对抑郁的治疗并从中康复，他们就可以找到答案了。

亚瑟：哦。

治疗师：你怎么想呢？

亚瑟：我不知道。（停顿）我得考虑一下。（停顿）如果要减轻抑郁的话，我需要做些什么呢？

治疗师：（预估到亚瑟会取消计划）现在，我不觉得那些标准的程序对你有效。但是大部分人，不管有没有这类问题，都需要重新安排一下他们正在做的事情。例如，你告诉我说你一天的大部分时间都在看电视、看报纸或者浏览网页。这是你的日常活动吗？做那些事情有没有让你逐渐减少抑郁？

亚瑟：（思考）没有，我想没有。

治疗师：那么改变一下你的活动内容可能就很重要了，而且学会如何改变你的抑郁思维也很重要。

亚瑟：我不认为我想那么做。我是说，我过去那样做已经很累了，而且也没有让我明白什么。

治疗师：亚瑟啊，我这次也不敢保证可以让你明白些什么。不过请你告诉我，在你以前的治疗经历中，你设定过具体的目标吗？例如，每天让自己开心一些，或者当你发现自己在以一种抑郁的方式思考时，学着做一些事情去干预一下？你以前的治疗师有没有像我一样，在每一次会谈中和你一起规划议程？

第七章 目标设定中的挑战

或者每周给你安排一些事情作为家庭作业,让你去尝试?

亚瑟:没有……

治疗师:哦,那就好。因为如果我的治疗和其他人的治疗没什么区别的话,我可能也会没有信心。(预估到亚瑟可能会对他即将要做出的改变感到紧张)不过我告诉你一件事吧。现在就去估计我们需要进展得多快或者多慢,对我来说有些困难。如果你已经深陷在现在的思维和行为方式中很长时间了,我们可能需要慢一点。(使亚瑟感觉到他拥有更多的控制权)我需要由你来决定我们的进度。(停顿)你愿意在这周的时间里好好考虑这个问题吗?等你下周来的时候再告诉我,你觉得这种方式是否可行——或者我们是否需要再想一个别的方法?

治疗师通过概念化认识到亚瑟可能会固着于存在主义问题,把它当作一种回避策略,回避他需要在生活中做出的改变(例如,找一份工作),因为她预测到他会和以前一样遭遇失败。因此,在这个时候,治疗师避免要求亚瑟承诺继续接受治疗,而是对他进行了心理教育,提出了一个尝试性的治疗计划大纲。治疗师努力使亚瑟承诺下周还会再来,到那时他们会制订出适合亚瑟的治疗计划。第二次会谈时,亚瑟果然来了,但是他仍然不确定治疗该如何进行。在他们开始讨论存在主义问题之前,治疗师先让亚瑟完成一个任务,写出聚焦于解决存在主义问题的优点与缺点,以及在解决存在主义问题之前,聚焦于使用标准的方法治疗他的抑郁症的优点与缺点。

在这个讨论之后,亚瑟同意用四周的时间尝试标准的治疗方法,这样他可以评估一下他对治疗的看法是否正确。在这次会谈中,他们没有设定综合的目标,相反,他们设定了两个相关的无威胁性的目标:①亚瑟会努力分配好自己的时间,这样他就可以从他所做的事情中获得更多的满足感和快乐感；②亚瑟会尽力监控那些干扰他的满足感和快乐感的抑郁想法，并对这些想法做出反应。当亚瑟在几周后在这些目标上取得了成功时，他对治疗师和治疗方法的信任增加了，这时，治疗师才开始其他的目标设定工作。

亚瑟的核心信念是他不够好，他是劣等的，他是一个失败者。他的假设是如果他尝试改善自己的生活，他会失败。因此他采取了一种应对策略，即通过过度关注存在主义问题来逃避解决他目前所遇到的麻烦。

案例7：一位回避设定重要目标的患者

珍娜，女性，19岁，与父母生活在一起。她的母亲把她送来治疗抑郁和愤怒。三周前，珍娜突然辞掉了她的服务生工作，然后就有一些自杀的举动，这些都是因为她的同事在人群中散播有关珍娜的可恶谣言所导致的。在第一次会谈中，珍娜估计她的治疗师可能会努力劝说她回去工作，因此她明确告诉治疗师，她不会这么做。

治疗师：那你想通过治疗获得什么呢？
珍娜：（郁郁寡欢的语调）我不知道。
治疗师：你希望你的生活有些什么样的改变呢？
珍娜：我知道你希望我说想重新回去工作，但事实上我不会那么说。（强硬的语气）因为我不想。（充满敌意地看着治疗师。）
治疗师：我知道，上个月对你来说糟糕透了。
珍娜：（以一种厌恶的口吻）超级讨厌。在那里工作的人都很讨厌。顾客也很讨厌。
治疗师：嗯，毫无疑问，你不想再回去工作了。
珍娜：（讽刺地）是的，不开玩笑。不管怎么样，我都不能回去。那很令人伤心。我真的变得很抑郁，而且我还想再去自杀。

治疗师：嗯，我明白，我最好不要再劝你回去工作。你有什么选择吗？

珍娜：我不知道。待在家里吧，我想。

治疗师：你能那么做吗？

珍娜：我妈妈可能会杀了我。她威胁我说，如果我不回去工作的话，她就会把我扔出去。不过，我不相信她会那么做。再说了，如果她真的那么做了，我就搬出去和我的朋友丹尼斯一起住。

治疗师：所以说，我们的一个治疗目标可以是，帮你计划你想做什么——在接下来的几周内，或者在更长的时间里。

珍娜：（郁郁寡欢）随便。

治疗师：（给她一个选择）除非这些计划是你自己做的。

珍娜：（间接地说出她需要帮助。）我知道妈妈会把一切都搞砸的。

治疗师：那另一个目标就是让你的妈妈有所改变？

珍娜：（讽刺地）就好像那有可能似的。

治疗师：嗯，你可能是对的，也可能是错的。听起来，你现在跟她的关系很复杂。

珍娜：是的。

治疗师：或许你可以试着换种方式跟她谈话。可能会没有效果——但话说回来，那样做也可能会帮你得到你想要的。

珍娜：（认识到治疗师不会把坚持让她回去工作作为一个目标后，她开始考虑其他的选择了。）你看，我真的对工作不太了解。我绝对不想再回到原来那份工作中了。但是我现在已经快没有钱了。

治疗师：（澄清）那或许我们可以谈一谈如何得到一份新的工作，一份更好的工作。

珍娜：我猜可以。

治疗师：（预计到讨论重新再找工作的前景时，珍娜会感到焦虑。）不过,珍娜,如果你决定再找工作的话,我们需要做一些准备,以让你觉得更舒服,这对你真的非常重要……对吗?

珍娜:(点点头。)

治疗师:(写下那个目标)好,让我看看。(进行概括)关于工作,我们已经讨论过了,或许我们可以学习一下与你妈妈谈话的新方式,或许我们也可以讨论一下如何让下一份工作更好……还有其他的问题是你想跟我讨论的吗?

珍娜:我不知道。所有事情都讨厌极了。

治疗师:举个例子?

珍娜:(叹气)我整天躺着。我妈妈不断地打电话叫我,唠叨着让我起床做事情。但是我没有一丁点儿力气!我给我的朋友打电话,但是却没什么可说的。我听到的事情都是这个男孩对那个女孩如何如何啦,这个女孩很生那个女孩的气啦。真是无聊!

治疗师:听起来你对你的生活真的不太满意。

珍娜:是的,但是我没有力气做任何事情。

治疗师:噢,那我们或许可以设定一个目标——"找到一些不需要花费太大力气却可以令人感到满足的事情"。你觉着这样可以吗?

珍娜:我觉得可以。

治疗师:好的,这个看起来像是一个合理的目标清单了。你愿意在这周的时间里看看这个清单吗,然后看看还有什么是你想加进去的——任何你想通过治疗获得的东西?

珍娜:好的。

在这个例子中,治疗师与一位不愿意设定目标的患者一起,设定了一些初期的目标。治疗师并没有坚持"珍娜应回到原先的工作中"这一目标,这一点让珍娜很吃惊。治疗师相信珍娜应该回到工作中,但是治疗师也知道，他们需要一起努力，来保证珍娜下次的工作经历是成功的。如果她在第一次会谈中就把这一目标强加给珍娜的话，珍娜以后可能就不会再来治疗了。

在随后的会谈中，治疗师对珍娜在目标设定时最先表现出的困难进行了概念化。她的核心信念是关于无助和脆弱的。一个关键的假设是——"如果我再回去工作的话，人们就会羞辱我，而我却无法应对"。因此，她的策略就是继续回避工作，并且在治疗中挑衅地宣称她一点都不想再工作了。

案例8：一位不想接受治疗的患者

查理，男性，47岁，一名经理，患有强迫性人格障碍，无轴Ⅰ诊断。在第一次会谈中，他设定目标的潜在困难就表现出来了。跟以往的会谈一样，在第一次会谈中，治疗师会建议把患者是否愿意接受治疗作为一个话题。治疗师很快就提出了一个目标，她相信查理可能对这个目标很满意，这样可以鼓励他继续接受治疗。

查理：我不得不告诉你，我真的不知道我为什么会在这里。这是我妻子的主意。她说我需要心理治疗。事实上，她还暗示我，如果我不来治疗的话，她就会离开我。

治疗师：那我猜我们应该先讨论一下今天的这次会谈该不该继续下去，或者你是否认为治疗在一定程度上可以帮助你。

查理：嗯，就像我说的那样，这是我妻子的主意。

治疗师：你能不能告诉我，如果她今天在这里的话，她会怎么说？如果我问她，你为什么希望查理来接受治疗，她会说……

查理：她会责怪我让她不开心。她会说我跟她交流得不够多，我不跟她"分享"事情，不管那些事情是什么。她会说我工作太努力了，她会说我没有一丁点儿情趣。

治疗师：你觉得她对吗？

查理：我不知道她想从我这里得到什么。她很清楚我的工作需要花费很多精力和时间。她倒是喜欢我挣的钱。

治疗师：你说她很不开心，她可能会离开你？

查理：嗯，她曾经暗示过这一点。我并不确定。

治疗师：那你会有什么感觉——如果她离开你了？

查理：我不希望她离开我。真的不希望。我只是希望她不要再压迫我了。

治疗师：那你的治疗目标可以是：找出你可以做哪些事，好让事情好起来？或许我们可以找到一些对她非常有意义，而对你来说做起来却很简单的事情。

查理：我不知道。我需要考虑一下。

治疗师：当然可以。（猜测）不过，如果让你做出一些细微的改变，你会不会觉得对你不好呢？例如，你会不会觉得她赢了，你失败了，或者有类似的其他想法？

查理感到有些无助，几分钟后，他告诉治疗师，他觉得妻子对他的批评让他觉得自己不被尊重，而且还被贬低了。通过询问，他透露出他不会离婚，虽然他起初并不想做任何的改变来改善他的婚姻。他的治疗师明智地建议他可以考虑做出一些小的改变，但并没有一开始便要求他接受这个目标。她帮助查理检验这个目标的优点和缺点，这样查理就可以自己判断，是否需要调整他对待妻子的行为方式。

总　　结

只有当患者对他们想要的东西以及得到这些东西的方式有一个清晰的认识时，治疗才会进展顺利。设定具体的行为目标是这个过程中的重要部分。治疗中遇到的很多困难，都可以追溯到治疗双方缺乏一致认同的治疗目标上。在一些案例中，治疗可能没有明确的焦点，或者治疗师与患者在私底下的目标不一致。通常，治疗师在帮助患者设定目标时所遇到的困难，是跟治疗师询问的问题类型有关的。另外，当治疗师最初询问的问题并不奏效时，治疗师的坚持也会成为一个问题。

　　不过，在另外一些案例中，治疗师所遇到的困难和患者有问题的信念和策略有关系。识别出这样的问题，与患者一起工作，对这些困难进行概念化，在需要的时候调整干预策略，以便找到一个双方都同意的治疗方案，这些对治疗师的工作来讲都是至关重要的。

第八章

将会谈结构化时遭遇的挑战

认知治疗师常常会按照一定的结构标准安排治疗会谈，这样做是为了尽可能提供有效的治疗。本章最初将介绍一个推荐的治疗结构，然后再介绍如何在遵守治疗结构之下灵活运用并调整策略。本章还呈现了患者和治疗师功能不良的假设，同时对治疗师在运用具体的会谈结构的过程中遇到的常见问题给出解决方案。最后还介绍了一些不适用标准治疗结构的情况。

标准结构

在会谈开始时，治疗师需要再次建立和患者的关系，并检查患者症状的改善情况、幸福水平以及功能良好程度。治疗师通过询问问题发现他们的患者在最近一周（或几周）感觉好和不好的地方、遇到的问题和成功的地方，以此来掌握当前的"情势"。他们要复习家庭作业，并确定患者是否觉得在下次会谈之前会出现重大的问题。通过症状清单（symptom checklist）和口头询问收集数据，有助于治疗师理解和形成会谈策略。治疗师最先要想到的有：

> ❖ "我怎样才能帮助患者在会谈结束时感觉好一些?"
> ❖ "我怎样才能帮助他/她在(下次见到我之前的)这几周过得好一些?"

如果患者可以简要地提供治疗师需要的信息,那么治疗会谈关键的第一部分可以相对简短一些,否则可能会占用会谈 1/4～1/3 的时间,尤其是当患者有大量的信息需要传达时或者治疗师没能在必要的时候打断患者的陈述时。

在会谈的下一部分,治疗师要和患者确定治疗议程的先后顺序,并讨论第一个问题。治疗师需要再次收集有关问题的数据,借此更好地形成策略。例如,是否应当直接进行问题解决?或是揭示并检查关键的功能不良的认知?是否应当聚焦于相关的技能训练?还是做一些其他的事?讨论这些问题就会自然而然地引出家庭作业。然后是重复这一过程来讨论第二个问题(如果有时间的话,还有第三个问题)。

在会谈的最后,治疗师需要确保自己和患者对会谈中所讨论的重要问题达成了共识,并且已经(用纸笔或者录音)记录下他们达成的最重要的结论和家庭作业。最后治疗师需要引出反馈。

治疗师有时候会因为各种各样的原因而难以实行和维持这样的治疗结构。正如大多数在治疗中遇到的问题一样,这可能说明存在实际的问题(例如,治疗师并没有适当地中断来访者的叙述),或者心理问题(例如,患者有这样的干扰性信念——"如果我让治疗师把会谈结构化,那么就会显得她很强大,而我很弱小"),或者两者都有。在本章中,为了让读者更好地了解结构化治疗会谈,首先需要介绍如何根据治疗会谈的结构制订并调整标准的治疗策略;下一步会讨论治疗师和患者都存在的典型的适应不良信念;最后会介绍在每一部分会谈结构中可能会遇到的问题和困难。

运用和改变策略将会谈结构化

在将会谈结构化的过程中，会因为治疗师的失误而出现许多问题。治疗师没能充分地将患者社会化，说明在会谈结构化时没有和患者协商，没能有效地完成会谈步骤，或者在需要的时候没有中断来访者的陈述。教育患者非常重要，只有这样他们才能理解结构化的会谈可以使得治疗师帮助他们最高效地解决问题。

之前接受过非结构化治疗的患者可能会在开始时觉得认知治疗结构化的方法让人难以适应。可是一旦没有这样的信念干扰后，尤其是当治疗师小心地提到他们会要求反馈并和患者共同确定治疗结构的有效性时，患者往往愿意体验不同的方法。使用那些为治疗做准备的工作表（J. Beck，2005）对很多患者很有帮助，这可以使得他们推测自己的想法并认识到，在会谈开始时将这点告诉治疗师非常重要。

商定会谈结构

治疗师有时候需要和患者商定会谈的结构。事实上，一些患者在生活中没有可以倾诉自己问题的对象。其他患者则无法全神贯注地评估自己的认知，或者直到问题让自己不堪重负之后，才考虑到治疗师这里解决问题。对于这一类的患者，在治疗开始的一段时间里，如果其陈述不被打断的话，他们是可以从中获益的。完成了对这个需要的概念化之后，治疗师可以和患者达成一个共同协议，允许他们在每次会谈开始时有 10～15 分钟的倾诉时间（至少在治疗初期是这样）。这一时间结束后，治疗师需要对患者提出的重要观点进行总结，检查并确定自己是否正确理解了患者的陈述，然后根据患者的独白生成新的议程项目。之后，治疗师可以在会谈后面的部分开始更加标准的治疗结构：进行心境检查、把两次会谈联系起来、讨论议程项目，等

第八章 将会谈结构化时遭遇的挑战

等。对治疗师而言,重要的是确定这样的变化是必要的,同时不要假定患者一定不会在开始就从标准会谈结构中获益。

速度

有效的结构化会谈的另一个基本技能是速度。在会谈中,治疗师需要不断提醒自己剩下的时间,并巧妙地将讨论引导到可以帮助患者在结束后感到好一些从而在下周过得更好的方向上去。治疗室里最好有可以让治疗师和患者都看到的两个钟表,这样可以使得他们及时提醒自己会谈的进程和剩余时间。会谈结束之前,治疗师需要全神贯注地讨论最后的问题,最好花 5~10 分钟。这样可以让患者和治疗师及时结束对某问题的讨论(或者一起决定在下一次会谈讨论这个问题),复习和记录会谈最重要的结论和家庭作业,就患者对会谈的反馈进行讨论。

中断

治疗师如果不巧妙地中断患者讲话,就无法按照正常的速度进行会谈,也无法完成治疗目标。患者一开始并不明白治疗师为了有效地帮助他们,需要知道哪些信息。一些患者(和他们的治疗师)认为,治疗师需要知道患者个人经历的所有细节以及存在的每个问题,这样对于治疗才会有所帮助。或者他们认为治疗师需要知道对患者来说算作挑战的每一件事,或者他们放在心上的每一件事。实际上,治疗师通常需要足够的信息来对患者进行概念化,比如确定哪一个问题最重要、最值得展开工作;在解决问题时,什么样的背景信息最为重要,以及必须要矫正哪些认知和行为等。

因此对治疗师而言,温柔地中断患者的讲话非常重要——例如,可以说:"我可以暂时打断你一下吗?我想要知道我是否明白了你说的内容。"或者说:"我可以问一下有关这方面的问题吗?"或者说:"很抱歉打断你，但我想知道……"由于被打断而有些烦恼的患者会在情绪、身体语言或者语调上表现出变化。第四章和第五章描述了如何应对这样的情形。假如治疗师不确定打断患者对其造成的影响，他们可以直接询问：

> ❖ "我很抱歉总是打断你讲话，但是（为了更好地了解你的情况／找到你问题的出处／发现那些最让你痛苦的事物）这对我来说非常重要。这是否让你感到非常困扰？"

如果患者的回答是肯定的，治疗师就需要和患者商定会谈的结构，或者尝试了解患者是否能够容许陈述被中断——然后在会谈的最后，决定是否需要在下次会谈中做出相应改变。

患者和治疗师的功能不良假设

那些影响到治疗结构的典型假设往往反映出了患者的功能不良想法，这些想法和患者自身、治疗师以及他们处于治疗之中有关：

- "如果我的治疗师打断我，说明她不在乎我／不想知道我放在心上的事情／尝试控制我／在贬低我。"
- "如果我的治疗师打断我，她就会遗漏可以帮助到我的关键信息／就不会理解我。"
- "如果我的治疗师将会谈结构化，我就会感到不舒服／不得不暴露我的秘密／不得不直面我的问题，然后处理它们。"

有时候治疗师同样会做出适应不良的假设：

- "如果我打断患者讲话，我就会遗漏重要的信息。"
- "如果我将会谈结构化，我就会伤害我们的治疗联盟。"

带有这些假设的治疗师需要评估他们的想法，然后进行实验验证。假如治疗师的确遗漏了重要的信息，他们可以进行更加彻底的询问。假如治疗联盟遭到破坏，他们可以尝试修复关系。

当患者感到苦恼的时候，他们往往会只注意近期最让自己心烦的事件或者这周里最让他们烦恼的事件。有时候，这些话题的确非常重要。然而，除非治疗师打断患者，否则他们无法获得做出这种决定的数据信息。如果治疗师没能中断患者的讲话，就会使患者错过获得那些最能帮助自己的信息的机会，从而也无法从会谈中获得最大程度的收益。

以哈丽特为例，她带着非常糟糕的情绪进行会谈，因为她刚刚又和自己已成年的女儿吵架了。假如治疗师不打断哈丽特的话，她可能直到会谈结束都不会发觉自己面临着一个更加紧迫的问题：政府将终止对她的公共援助福利，因为哈丽特一直没有填写必要的表单，也没有和社工见面。

有时候，治疗师可以练习对自己功能不良的假设做出具有适应性的反应，从而从中获益——例如：

> "中断患者的讲话让我感到不太好受。但是过去的经验告诉我，不打断他就无法完成会谈内容。我可以尝试中断一下，看看会发生什么。如果他变得很痛苦，我可以先道歉，然后告诉他，我之所以打断他，是因为这对帮助他解决问题非常重要。换句话说，这不是一个问题。"

在对会谈结构化的过程中解决问题

本章和第九章会介绍按照标准结构安排会谈时出现的问题。本章会讨论在会谈初期（在患者进行心境检查、议程设置、把两次会谈联系起来以及确定议程项目先后顺序的时候）和会谈结束时（在总结和引出反馈的时候）出现的难题。下一章还会介绍在标准结构的会谈的中期出现的问题：讨论议程主题和设置家庭作业。

需要重点强调的是，治疗会谈开始呈现的标准成分看似是独立的项目，实际上，经验丰富的治疗师常常将这些成分混淆在一起，使之相互协调。

心境检查

让患者填写标准症状检测清单，例如贝克抑郁量表（Beck et al., 1961）、贝克焦虑量表（Beck, Epstein, Brown, & Steer, 1988）以及贝克绝望量表（Beck, Weissman, Lester, & Trexler, 1974），在每次会谈前都这么做非常有益。或者患者可以按照 0~10 或者 0~100 的评分等级评价他们的心境，或者直接按高中低三级评价自己的痛苦程度。此外，治疗师需要引导患者将过去一周与其他几周相比较，并做出主观报告。然而，患者有时候会因为评价自己的情绪而变得烦恼。下面的例子说明了治疗师应怎样在心境检查之前做到不伤害尚不稳固的治疗联盟。

尽管安德里亚在首次评估中勉强填写了症状检测清单和其他表单，但她在首次治疗会谈中断然拒绝完成这些内容。（"我绝对不会再填写它们了。"）在认定这个问题与安德里亚其他问题相比没那么重要的时候，她的治疗师不再对此进行强求，并尝试用其他的方式了解相关信息。

治疗师：你填写（抑郁和焦虑）量表了吗？
安德里亚：（直截了当地）没有。
治疗师：我想要知道上次评估之后你感觉如何。会谈结束后你可以完成它们吗？
安德里亚：我真的不想这么做。这些不适合我。

第八章　将会谈结构化时遭遇的挑战

治疗师：那么我们就试试用其他的方式来评估你的情绪吧。假如100对你来说意味着最痛苦，而0意味着一点也不痛苦，那么本周你的情绪数字是多少呢？

安德里亚：（烦躁地）我不知道。（停顿）我讨厌这么做，看起来好不自然。

治疗师：你是否愿意用你自己的话告诉我，和以前相比，你这一周的感觉怎么样？

安德里亚：我不知道。我感到很不舒服，这就是我的感受。

治疗师：（共情地）我感到很遗憾——听起来，你这周过得不太开心。

安德里亚：是的。

治疗师：（尝试获得更具体的信息）这周最糟糕的事情是什么？

安德里亚：全部都很糟糕。

治疗师：你能否给我一个感觉糟糕时候的例子？（给出选择）这是最近几天发生的吗？还是这周头几天的事情呢？

安德里亚：（思考）我告诉过你，每件事都很糟糕。

治疗师：（尝试相反的方式）那么说这周的任何时间都和其他时间一样糟糕了？（给出选择）你在电视上看到了什么好节目吗，或者有没有吃上一顿美餐？

安德里亚：我看了一场真人秀。那个挺不错的。

治疗师：所以说这周至少还是有相对美好的时光吧。（谈话式地）你下周还会看这个节目吗？

安德里亚：是的，我会看。

治疗师：非常好。（给出心境检查的原理）你看，我询问你这周的情绪状况的一个理由，是为了发现那些美好的事物——然后你就可以多做一些这样的事情。也会发现一些不好的事物——然后我们可以尝试去调整。总体来说，你觉得这周的情绪和上一个月的情绪一样糟糕吗？或者现在会更好一点？你可以更多地去欣赏诸如真人秀这样的节目吗？

安德里亚：（思考）我不这么认为。我没感觉有多大差别。也许现在更糟糕了。

治疗师：好吧，我希望以后在每次会谈开始时，都可以继续密切关注你的情绪，然后我才会知道我们的治疗方向是否正确，或者是否应根据情况对治疗做出一些调整。可以吗？

安德里亚：（勉强地）可以。

谈话进行到这里，治疗师在和患者交流的时候既有灵活应对又有妥协。如果她仅仅是催促安德里亚评估自己的情绪，那么原本并不稳固的治疗联盟就可能会恶化。在第二次会谈开始时，治疗师再次温和地征询患者的意愿，让其评估自己的情绪。

治疗师：如果我要求你评估你的情绪的话，你会怎么想呢？这是否会让你不舒服？

安德里亚：是的，可能吧。

治疗师：那么今天我就不问这个了，但是你是否可以告诉我，当我问到你的情绪的时候，这对你意味着什么？

安德里亚：这令我感到沮丧。我无法用简短的语言向你描述我的感受。那是一种非常复杂的心情。

治疗师：即使这种心情非常复杂，但你不认为让我理解它，对我来说非常重要吗？

安德里亚：不，不。我宁愿谈点别的。

治疗师：那好吧。（改变话题，从而维持治疗联盟）我们可以设置议程了吗？今天你希望我帮你解决什么问题？

拒绝评估自己的情绪仅仅是安德里亚表现出来的一个问题。她还在治疗师要求她描述过去一周中典型一天的日常生活时，选择了岔开话题。她坚持只将成长于"功能不良"的家庭带给自己的创伤作为议程。安德里亚在注意自己当前的情绪、功能状况以及问题上的困难源于她自己的假设，"如果我谈论自己当前的问题，我就会感觉不舒服"。她的治疗师开始略过了心境检查。随着时间的推移，当安德里亚在治疗时对于讨论自己当前的问题适应了一些的时候，她在会谈中变得更加合作，包括允许治疗师对其进行标准的心境检查。

最初的议程设置

治疗师可以在会谈一开始询问患者议程的问题，然后在这个过程中收集其他的议题。在之后，治疗师可能要总结目前所收集的议程项目，并查明患者是否还有其他想要讨论的内容。

询问患者愿意将什么内容放入议程可形成问题导向的议题。但是询问患者一般性问题，例如"这周你希望讨论什么内容呢"或者"你觉得我们可以讨论什么内容呢"，可能会引出那些对患者没有帮助的议题。对这样的患者最好问：

> ❖ 今天你希望我帮助你解决什么问题？

然而，这个问题对很多患者来说仍然过于开放，对那些低功能患者更是如此。治疗师需要带领患者设置议程。（例如："亚瑟，我们可以检查一下你在家处理事情、服药以及和他人相处的情况吗？我想知道是否还有别的可以加入议程的内容。"）

当治疗师尝试和患者设置最初的议程时，一些困难会伴随着挑战性问题出现。这些困难会是：

- 没有反应。
- 透露出不愿进行治疗。
- 拒绝说明重要的问题。
- 描述一个问题，而不是直接命名这个问题。
- 因为自己说出来太多的问题而开始感到不堪重负。

下面会讨论这些困难。

当患者说"我不知道"

有时候"我不知道"正是对实际情况的反应；患者可能感到在各种困难面前不堪重负，或者因为需要治疗师问他们更多的问题来帮助自己列出需要解决的困难而产生的紧张情绪让他们不知所措。有时候，患者没有反应，说明问题可能出在治疗上，例如，"如果我告诉治疗师我的问题而显得我很脆弱，她就会伤害我"。有时候，这也反映了患者回避式的应对策略，例如，"如果我把'获得一份工作'放在议程清单上，我就必须得试着找一份工作了——那真的不是我想做的事"。

案例

亚瑟是一位患有慢性抑郁症的31岁男性，没有工作，并仍和父母在一起生活。他最初只是想讨论自己存在的问题，一开始并不是很投入，而且明显不是很愿意设置议程。治疗师将方式改变为对亚瑟上周生活的回顾，以此促使他参与治疗，识别议程中重要的问题。

治疗师：今天你有什么问题，希望我帮助你？

亚瑟：（迟疑地）我不知道。

治疗师：（回顾上次会谈的记录）我们是否可以讨论你和父母之间的问题？或者你对自己的生活有什么不满意的地方？

亚瑟：我想可以。

治疗师：还有其他的内容吗？
亚瑟：没有了。
治疗师：(从上一次会谈过渡过来) 好，让我们来聊一聊你的近况吧。这周你有什么想让我知道的？这周你过得如何？

在完成将两次会谈联系起来的讨论之后，治疗师再次尝试设置议程。

治疗师：(总结) 好，听起来你和父母的情况仍然非常不妙，但是在这周的时间里，你觉得没有那么抑郁。你觉得我们现在可以进一步讨论哪个话题？还有什么其他问题是你想要讨论的？

当患者由于不想参与治疗而不愿意设置议程时

上文提到的亚瑟因为不想进行治疗，所以他仍然不愿意设置议程。他的治疗师应该站在患者的角度，向他呈现为什么需要参与到治疗中去。

亚瑟：你知道的，我真的不想要讨论什么东西。我都不想坐在这儿。
治疗师：所以今天过来让你感到挺为难的？
亚瑟：是的，但是我不得不这么做。我父母执意要求我来的。
治疗师：所以你没有选择。如果我是你，我会感到非常生气。
亚瑟：是啊，我是说，治疗是他们的想法，又不是我的。
治疗师：你觉得，他们是在很多事情上都要支配你，还是仅仅坚持要求你过来治疗？
亚瑟：不，他们在很多方面支配我。
治疗师：可以告诉我一些具体的例子吗？

治疗师在这里没有直接设置最初的议程，而是通过对患者的不情愿进行共情，允许他宣泄自己的情绪，让患者进入到治疗中来。接下来，治疗师通过让患者感到舒服的方式说出了议程项目，进一步使患者参与到治疗中。

治疗师：你的父母好像真的在试图控制你——不仅仅是告诉你需要做什么和不应该做什么——而且还让你感觉很不舒服。那么你愿意谈谈你可以做些什么让他们不这么影响你的情绪吗？

亚瑟：（表现得更投入）你的意思是？

治疗师：在我看来，你似乎在很多时候，尤其是当你想到父母在逼迫和批评你时，会感到愤怒。（停顿）你想知道如何控制自己的情绪吗？想变得没那么愤怒吗——除非你觉得它适合你？

亚瑟：我还是不明白你想要说什么。

治疗师：那么，为什么我们不把"控制我自己的情绪"以及"和父母的问题"放在今天的议程上，然后讨论一下？（停顿）在我们开始之前，你还有什么想要解决的吗？

当患者回避将一个重要问题放入议程时

有时候，一些患者，尤其是回避型的患者，并不会把最关键的问题放入议程。

案例

罗莎和哥哥的关系长期存在问题。但因为哥哥住在其他州而罗莎一般也不和他联系，所以两人之间没有频繁发生摩擦。尽管罗莎想要讨论和哥哥的问题，但是治疗师在对罗莎进行概念化后认为，她在当前找到一份工作更为重要，因为她有限的存款就快用完了。

第八章 将会谈结构化时遭遇的挑战

治疗师：那么今天你想要解决什么问题呢？

罗莎：我想讨论我和哥哥的争执。他老是要我见爸妈，然后我就责怪了他。

治疗师：还有其他的事吗？

罗莎：（思考）呃，如果我们还有时间的话，我想讨论一下我一团糟的公寓。

治疗师：（提到一个持续存在的问题）还有，关于你找工作的进展呢？

罗莎：好，我也把它列入议程。

在确定议程项目的先后顺序时，治疗师和这位患者进行治疗时的困难出现了。

治疗师：好，让我们考虑一下如何计划我们的会谈时间。现在的问题有你和哥哥的关系、你的公寓以及找工作这三个。你想要先讨论哪个？

罗莎：关于我哥哥吧。他真让我心烦。

治疗师：罗莎，我想知道我们是否可以先讨论工作问题。你的失业保险这个月就要用光了，这让我有些担忧。万一没有找到工作的话，你是否有后备计划？

在这里，治疗师将讨论引入到她认为更加紧迫的问题上。她没有和患者商定是否要讨论工作问题，而是直接开始讨论它——获取信息。假如患者反对，治疗师就会询问她的有关讨论工作问题的自动思维。

当患者开始描述一个问题，而不仅仅是命名这个问题时

治疗师需要对患者进行社会化，使其进入治疗，这本质上是为了让患者学会从治疗中最大程度地获益。社会化过程的一部分就是患者

要在设置议程时学会命名自己的问题,而不是描述问题。治疗师往往必须打断患者并向他们展示这种技能。

案例

阿妮塔是一位36岁的家庭主妇。她从坐下来就开始说个不停:"这周太糟糕了。你知道我丈夫上周才丢掉工作,他总是特别容易发火。他还不停地抱怨。就比如昨天晚上,我和我朋友喝完咖啡回来有点晚了,他就很不高兴。他向来都很固执。他要求晚饭要在6点端上餐桌,如果不这样他就会……"

如果治疗师任其继续,这位主妇就不会发现自己其他的重要问题。治疗师有时候必须多次打断患者的叙述:

治疗师:阿妮塔,请允许我打断你一会儿。那么我们要把你和丈夫的问题放入议程?

阿妮塔:……他就会大发雷霆。如果饭做得晚了,就好像会让他大吃一惊……

治疗师:(举起一根手指)阿妮塔,很抱歉打断你……

阿妮塔:然后他就会挖苦人……

治疗师:(轻轻地在患者面前挥挥手)阿妮塔,等一下。现在有个很重要的事情。我们可以把这个称为"和鲍勃的问题"吗?你能否把它写在这张纸上?我可以花几分钟来倾听这个问题,但是首先,我需要知道你的真实感受、这周你过得如何以及其他可能存在的问题。现在,你可以就用几句话告诉我,你这周总体的情绪如何吗?

治疗师在这里不能让步,否则她就无法获得足够的信息来安排会谈治疗计划。要求患者写下议程项目并不是通常的做法,但是治疗师需要创造性地将阿妮塔的注意力重新集中起来。这样有效地打断了阿妮塔没完没了的讲话，成功地引起她注意并能对治疗师的问题做出反应。假如治疗师这么做之后，阿妮塔仍然对此反应不积极，那么治疗师可以考虑实行第四章和第五章（治疗关系部分）给出的建议。正如前面提到的，不打断阿妮塔的话，就会剥夺她思考会谈中那些最能帮助自己的信息的机会，她也就无法在会谈结束后感到好受一些，也不会在接下来的一周过得愉快。

当患者将太多的问题放入议程时

有时候，患者一进治疗室就脱口而出一堆问题，既让自己不堪重负，也使治疗师备感压力。治疗师需要打断患者的讲话，进行总结，将有关的问题归类到一个议题中去。

案例

患者：我这周过得一点也不轻松。我都不知道从哪里开始讲起好。我和邻居处得不太愉快。一次又一次，总是这样！他让我的生活变得很悲惨。然后，还有个想要解决的事情。旺达，我以前和你提到过她——她越来越变本加厉了，她尽管不是我的辅导员，却总是要我做这做那。虽然她是我的学姐，但是我的事情和她又没关系。而且西蒙（患者的男朋友）也是，我都不知道他最近怎么了。他变得忽冷忽热。他这周说了些让我非常受伤的话，不过之后马上就道歉了。我真是不明白。还有，我觉得我的钱也快花光了。我甚至都不知道自己银行里还剩多少钱，而且我已经最大程度地透支了信用卡，这周我还收到了讨债公司寄过来的收费信函。我的母亲快把我逼疯了，她一直给我打电话，就好像希望我随叫随到一样。我感觉一切都糟透了，我觉得我患上了感冒，可是我再也不能翘班了，不然他们就会把我炒了。我的室友也找我麻烦，我认为她偷了我的钱。该她做的清洁她也不做，厨房就从没有整洁过，看着特别恶心。

治疗师：（中断并总结）那么，让我们看看应该先解决什么。这里有钱这方面的问题，有和别人的关系问题，以及你的身体状况问题。如果我们只有时间讨论一个问题，你觉得哪一个最合适？

患者：我不知道。我对邻居非常气愤。还有我的室友。（思考）我想先讨论和室友的问题吧。我可以忽视我的邻居，装作没看见他。

治疗师：好，我们可以开始讨论你和室友的关系了。如果我们还有时间再讨论一个问题，你希望是什么？

将两次会谈联系起来

会谈进行到这里，治疗师收集了所需要的信息，进而设置了议程并确定了会谈内容的先后顺序，并有效地安排了治疗会谈。虽然没必要完全按照规定的顺序进行，但他们需要做到下列内容：

- 通过对本周简短的回顾来评估患者当前的功能水平（包括本周最糟和最好的部分）。
- 确定关键性事件是否即将发生。
- （在适当的时候）讨论对之前的会谈的消极反应。
- （在适当的时候）检查服药的依从情况。
- 复习家庭作业（包括酒精/药物使用情况、对其的渴望程度，以及冲动行为发生的频繁等相关情况）
- （在适当的时候）评估患者对达到目标的承诺水平。
- （在适当的时候）评估患者对核心信念的相信程度。

下文介绍了将两次会谈联系起来的议题内容。

回顾上周

不同患者将重要信息与近一周（或者从上次和治疗师联系后的这

一段时间里）发生的事件进行自发联系的程度各不相同。一些患者报告的内容太少，即使他们在治疗中并没有什么挑战性问题；而其他患者又报告了太多内容。为了对患者的问题进行概念化，治疗师需要对本周的状况进行展望，并且还要在患者最痛苦时寻找相应的信息，这样可以在会谈中更好地帮助患者。治疗师可以从患者的报告中发现重要问题，加入议程中。一些患者可能不会自发地报告某些至关重要的问题，注意到这一点很重要。这时，快速回顾患者某些具体方面的功能水平，发现需要放入议程中的问题，或许会很有帮助。

案例

劳拉是一位因患有快速循环型双相障碍而进行长程治疗的患者。病情严重时，她每周都前来治疗；感觉好一些时，治疗就不那么频繁了；而且在病情相对稳定时，她每隔六周到两个月才会进行治疗。治疗师注意到一个规律，劳拉仅仅是将预约治疗那天遇到的最让自己苦恼的问题列入议程。或许劳拉还有其他没提到的重要问题。因此，每次在会谈开始的时候，治疗师都需要将劳拉生活中几个重要方面可能出现的问题做成清单，并和她一起排查："你和男朋友的关系最近如何？和你的女儿呢？从我们上次见面到现在，你有几次忘了服药？你什么时候去见的精神科医生？她和你说了些什么？你有没做的家务活吗？你最近和母亲、姐姐的关系如何？现在你仍在读《圣经》吗？你的饮食是否规律？睡觉呢？出去散步了吗？做过什么事情吗？"如果不能发现并快速解决问题，往往会导致劳拉退出治疗。

治疗师也应该询问患者近一周的积极一面。这样做可以让治疗师强化患者，使他们做出功能良好的行为并改变想法——同时也能强化患者相信通过改变想法和行为可以影响自己的情绪和信念。回顾积极事件同样可以帮助患者认识到自己的生活并非一如既往的消极。最后，治疗师能够收集积极的信息并在会谈后半部分或者是之后的会谈中使用，以此来挑战患者功能不良的核心信念。

例如，劳拉的治疗师预期会有积极反应时，会询问她这样的问题："上个星期天你在教堂过得如何？你的小狗还好吗？你喜欢这么温和的天气吗？你为女儿织的围巾进展得怎么样？这周做了什么愉快的事情吗？"

对后续的困难进行预测

为了有效地设置议程，在下次会谈之前确定重大问题是否会发生就显得十分重要了。治疗师可以这么问：

> ❖ 从现在到我们下次见面之前的这段时间，你是否有需要我知道的事情呢？

如果患者提到了潜在的问题，治疗师可以评估这些问题，确定和上周的问题相比，是否需要优先讨论这些问题。例如，杰里和他的治疗师经过讨论决定，比起前一天和收款人发生的不愉快的事，应优先讨论如何处理一个家庭成员要过来看望他的问题。确定把即将到来的潜在问题放入议程之后就需要避免（至少在有些时候避免）在会谈结束时又提出一个重要的问题——例如，"可我忘了告诉你，我的房东威胁说，过几天就要把我赶出去"。

对上次会谈的负面反应

正如第四章和第五章所述，当患者在上次会谈的最后表现出了负面反应时，那么在下一次会谈一开始，甚至是在心境检查和议程设置之前讨论这个问题就显得非常重要。另一方面，除非治疗师对患者做出过保证，否则治疗师应能判断出，当他们预期患者随着会谈的进行会更多地参与到治疗中来，同时治疗联盟也会得到巩固时，最好将这个话题放在晚些时候来讨论。

服药依从情况

在患者形成坚持服药的模式之前，治疗师在会谈一开始便检查患者坚持服用精神药物的情况是非常有益的。"你这周服过药了吗？"

这么问只会得到"服过了"这种一成不变的答案。更加具体的问题往往会让治疗师获得重要的信息：

❖ 你这周有多少天是按照规定准时服药的？

这个问题的一个变式是：

❖ 你这周有几天没有按时服药？

如果患者没有完全服从，治疗师就可以将这个问题放入议程。

复习家庭作业

有时候，复习家庭作业的过程非常简短：患者报告说家庭作业很有帮助，他们还能够准确描述学到的内容或者说明自己如何从完成作业中获益，然后很快和治疗师决定是否继续讨论作业。而另一个极端的情况是，复习家庭作业需要花掉大部分的会谈时间，因为这时候，家庭作业的重心在患者需要帮助的主要问题和信念上。如果是这样，"复习家庭作业"或许应该作为议程的一项，治疗师可以继续回顾上次会谈并帮助患者确定议程项目的先后顺序。在充分复习家庭作业和留下足够时间讨论和家庭作业无关的议程项目之间，往往需要适当的平衡。

玛乔丽的家庭作业是检验自己的信念："如果我告诉别人（丈夫、姐妹、朋友、邻居）我的想法，他们就会对我发火，而且会在某些方面伤害我。"在回顾上次会谈时，治疗师确定了玛乔丽进行过几次行为实验，其中一些很顺利，另一些不太顺利。患者同意等他们确定了议程先后顺序之后再详细地讨论家庭作业。实际上，玛乔丽和治疗师认为她的工作问题更加紧迫，所以他们在之后只花了一点点时间回顾行为实验，并且都同意在下次会谈时进行更充分的讨论。

当复习家庭作业时，治疗师需要发现，患者在多大程度上完成了家庭作业。和前文提到的服药问题相同，诸如"你阅读治疗笔记了吗"这种问题往往无法像下面的提问一样获得有价值的信息：

> ❖ "在上周，你多久阅读一次治疗笔记？"

治疗师询问本杰明，在过去一周里，他开车去超市的频率是多少，这是一个关于广场恐惧症等级的重要练习。本杰明最开始报告说，自己"绝大部分时间"都在进行练习。而在进一步询问之后，他承认自己只去过两次，这远远达不到练习应对技术和熟练掌握任务的要求。在治疗师安排会谈时，了解这样的信息就显得十分重要。

研究显示，完成家庭作业的患者比起那些没有完成的人，能够达到更好的治疗效果（Persons, Burn, & Perloff, 1988）。因此治疗师应该强调完成作业的重要性，并且和那些没能完成作业的患者一同检查，看看是什么阻碍了他们。

在适当的情况下，会谈刚开始时，同样是检查物质使用情况的好时机。

> ❖ "这周你有几天（饮酒了）？一天中你最多会（喝）多少，最少是多少呢，平均呢？"

当治疗有物质滥用问题的患者时，了解他们的物质使用频率和对物质的渴求程度同样是重要的。即使患者没有饮酒或使用药物，对他们如何处理自己的渴求进行讨论，也可以表明是否有必要将这个议题放入议程。同样的，不太愿意提供物质使用真实信息的患者或许会承认自己有渴求，因此也可以发起一个重要的讨论。

承诺实现目标

如果患者没能完成家庭作业，或者看上去的实际表现和达到目标有些矛盾，又或者没能集中精力解决问题，那么在治疗会谈开始时评估他们希望实现目标的程度是不错的。治疗师可以这样说："你的目标是希望在家里会感觉好一些,那么现在,你实际上有多想实现它?"假如患者给出了承诺,但其实现动机不是很强烈,那么治疗师可以考虑将精力放在其他的议程上,或者看看患者这时候是否愿意将其设置为议程项目,进而讨论为了实现该目标而努力的利与弊。

例如,赛琳娜是一位22岁的女性,患有神经性厌食症和抑郁症。她和父母住在一起,一部分时间在学校,一部分时间做兼职。尽管她正在从进食障碍中恢复,但是有时候还是会出现饮食限制和过度锻炼的情况。她自己对此不是很重视,而且还对自己的各种功能不良行为进行合理化。在每次会谈开始时,治疗师通过询问赛琳娜在多大程度上想要实现自己独立的目标,来帮助她更多着眼于未来,并对自己功能不良的行为少做一些自我挫败的评价。

核心信念的强度

一旦治疗师和患者开始修正核心信念,那么治疗会谈开始时就是监督检验患者在理性和情感层面对旧核心信念的相信程度的好时机(见第十三章)。

> ❖ "那么我们刚才一直在讨论你觉得自己'什么也不是'这个想法。现在你有多相信它?从理性层面看来有多相信?情感上有多相信?在这周里,你何时最相信它?最不相信的时候呢?"

简短的讨论可以提供重要的信息。这些信息可以在晚些时候,当治疗师和患者讨论核心信念时,用来作为相反的证据和对新的更具适应性的信念的支持。在会谈中,这样的讨论同样可以提醒治疗师和患者警惕被激活的信念,需要考虑在信念之下是否潜藏着需要放入议程的东西。

确定议程的先后顺序

一些患者非常明白哪些议程项目最重要、最需要讨论。然而,一些患者很难弄明白什么是对自己最有用的——或是会主动避免讨论他们的关键问题。正如前文所提到的，治疗师要仔细考虑两个时间范围：在会谈结束时，什么最可能帮患者感到好些？在接下来的一周（数周）中，什么最可能给予患者最大程度的帮助？

当有许多问题让患者感到不堪重负时，治疗师可以尝试各种各样的技术。一些患者不需要太多引导，就能够选出重要的问题：

> ❖ "听起来好像有一大堆让你感到苦恼的问题。这一定非常难吧……既然我们可能只有时间讨论一个或者两个问题，你可以告诉我哪个对你来说更为重要吗？"

对于其他的患者来说，分组总结问题十分有用：

> ❖ "所以说，现在有这么一些问题（工作方面的问题、和丈夫与孩子的问题，以及感到焦虑和孤独的问题），你希望我们从哪个开始讨论？"

尽管仍然是采用共同商定的方式，但如果治疗师认识到什么内容对患者来说非常重要，或许可以加强对话的指导性：

> ❖ "你也知道，有一些事情并不是短期内就可以解决的。我想，这周我们是不是应该先讨论一下'母亲过来看望你'这件事？因为这个情况似乎曾经让你感到很糟糕。（停顿）你觉得怎么样？"

讨论议程内容和设置家庭作业

这部分作为治疗的重心将在下一章详细讨论。

小结

会谈期间，治疗师意识到患者此刻的情绪体验和他们对会谈内容的理解程度是至关重要的。治疗师需要知道患者正在想什么以及他们会如何反应——这往往难以判断，除非治疗师直接问这样的问题：

第八章 将会谈结构化时遭遇的挑战

> ❖ "你可以总结一下我们刚才的谈话内容吗？"
> ❖ "这里的主要信息是什么呢？"
> ❖ "你觉得我的想法怎么样？"

接着问下面的问题也非常重要：

> ❖ "对此，你的想法是什么？……你有多相信那个想法呢？"
> ❖ "你对我们刚才讨论的内容有什么感受？"

如果患者做出了准确的总结，但对此却抱有疑问，那么治疗师应当欢迎患者提出疑问并引出他们的自动思维：

治疗师：你可以做一下总结吗？你觉得我在这里说得对吗？
患　者：让自己感觉更好的一种方式可以是尽量多地活动起来。
治疗师：完全正确！那么你对此是怎么看的？
患　者：我不知道。我按照你的建议尝试去做过，但是真的没什么帮助。
治疗师：所以你的想法是"即使我尽量多活动，也不会有帮助"。然后你就一直感到没有希望了？
患　者：是的。
治疗师：现在你有多相信"即使我尽量多活动，也不会有帮助"这个想法？

然后治疗师可以使用标准的苏格拉底式提问，设置行为实验，从而使患者可以检验自己的假设。假如治疗师不能探明患者的不良反应，也许就无法发现患者的疑虑——所以就不会有机会来解决它。

如果患者的总结不够准确或者合适，治疗师可以温和地纠正——假如患者因此而沮丧，治疗师需要解决患者的苦恼。

治疗师：你可以总结一下我们刚刚谈论的内容吗？

患者：（生气）好吧，你刚刚在说，只要我脸皮够厚，我的功能不良的家庭就不会让我感到崩溃了。

治疗师：好，你说的有一部分是对的，可是我绝对不认为这仅仅是脸皮厚不厚的问题。（停顿）如果你愿意的话，我觉得我们需要一起努力来帮助你面对他们，而且要帮助你学会如何忽略他们——这样一来，他们就不会让你感到那么难过了。（停顿）你觉得怎么样？

治疗笔记

在构思好总结之后，治疗师通常会要求患者用笔记下来，或者帮助患者写下来。很多患者会忘记在门诊室听到的很多内容（有关对相应困难的详细描述，见 Meichenbaum & Turk, 1987）。因此治疗师应当假定，这种情况同样会发生在进行心理治疗的患者身上。为了帮助治疗师觉察到患者需要记住的内容中哪些是重要的，他们在整个治疗会谈过程中要不断问自己：

❖ "我希望'这位患者'在本周记住什么内容呢？"

然后，治疗师帮助患者制作适合自己的治疗笔记。这些笔记可以包含适应性想法（应对功能不良认知或患者自己的推论），改变自身行为的指导语，或者是家庭作业。患者或者治疗师可以在索引卡、笔记本或者纸上记下这些提醒事项。随后，治疗师可以复印这些笔记（如果不想复印，治疗师可以使用无碳复写纸来记录）。或者，治疗师和患者可以使用录音带记录"治疗笔记"。

患者回家之后就可以随时回顾他们在会谈中得出的最重要的结论（也可在接下来的一周和治疗疗程结束后复习）。定期阅读（例如，在早饭和午饭前阅读）的同时，再根据需要阅读治疗笔记，可使患者获益。治疗师有时候需要创造性地帮助无法阅读治疗笔记或者没有录音设备的患者。患者可以画一幅图或用符号帮助自己记忆，或者可以有选择地请求特定的人阅读笔记给他们听。

这些治疗笔记实际上是患者"可以带回家的治疗"。鼓励患者定期阅读笔记来帮助他们改变认知和行为是极其重要的（有关该主题的详细信息，见 J. Beck，2001）。

反馈

正如第四章和第五章所描述的那样，如果患者对治疗师、对治疗或者是对自己的自动思维影响了治疗关系而无法解决其问题，在会谈中引出反馈就显得非常重要。尽管如此，一些患者在会谈中还是会掩饰他们的不悦，这也就是谈治疗师在会谈结束后寻求反馈如此重要的原因：

> ❖ "你觉得今天的会谈怎么样？"
> ❖ "这次会谈有什么让你感到困扰的事情吗？"
> ❖ "有没有什么事情，你觉得我没做好？"
> ❖ "有没有什么是你希望我们在下次会谈中改进的？"

第四章和第五章介绍了如何应对没有表露出不舒服的患者和明显表现出难受的患者。重要的是要在会谈最后留出足够的时间讨论那些消极的反馈。假如时间不够，治疗师无法在当时讨论这个问题，他们需要向患者道歉，并对那些仍处于痛苦中的患者进行鼓励，激发他们在下次约定的时间前来的积极性。

> ❖ "我很高兴你告诉我（你感觉在这件事上我是站在你家人那边的——事实上我绝对没有那样的意思）。这点真的很重要，而且我很抱歉我们现在没有时间讨论这个问题了。你愿意在下次会谈里将它作为第一个需要讨论的事情吗？"

何时不需要将会谈结构化

有时，治疗师对结构化会谈做出的负面假设确实是正确的。打断患者的讲话可能会导致治疗师遗漏重要的信息。会谈开始时，治疗师或许想要抓住一个主题进行讨论，然后却激活了患者的核心信念而无法再开始设置议程。患者在情绪上准备好解决问题之前，可能需要通过倾诉来减压。而且过于坚持严格的结构可能会破坏治疗联盟。当治疗师基于观察到的信息认为这些后果有可能发生时，他们应当降低会谈结构化的程度，至少在会谈开始时要这么做。

即使当缺乏指导在治疗师看来对治疗不利的时候，一些患者仍然不愿意让治疗师引导整个会谈。治疗师对此往往别无选择，只能妥协。如果排斥的程度不是很剧烈，双方可以共同协商在会谈中的一段时间内不那么结构化，而在接下来的一段时间更结构化一些，这是一个不错的选择。如果患者非常排斥，他们可能就需要进行一些非结构化的会谈："多拉，你知道你可能是对的。少一些结构化的会谈也许会让你感到舒适一些。你觉得这样如何？让我们进行三次非结构化的会谈。如果你在这三次结束后明显感到好点了，我们就知道我们应该继续按照这种方式进行会谈。如果你没有明显感觉好点，我们就知道会谈需要做一些改变。兴许在那时，我们可以集中精力进行问题解决的行为实验。（停顿）你觉得怎么样？"

总　　结

按照标准结构进行会谈有时候是困难的。另外，治疗师做出改变时需要非常小心，才能使治疗被患者所接受。给出结构化的理由，检验患者对于被打断的容忍程度，以及修正患者的（和治疗师的）假设，

第八章 将会谈结构化时遭遇的挑战

这些方法可以使治疗师按照一种最适宜的、高效的治疗方式将会谈结构化。良好的结构通常可以将有限的治疗时间最大限度地利用起来，还有助于追求正在进行的目标、渐进地学习心理和行为技能，以及在长时记忆中记住重要信息。但照搬设置好的结构进行会谈可能无法适用于所有的患者，而且每次会谈都遵循一组固定的活动模式，也不一定对所有患者都有益。良好的结构说到底只是一种手段，而且我们应当评估标准的结构，看看它和患者的"适合度"如何。

第九章
解决问题及家庭作业中的挑战

患者仅在治疗会谈中谈论自己的困扰是不够的,这是认知疗法的一个重要宗旨。他们需要在**会谈中**关注解决自身问题的方法,并**在会谈后**尽力去实施这些解决方法。治疗师的第一个挑战是使患者聚焦于一个重要的问题,并向治疗师描述这个问题以及相关的功能不良的认知。第二个挑战是使患者采纳一套问题解决的思维方式,这样他们才能积极地与治疗师合作,从而对障碍性的认知进行应对,同时在适当的时候设计一套问题解决的方案。患者,特别是那些具有挑战性问题的患者,他们的能力和意愿是不同的,至少在最初的时候是不同的。

在前一章中,我们已经提到了在问题解决中的一些困难:患者不愿意设立议程或命名问题,提出过多的问题,或者拒绝提出重要的问题。在第四章和第五章中,我们提到了一些与治疗关系相关的其他困难:当治疗师尽力聚焦于问题解决时,患者会认为自己不被理解或者治疗对自己无效,或者对治疗师生气。

在本章,我们会提到其他一些问题。首先,用一些案例说明不同的患者在解决自己的困扰以及完成家庭作业态度、能力上各有不同。接下来的部分描述了如何使用并调整标准的策略来帮助患者解决问

第九章 解决问题及家庭作业中的挑战

题,并完成随后的家庭作业。之后,对患者典型的功能不良信念进行了描述并提出了一些干预建议。然后通过一个扩展的案例呈现了本章介绍的许多策略。最后,当患者没有进展,或者所提供问题解决方法不合适时,我们提供了一些指导方法来告诉治疗师应该怎么做。

对问题进行工作时患者的反应

下面的例子阐述了四位患者在问题解决的方式上存在怎样的不同。他们有一个共同的目标:打扫并整理他们的家。同时,他们也有一个相同的问题:会花大半天的时间坐在沙发上看电视。在第二次治疗会谈中,每位患者都对解决这一问题表达了不同的看法。

- 容易治疗的患者清晰地描述了问题,并投入到问题解决的过程中。在会谈中他想:"我们在为解决这个问题而努力,这真好。我的治疗师看起来能够理解我这种不堪重负的感受。这周我也许可以尝试一些小改变。我可以看看这会如何帮助我。"尽管他有一种认为自己无法应对的信念,但他仍然愿意之后再做评判并对家庭作业进行尝试。
- 给治疗带来挑战的患者1表面上同意去尝试一些小任务作为行为实验,但他的想法是:"我知道这件事会使我感到很疲惫,情绪很低落,以至于最终会无法完成。即使我尽力了,我也不能做好这件事。"事实上,他有一种强烈的信念,即他是无助且没有能力的。
- 给治疗带来挑战的患者2,当治疗师尽力让他投入到问题解决的过程中时,他不断地改变主题。他想:"我不想做这些。"隐藏在表面下的信念是:"如果我不得不去做我不想做的事,我会觉得自己很不重要。"
- 给治疗带来挑战的患者3表示他甚至不愿意去描述问题,他说相比于他生活中的主要问题，这件事既没价值也不重要。他想："我的治疗师会竭尽所能让我去做各种事情。"隐藏在表面下的信念是：即别人会尽力控制他，如果他听从了他们，他就是弱小的。

即使治疗师能够使患者聚焦在问题上，进行问题解决，同意做家庭作业并认真地完成作业，困难也可能仍然存在。上文提到的每个患者对自己的体验都有不同的看法，这会影响到他们参与**进一步**的问题解决和行为改变时的动机和意愿。

- 容易治疗的患者："这真是太棒了！我真的可以做到。我猜我的确拥有足够的能力。治疗真的很有帮助。"
- 给治疗带来挑战的患者1："我做了所有能做的，但我做得不好，现在感到筋疲力尽。治疗对我没有帮助。我永远不会好起来了。"
- 给治疗带来挑战的患者2："我做了所有能做的，但我讨厌这些事。为什么我要把时间花在这些苦差事上，这不公平。"
- 给治疗带来挑战的患者3："我做了这些事情，但是没有任何帮助。这根本就是杯水车薪。现在我的治疗师和我的家人会期待我做更多的事情。"

就像在上文提到的，患者的认知会促进或阻碍他们在行为上做出哪怕是很小的改变。当改变发生后，患者的想法会影响他们是否愿意将改变进行下去的决心。**当患者无法正常工作或生活时，让他们在日复一日的生活中做出些改变对于情况的好转是非常必要的。**对于许多患者，特别是那些抑郁的患者来说，这意味着他们要变得更主动，尽量不去回避并寻找更多的机会来体验掌控和愉悦之感。（当然，对于

第九章　解决问题及家庭作业中的挑战　　219

那些试图承担太多责任的患者来说，治疗师的目标是不同的：避免承担不必要的任务，并安排更多的休息、放松和娱乐的机会。）

容易治疗的患者大多都相信，聚焦于问题解决是十分有用的，他们相信自己有足够的能力做出改变，相信改变会使他们好转并拥有更好的生活。另一方面，给治疗带来挑战的患者可能会有许多功能不良的认知。他们会认为自己的问题是无法解决的，或者自己没有能力解决自己的问题；会认为聚焦于问题解决会使自己感觉更糟，而不是更好；会认为如果暴露出自己的问题，治疗师就会以某种形式伤害自己；会认为同意做出改变意味着自己很无能或不如他人；或者会认为在会谈间隙做出实际的改变在某种意义上会让自己变得弱小，或使情况变得更差。在最初的目标设置阶段，这些类似的认知也会被激活，并对目标设置产生阻碍（见第七章）。

然而在这些患者中，有一些人能够通过标准的技术修正他们的信念，对他们的治疗能获得良好的进展。而对于在另一个极端上的患者，在他们愿意做出任何显著的改变之前，治疗师需要对他们进行大量的修正信念的工作。

使用并调整标准的策略来促进问题解决

治疗师在使患者聚焦于问题解决以及在家庭作业中做出改变时遇到的困难可能是由患者功能不良的信念和应对策略造成的。然而，许多问题也是与治疗师在应用及调整策略来促进合作性的问题解决时所存在的困难相关。我们在下文将要描述的这些策略包括：帮助患者聚焦于一个问题；通过心理教育激发患者的动机；在解决个别问题和达成目标之间建立联系；将问题分解为能够应对的几个部分；帮助患者评估自己的控制程度；以及当问题解决方法没有用时改变方向。

帮助患者聚焦于一个问题

在患者进行问题解决时常会出现的一个困难即是：患者会在会谈中从一个问题跳到另一个问题。通常的策略是治疗师对其进行打断，并让患者意识到这一问题（然后共同决定究竟关注哪个问题）：

> ❖ "抱歉打断你，我只是想要确定我们应该谈论什么。开始时，我们谈论的是'你在晚上感觉有多孤独'，但现在我们换成了'与你的前夫相处'——你觉得目前哪个问题更重要呢？"

如果患者对于聚焦于一个问题没有功能不良的认知，那么当治疗师试图协同患者有效地对会谈进行引导时，患者对此的反应可能就会很好。

如果患者在聚焦于解决一个问题时的痛苦程度太高，就会出现第二个常见的困难。罗伯塔和同事发生的争吵让她太过于心烦，以至于无法采用问题解决的思维方式。治疗师表达了共情，然后给了患者一个选择：

> ❖ "你感到如此痛苦，这让我很难过——似乎你越多地谈论'道格拉斯如何影响你'，你就会感觉越糟糕。（停顿）你认为如果现在谈论'一个较为次要的问题'，晚点儿再回过头来谈论道格拉斯，这样会不会更好？"

通过心理教育激发动机

有些患者需要额外的心理教育，才会愿意参与到问题解决中来。重要的是要告诉患者，仅仅来参与治疗并不会减轻他们的痛苦并帮助他们变好。他们需要每天都在想法和行为上做出一些小的改变。

比如，患者可能回避谈论如何能让自己变得更为主动。治疗师需要向他们解释，如果想要变好，那么参与一些可能会增加愉悦感和掌控感的活动将非常重要。治疗师可能需要帮助患者认识到，光是**等待**

自己感觉好转到可以去参加这类活动的程度，对他们并没有用——毕竟他们还是有症状的。有些患者认为，只有当自己感到有动机了**才能**行动。治疗师要帮助他们意识到，一旦自己开始了某项活动，他们就可能会感受到强烈的动机。

当患者认为自己没有足够的能力完成一项任务时，治疗师可以用"生火"做比喻。收集木柴并将其摆放合适是需要花费相当大的体力的。但点燃火柴，并不时丢些木柴进去却只需要相对较少的体力。类似的，开始一项任务会花费相当一部分精力（有时还有体力），但一旦开始了，患者会发现继续下去反而更容易。

治疗师的自我表露或者回顾患者的自身经历也会起到帮助作用，这会向患者证明，最艰难的时期往往是一项任务开始之前（可能还有接下来的一两分钟），对于那些正挣扎于决定是否开始某项任务的患者来说，尤其如此。

另一个有用的例子是询问患者目前有什么事情是自己自动去做的，且当时不用思考自己有多少动机或者有多想去做——例如，刷牙。他们不会为做决定而挣扎；他们认为这么做是理所应当的。要让患者将那些对他们的痊愈至关重要的活动放入同样的"理所应当去做"的类别中去，这是很重要的。

在解决个别问题和达成目标之间建立联系

对于一部分患者来说，在他们能够全身心投入到对议程中的某个问题的讨论之前，治疗师需要提醒他们为自己设立强烈渴望达成的目标，就像在前一章中提到的那样。在对凯尔列在议程中的一个问题（他和主管的争执）进行讨论之前，治疗师检查了一下，对于凯尔来说，目前达成改善工作环境的目标有多重要。再举个例子，卡西没有动力去尽力解决安排家庭生活的问题（支付账单、让收支平衡、处理日常琐事），直到治疗师帮助她看到这些活动和她的目标之间的联系。

她强烈希望达成的目标是从父母的家中搬离出去。当治疗师让她设想自己自豪并愉快地走入自己的新家时，她的动机得到了进一步激发。

将问题分解为能够应对的部分

患者常常认为自己的问题无法解决，因为他们将问题看成是无法抵挡的大家伙。索尼娅是一个分裂情感性障碍患者，她感到自己无法收拾屋子，会坐在椅子中等待几个小时，希望上帝能够告诉她该做什么。直到治疗师帮助她意识到上帝可能希望她变得更有效率而不是消极被动的，她才同意根据实际情况做一些决定。她和治疗师讨论了每天必须完成的三个任务：铺床，收拾卧室以及洗碗。她同意选择一个目前看来最容易的任务。参与到第一个任务中常常会瓦解她无助的图式，然后她就能够继续完成其他的任务，甚至是没有列出来的任务。

如果患者在处理某个问题的一些小的方面时感到痛苦，治疗师就需要帮助他们意识到让自己好转的方法是每天做出一些小的改变，小的改变会累积成大的改变，同时小的改变会使患者变得更加坚定，让他们有能力在未来做出其他显著的改变。

帮助患者评估对某个问题的控制程度

有些患者相信问题解决不会有帮助，因为他们认为自己不能掌控这个问题。莉莉非常担心自己会失去工作；她感到无能为力、失控，并任由她那位挑剔的主管摆布。在收集了更多关于这个情况的信息后，治疗师发现莉莉可能并**没有**处在即刻会被解雇的危险下，但她可能的确在工作中表现出了一些适应不良的行为。他们讨论了为保住工作莉莉可以做的事，以及莉莉做什么将导致她丢掉工作。莉莉开始感到自己的控制感更强了，于是她得以在工作中做得更好。她保留了一份记录，并且坚持在会谈中和回家后进行这样的记录。

为保住工作我能做的事	会导致我丢掉工作的事
• 与精神科医师保持会面来决定是否需要改变用药。 • 坚持吃药。 • 在晚上 11:00~11:30 上床睡觉。 • 在工作时更多地报以微笑,即使我不想,也要抬起头。 • 阅读治疗笔记。 • 多和主管交谈。 • 坚持准时上班。	• 不去看精神科医师。 • 不吃药。 • 凌晨 1:00 以后睡觉。 • 在工作时孤立自己,不和任何人有眼神接触,不微笑,低头。 • 不阅读治疗笔记。 • 不停地告诉自己"我要被解雇了。" • 完全回避主管。 • 上班迟到。

在记录纸(莉莉带回家的每天要阅读的材料的副本)的底部,她写下了她的结论:

> **当我认为自己做不了什么来保住工作时**
> 对于保住工作,我可能比自己想的要更有控制力。我可以通过做左边的事并避免右边的事来尽可能保住工作。我真的很想继续做我的工作,即使我感到不舒服或有情绪,做这些事仍然是值得的。

当问题解决没有用时改变方向

有时候,治疗师会发现他们在某一特殊问题上并没有取得任何进展,这时需要双方同意来改变讨论的重心或者改变主题。

案例

奥利维亚是一个分裂情感性障碍患者,每隔一段时间,当她抑郁时,她会变得很多疑。然而当她处于稳定期时,她就不会怀疑其他人别有用心。她的治疗师猜想,当她抑郁时,她对于同事的负性看法是歪曲的。

当治疗师第一次尝试探讨奥利维亚对于其他人的多疑想法时,她的症状较严重以至于无法评估自己的认知。于是治疗师建议改变讨论的重点。他们开始探讨奥利维亚该如何应对工作,即使其他人对她很苛刻。他们一致赞同:如果奥利维亚能装作若无其事,保持笑容,并保持中立地回应他们就最好了。之后他们谈论了其他人的批评挑剔意味着什么——这是否会导致她丢掉工作——以减少她灾难化的担心。她的家庭作业除了阅读治疗笔记之外,还有尽力表现自如,并注意她的同事是如何回应自己的:他们的表情、肢体语言、话语以及语气。

当奥利维亚不那么抑郁并不再认为她的同事怀有恶意后,她的治疗师回到了最初的问题,并帮助她准备好接受一种新的可能性,即在下次变得抑郁时,她得出的认为同事有负性意图的结论可能是错误的。

使用并调整标准的策略来促进家庭作业的完成

有挑战性问题的患者常以无法坚持完成家庭作业而著称。下文描述的策略对他们会比较有效,除非患者存有妨碍治疗的信念(在本章的最后会进行描述)。治疗师应该认真地设计作业,确定患者有多大可能坚持完成作业,找出并处理可预见的阻碍及妨碍性认知,帮助患者发展出对于完成多少作业才会有帮助的理性期待,在做完家庭作业后处理负性的思维,在下次会谈回顾作业,以及在合适的时候对患者为何难以做作业进行概念化。

认真地设计家庭作业

当治疗师做到以下几点时,患者更可能完成家庭作业:

- 根据患者的个人特点对家庭作业进行调整。
- 提供基本原理。
- 和患者共同讨论布置作业。

第九章 解决问题及家庭作业中的挑战

- （在合适的时候）邀请患者在会谈中就开始做作业。
- 确保作业已经被写下来。
- 帮助设置提醒系统。
- 预先处理潜在的问题。

就像下文描述的那样，治疗师也可能需要推荐一些更简单而不是更困难的任务，详细说明患者在每个作业上需要花费的精力和时间，使用其他的称呼来代替"家庭作业"，或者把作业称为实验。

推荐"容易的"作业

对于那些有挑战性问题的患者，他们的治疗师在设计作业时需要特别小心谨慎，并且常需要确保作业对于患者而言相对容易完成。治疗师常会过度低估任务的难度，或者低估患者充分激发并组织自己完成任务的能力。例如在治疗早期，如果有挑战性问题的患者阅读了治疗笔记，而没有尽力去完成功能不良思维记录表（J. Beck，2005），那他们更可能有能力对自己的思维做出有效的反应。许多患者也缺乏必要的技能，如合理安排生活和有效地利用时间。他们需要有关这些技能的指导，在布置家庭作业时需要据此进行相应的调整。

详细说明作业的频率和持续时间

有挑战性问题的患者常会过高地估计一项作业的困难程度，以及完成这项作业所需的时间和精力。在合适的时候，如果治疗师能够对每项作业的完成频率和所用时间给出一个范围的话，会很有帮助："你认为你可以一天两次地阅读这些治疗笔记吗，比如在早餐和晚餐时？我想这只会花不到一分钟的时间。""你认为这周你能打多少次电话（给特定的朋友和家庭成员），两次或三次？"

改变对"家庭作业"的称呼

确定患者想如何称呼家庭作业，这也是很有帮助的。一些诸如"自助作业"、"康复计划"、"会谈外治疗"或者"未完成的治疗"之类的称呼有时会让患者更容易接受。

明确地将作业表述为实验

设置相关的家庭作业作为实验，这是很有用的。研究表明，当抑郁的患者变得更主动时，他们的症状普遍都会好转（Hopko, Le Juez, Ruggiero, & Eifert, 2003）。"本周你愿意做个实验吗？我们可以找出一些你能参与的活动——然后你可以发现做这些事情会对你的感受产生什么影响。"

将行为改变设计成实验，这样即使患者没有体验到情感的积极转变，仍能帮助治疗师保持可信度。如果是这样，治疗师可以在下次会谈时找到患者在参与活动时阻碍他们获得愉快感或掌控感的那些思维。他们也可以解释说，在体验到情绪的转变之前，患者可能需要一段时间更长、范围更广的干预。

确定患者做作业的可能性

当制订了一项家庭作业后，治疗师可能要询问的唯一的也是最有用的问题是：

> ❖ "你做这个作业的可能性有多大？"

那些回答有"90%~100%"的可能性或者"非常可能"的患者通常会完成作业（除非他们过度乐观或者想要避免进一步的讨论）。那些回答有"80%"的可能性或者"我想很有可能"的患者通常会完成一部分作业，常常只是为了取悦治疗师。而那些回答有"50%"的可能性或者"我不确定"的患者则不太可能做作业。如果可能性少于90%，治疗师就需要调查那些可能妨碍患者的实际的障碍和认知——或者改变作业，以使患者能去完成。如果患者不太可能去完成一项行为任务（例如，给朋友打电话），那么较好的做法是把它变成任选的，或者做一些调整（例如，想象给朋友打电话，想想我可以说什么；看看什么想法阻碍了我给朋友打电话)。

找出妨碍性认知并提前对其做出反应

当患者在想象自己做家庭作业时,治疗师应请他们关注自己的情绪和想法,这样常能找出妨碍性的认知。在对适应性反应进行讨论,并请患者对讨论进行总结之后,患者(或治疗师)应该写下自己的结论。(另一种方法是,在当时或在会谈结束时,患者或治疗师可以对总结进行录音。)举个例子:

> **自动思维**:我不想起床。
>
> **反应**:我不想起床,这是真的,但我也不希望一直感觉这么抑郁。我需要看看,如果我起床并开始一天的生活,会发生什么。

> **自动思维**:做这些事情是没有用的。
>
> **反应**:不做这些事情并没有让我感觉好一些,而且我也没有水晶球来预言未来。如果我做了这些事情,我可能真的会感觉好一些。

> **自动思维**:做这件事不过是杯水车薪而已。
>
> **反应**:我要好转,唯一的方法就是每天做这些小事。久而久之,这些小事会累积成大事的。

> **自动思维**:我并没有好转,所以为什么要做这些事情?
>
> **反应**:我的抑郁不会在一夜之间消失。不要期望会立即感到巨大的变化。最重要的是坚持做一些有效的事情。

> **自动思维**:如果我好转了,我就不能有任何理由待在家里。
>
> **反应**:当我好转时,我会拥有是否要待在家里的选择权。我现在很抑郁,并没有选择。

> **自动思维**：我太累或太有压力了，做不了这个。
>
> **反应**：这只会花费 10 分钟的时间。任何事我都可以做 10 分钟的。不做的话会让我感到对自己的好转太无能为力了。证明给我自己看，我可以做事，这很重要。对我的能力水平给予过多的关注会使我一直停留在目前的阶段中。

> **自动思维**：我可以不做这件事（或者我可以晚点再做这件事）。
>
> **反应**：每次都坚持是很重要的。不可以推迟。做这些我市不想做的事情是对我的锻炼，能让我变强，这会帮助我达到目标。而每次拖延都是在纵容我爱拖延的习性，这会使我离目标越来越远。

> **自动思维**：我不得不做这些事情，这不公平。
>
> **反应**：如果我每天继续感到如此抑郁，对我更不公平。

多少的家庭作业量才可能起作用，帮助患者对此发展出现实性期待

对于有些具有挑战性问题的患者，在他们开始注意到自己的情绪出现变化之前，是需要积极干预的。他们要有现实性期待，这是很重要的；否则，他们会变得相当无助，并过早地结束治疗。因此，这些患者的家庭作业的目标不是让他们立刻感到有好转，而是学会一些技能（例如，规划活动或是对负性认知做出反应），并创造积极的体验，久而久之获得情绪的改善。对于这些患者，如果能让他们记录下家庭作业及其原理，会很有用。例如：

> 即使我并没有感觉好一些，每天也至少要散步 5 分钟，因为这是掌控抑郁的第一步。

对于这些患者来说，最好每完成一项家庭作业都要给予自己表扬，并使他们意识到这么做会使他们离目标越来越近。治疗笔记有助于提醒他们完成作业。

> 每次做家庭作业或任何有帮助的任务我都会提醒自己：我是值得被肯定的，尤其是在我没有立刻看到收效时。

完成家庭作业后处理负性思维

然而，有些患者在完成一项家庭作业后并没有给自己奖励，而是无意中由于负性思维妨碍了自己的进步。如果一个患者在完成一项具有潜在性奖励的任务之后并没有感觉好些，治疗师就应该找出在完成作业的过程中及作业完成后出现的妨碍性思维，并帮助患者设计一些写有适应性反应的笔记，可供他们在做完作业后阅读。下面的例子来自于本章开头描述的三个有挑战性问题的患者。

> **自动思维**：我做了这些事情，但我并没有做得很好，而且现在我精疲力竭。治疗没有用。我永远不会好转。
>
> **反应**：仅仅是做了这些事情，我就已经很值得表扬了。毕竟，在开始治疗之前，我从没有做过这些事。好转是需要一些时间的。我希望这能立即使我感觉好些，但这是不现实的。我只是需要坚持去做，并坚持治疗。

> **自动思维**：我做了所有这些事情，但我讨厌做它们。我不得不花时间在这些苦差事上，这不公平。
>
> **反应**：做这些事的确感觉像是苦差事，主要是因为我抑郁并且没什么力气。当我不那么抑郁时，它们会变得稍微容易些。同时，我也需要在治疗中付出努力，为我的生活安排一些积极事件，让生活更加平衡。

> **自动思维**：我做了这些事情，但没有任何帮助。这只是杯水车薪而已。而且现在我的治疗师和我的家人会期待我去做更多的事。
>
> **反应**：即使我没有立即变好，做这些事情仍很重要。最终，当我做出足够的改变时，我会好转的。我的治疗师希望，当我认为她对我的期望过高时，我能够告诉她。同时，如果苏西和孩子们有过高的期望，我也可以告诉他们，我需要更多的时间。

在下次会谈时回顾作业

就像在前一章中所描述的那样,治疗师在下次会谈中对家庭作业进行回顾是非常必要的。这么做强调了家庭作业的重要性,并能激发患者坚持去做作业。同时,这也给了治疗师一些机会去收集所需的信息,强化患者从作业中所学到的东西,评估患者是否愿意在接下来的一周继续做这个作业。

当患者不做作业时,对困难进行概念化

首先,确认是否有实际的阻碍干扰了患者做作业的能力——例如,患者不理解要做什么,生病了,或者的确是缺少机会。如果没有,治疗师应该评估一下自身是否遵循了相关的准则。最后,治疗师可能需要请患者回忆一个特定的时间,在那时他们想到要做作业,但没有坚持。对这一事件进行想象,就好像当下正在发生一样,这会使患者更有可能触及其妨碍性思维。对这些认知做出反应,就像下文所述一样,是确保患者在之后愿意完成家庭作业的关键。

妨碍解决问题和完成家庭作业的功能不良的信念

尽管经过了适当准备,一些患者仍然无法集中精力解决问题和做家庭作业。通常,他们根深蒂固的信念在其中起到了妨碍作用。这一部分将介绍如何找到并调整这些信念。

识别关键信念

有许多方法来揭露那些妨碍解决问题和完成家庭作业的信念:找出条件假设、挑出问题,以及使用检查清单。

找出条件假设

治疗师可以提供部分的条件假设,然后向患者询问其含义或者询问患者担心的结果:

> ❖ "如果你更深入地聚焦于这一问题/解决这一问题/开始做家庭作业,这将意味着什么?"
> ❖ "这可能导致什么结果?"
> ❖ "这可能有什么坏处?"

挑出问题

另一种收集同一类信息的方法是从患者的观点中找出为什么解决问题或做家庭作业可能是不利的:

> ❖ "在我看来,尝试去解决这个问题似乎是有利的,但我想也存在一些不利的方面。(停顿)不利方面可能是什么呢?"

如果患者没有现成的答案,治疗师可以尝试假设,并对患者的担忧进行正常化:

> ❖ "有些人不想谈论'改善与家人的关系'的话题,因为这会使他们觉得'好像自己做错了什么……或者觉得解决问题就会放过(原本该受惩罚的)家人'……对你来说是这样吗?"

使用检查清单

治疗师也可以请患者填写检查清单——"不做自助作业的可能原因"(Possible Reasons For Not Doing Self-Help Assignments;Beck, Rush, Shaw, & Emery, 1979)。相比于表达出他们的担忧,有些患者可能更愿意在表格上逐条进行核查。他们可以在会谈中完成表格,或者当在家里发现自己拖延着没做作业时填写表格。

典型信念

典型的妨碍性信念常常与患者给以下问题赋予的意义相关：

- 治疗的过程。
- 在治疗中他们成功的能力。
- 变好后的结果。

这三个分类中，典型的信念描述如下：

关于治疗过程的信念

这些信念与患者持有的被治疗过程伤害的观念有关，可伤害却是由他们内在的混乱或者治疗师的行为造成的。第五章中就呈现了这样一个例子：患者曼蒂担心如果将自己儿时的受虐经历告诉治疗师，治疗师可能会伤害自己。其他的例子包括：

"如果我谈论我的问题，我就会被'负性情绪'打倒，我会崩溃的。"

在莫妮卡开始治疗以前，每当痛苦时，她唯一的应对策略就是回避或者离开所处环境，或者转移自己的注意力。在会谈中，她使用了许多方式来尽力控制情绪。她常常改变话题，偏离主题，否认有负性情绪，努力将对问题的讨论停留在表面，以及不加思考地一味同意治疗师所说的话。在会谈间隔中，莫妮卡没有完成家庭作业。当识别出这种模式后，治疗师问她，更专心地关注于一个问题并尽力去解决，这对她而言意味着什么。她透露了一个有关体验负性情绪的功能不良的信念。之后，治疗师帮她对这一信念进行评估并做出反应。

莫妮卡开始意识到，尽管她对极度痛苦的体验有数以百计的描述，但她真正崩溃并需要就医的情况只有两次。而且即使那样，她最终也康复了。她的治疗师帮助她看到自己现在已经不同（更强大了），认识到自己在治疗中学到一些方法来更好地管理痛苦，不会体验到原

第九章 解决问题及家庭作业中的挑战

本会导致她就医的强烈的痛苦的情绪了。有过一些在治疗会谈开始时感到明显不适，但在结束时感到有些好转的体验之后，她更愿意去关注问题了。她开始发现可以做一些事来减轻自己的痛苦，或者至少可以忍受它们。

第十二章将详细描述更多的可以调整这一假设的策略。

"如果我让我的治疗师引导会谈，这就意味着她是强者和上级，而我是弱者和下属。"

类似于这样的一些信念表明治疗关系存在问题（见第四章和第五章）。肖恩拼命地控制着他的治疗会谈。每当他的治疗师开始给予指导时，他就不停地说话，不让她打断从而引导自己朝着问题解决的方向走。在治疗师对家庭作业给予建议时，他也反驳她："（监控我的情绪）是没用的。我一整天都感觉心情糟透了。我不需要做记录来告诉你！"但他的治疗师识别出了这个信念，并对她自己所处的窘境进行讨论，而这时治疗起到了推动作用。

治疗师：你知道吗？我注意到了一些事情。你能否告诉我，我这样说是不是正确？（承担责任）我认为，每当我打断你，或问你问题，或聚焦于解决问题时，就会让你不开心，是这样的吗？

肖恩：嗯，是的。

治疗师：我的治疗是否适合于你？这真的很重要。你可以告诉我，当我打断你或给出建议时，对你意味着什么？有什么不好的地方吗？

肖恩：你就像我原来的治疗师一样，他总是试着告诉我该做什么。

治疗师：所以，比如当我询问有关你和女婿之间争吵的细节时，你会觉得好像我在告诉你该做什么，是吗？

肖恩：是的，或者是你将要告诉我该做什么。

治疗师：那如果我的确告诉了你该做什么，会有什么不好吗？
肖恩：（烦躁地）我不知道。就像你知道所有的答案，而我是愚蠢的失败者一样。
治疗师：嗯，怪不得我的问题激怒了你。（停顿）那你觉得我们为此能做些什么呢？
肖恩：我不知道。
治疗师：好，让我这么问你。你是否觉得我是真心想要帮助你？
肖恩：（思考）是的，我想是的。
治疗师：你是否觉得我是故意想让你有这种感觉？
肖恩：（思考）不，我想不是。
治疗师：你怎么知道呢？
肖恩：（叹息）我想如果你真的想要这样，你可以奚落我。你可以表现得高高在上，像我的第一个治疗师那样。你知道的，我解雇了他。
治疗师：嗯，我很高兴你没有把我和他放在同一类中。（停顿）现在，让我们回过来，如果我说了一些话让你感觉自己像个失败者，那我可以怎么帮助你呢？
肖恩：我不知道。（停顿）我能想想吗？
治疗师：当然。或许这周我们两个都可以想想这个问题。
肖恩：好的。

在他们的下次会谈中，治疗师和患者决定在两人之间的桌上放一张纸条，上面写着"不同类"，这样一来就能够自始至终提醒肖恩，治疗师对自己或许有善意；也可以提醒治疗师避免把话说得太过于专横或迂腐。他们也讨论了许多其他的想法来反驳患者的功能不良性信念，例如，如果一个人允许某个有能力的人给自己提出建议，这说明他很明智，而非愚蠢，就好像公司的首席执行官或政府部门的领导者非常聪明，但他们也会听取一些有特殊专业才能的助手的意见。

"如果我做了治疗师想让我做的事，这意味着她在控制我。"

克莱尔表现出了被动—攻击性信念和行为策略。她有一个下意识的反应，即自动地反驳别人（包括她的治疗师）所说的一切，并且拒绝做其他人要她做的事。一个关键的干预措施包括帮助她将自己的自动反应看作不良的——是一个表明其他人在"幕后拉线"秘密操纵她、控制她的情绪以及行为的反应。通过意识到自己何时有自动的"对立反应"，然后思考"从我长远的最佳利益来看，要说什么或做什么"这一问题，她就可以"切断操纵自己的绳线"。克莱尔的治疗师也能使她赞同如下的观点：假如说或做一些事能让其他人得利，这是没问题的，只要克莱尔自己也受益就可以了。

"我不在乎我是否好转（所以参与治疗／做作业有什么意义）。"

当患者相当绝望时，他们有时会有这样的自动思维，认为"我不在乎"。哈利特是一个双相障碍患者，当她严重抑郁时常常会有这种想法，因此她会允许自己待在床上，打电话请病假不去工作，并且常常回避活动和其他人。识别出这一想法后，她的治疗师帮助她对这一想法进行了评估。他们设计了下面的治疗笔记：

针对"我不在乎"的反应

我此刻可能真的不在乎。但我从以前的经历中得知，在未来我是会在乎的。我总是这样。我可以让这一想法打败自己，或者立即回到我的抗抑郁计划中，这样可能会变得好些，并早一些回到再次在乎的状态。

在另一次会谈中，他们在上述笔记中又增加了些内容，使它变得更全面：

不在乎是一个过渡阶段。我不用过多地去注意我是否在乎。重要的是坚持遵循我的计划。

在另一次会谈中，他们又增加了些内容：

> 如果我不在乎，这是可以的。我不用非得因为在乎才去做事。

关于无能为力或失败的信念

患者会通过不同的方式表达他们的恐惧或担忧：

- "我改变不了。"
- "我太没用了。"
- "我控制不了。"
- "我的问题是无法解决的。"
- "只有当药物治疗起效时（或外部的人或事改变时），我才会变好。"

在下一章中描述的技术，如直接的苏格拉底式提问，可以帮助患者转变对未来可能性的看法。此外，还有一点很重要：治疗师要和患者一起制订一个具体的计划来使他们好转，并帮助他们构想出一个具有现实性的画面，在这个画面中，他们看到自己表现得功能良好，能够解决问题并感觉好转。同时，进行行为实验常常能向他们证明自己的信念是不正确的。下面列出了这些负性信念的案例。

> "如果我试着去解决这个问题或做这项家庭作业，我就会失败的，因为我太无能了。"

格蕾丝不仅有一个认为自己无助且无能的终身信念，还有一个弥漫性的拖延和回避的应对策略。在一定程度上，她认为带着问题生活会更好，即使这个问题让她很痛苦。尽管这种回避必然会导致失败，但她至少可以跟自己说，"我失败是因为我没有试过"，相比于另一种选择，"我失败是因为我无能"，这会让自己不那么痛苦。从短期看，当格蕾丝无法在治疗中提出重要的问题以及无法做治疗作业时，问题就会出现。在她愿意去解决问题和做作业前，她的治疗师不得不帮她调整有关自己"无能"的信念。

第九章 解决问题及家庭作业中的挑战

"我不能控制我的情绪。"

这些患者常常做不好家庭作业,因为他们不认为这会使他们的感受发生任何的变化:"无论我怎么尽力都没有用。我总是感觉很糟糕。"对此,一个很重要的作业是让患者监控自己的情绪,在考虑自己做了什么和想了什么的基础上,来确定自己是否体验到了任何情绪波动。这会使患者看到自己是对情绪有一些控制的。让一些患者记录可以使自己感觉更糟的方式以及感觉更好的方式也很有用。举个例子,拉里做了一张卡片,提醒自己:如果当天早早起床、洗澡、吃早饭,然后带狗出去遛弯,他就会感觉好些;而如果他很晚还赖在床上,几小时不更衣以及花大量时间看电视,他就会感觉更糟糕。看到这张卡片后,他就能够说服自己起来活动。

"没有什么能使我改变。"

在下面的例子中,艾琳患有长期难以治愈的慢性抑郁,她来参加第四次治疗会谈,感到非常的绝望。治疗师最初尽力和她一起设立议程,但艾琳的绝望起了干扰作用。

治疗师:今天你想要处理什么问题呢?

艾琳:哦,我不知道。(停顿)我感到非常绝望。

治疗师:所以我们可以处理的一个问题是你绝望的感受?你认为我们是不是也应该谈论一下工作问题,或者你的丈夫?

艾琳:我不知道。(尽力将责任扔给治疗师)随你的便。

治疗师:(尽力将责任还给艾琳)事实上,我不确定什么会使得你获得最大的改变。

艾琳:没关系。我不认为有什么能使我改变。

治疗师:嗯,听起来这是我们在处理无助绝望时需要重点关注的一个重要的想法。

治疗师继续构建会谈之间的联系，而患者也同意将"与丈夫的问题"放入议程。接下来，他们开始讨论第一个议程项目——绝望无助。

治疗师：如果我们从你的想法——"没有什么能使我改变"开始，可以吗？

艾琳：可以。

治疗师：目前你有多相信这个想法——（强调共同工作的合作性本质）和我一起对一个问题进行处理——比如说，（此处可提出一个在患者看来可能有吸引力的目标），或者帮助你更好地安排你的生活，增加更多愉快的活动，你有多相信这些仍不会使你改变？

艾琳：（语气稍稍改变了一点）嗯，可能会有一点点帮助吧，但随着事情的发展……不会有太大的作用。

治疗师：（同意艾琳说的部分内容）嗯，事实是，你说对了一部分。如果安排活动是我们一起做的唯一的事，的确不会有太大的帮助。只有当安排活动是整个更大的抗抑郁计划流程中的一部分时，它才会起作用……之前我们谈论过这个——学习回应你的抑郁想法，解决你和丈夫的问题，找出如何能使你的工作变得更为舒适的方法。（停顿）要将所有的事情都做起来，才会有持久的改变。

艾琳：（望向别处。）

治疗师：艾琳，要做这些事情来试着从抑郁中恢复，你是否觉得有难处？

艾琳：我只是觉得，要做的好像太多了。

治疗师：（同意患者的部分观点）你是对的。这太多了……如果你认为你需要立刻做到所有的事情的话。（停顿）你怎么想的呢？从一些小事做起，像是去看电影或者和朋友邦妮一起喝咖

第九章 解决问题及家庭作业中的挑战　　239

啡，你是否觉得本周感觉好一些了呢……或者如果不做这些事情你是否觉得好一些？

艾琳：我想做这些事情让我感觉好些。（思考）但是去散步或者去看电影不会立刻使我感觉好些。

治疗师：你是对的。所以如果你决定去做那些事情的话，你需要提醒自己，不要期望在很短的时间内感觉有很大的转变——你应该为现在做了这些以后才有回报的事情而肯定自己。

艾琳：嗯……

治疗师：艾琳，你可以为我总结一下我们刚刚谈了些什么吗？

艾琳：（叹气）嗯，你试着说服我，我应该做一些小事，因为它们在将来会给我回报。

治疗师：那你怎么想？

艾琳：我想这可能是对的。

治疗师：本周你是否愿意尝试一些事情，即使你并没有充满希望？

艾琳：我想可以。

治疗师：你确定吗？或者你是否认为有其他的方式可以更好地帮助你？

艾琳：不，我想没有。（思考）嗯，当然，除非我的丈夫突然开始对我好些的话。

治疗师：那将会很棒。这有可能吗？

艾琳：（闷闷不乐地）不可能。

治疗师：所以如果你想要感觉好些，关键在于你自己需要在生活中做出些改变：是在家待在沙发上还是起来出去散步；是坐在电视机前还是叫上某个人和你一起去看个电影。

艾琳：（停顿）有道理。

治疗师：那你准备好为家庭作业做出承诺了吗？

艾琳：是的。

治疗师：好的，为什么我们不用头脑风暴法立刻想一些你可以做的事——然后我们可以看看你是否愿意去做这些事，或者（给她一个借口，这样她不会感觉自己被强迫）本周你是否应该再次将它们作为可选任务。

随着讨论的进行，艾琳承诺去做一些小事。她和治疗师编写了一些可供选择的反应，将它们写在卡片上每天阅读。这些卡片为艾琳提供了应对在进行一项活动前后自己可能出现的一些功能不良的思维的策略。之后治疗师探索了一下改变是否有其他潜在的危害：会让她充满希望，然后又失望；会让人对她有更高的期望；对她与丈夫的关系有消极的作用；或者好转有某些特殊的（消极的）意义。治疗师发现这些危害似乎不存在。艾琳能够完成一定的家庭作业，并开始感觉不那么绝望和无助了，这使得她更易于在之后的会谈中及会谈后继续进行工作。

如同上面这个例子一样，一些患者相信，自己无力改变目前的状况。然而可以说的是，患者做的每一件事都会对其之后生活产生影响，这是客观现实，是很重要的。(McCullough, 2000)。

"我需要'灵丹妙药'。"

萨曼莎不相信她能帮助自己好转。她总在寻找"灵丹妙药"：新的治疗、新的药物、新的工作、新的男友。她变得越来越挫败和绝望。到她开始参与认知治疗的时候（这是她在15年中第6次尝试心理治疗），她仍然希望她的治疗师能够施魔法般地"修好"她：她不相信能自己"修好"自己。事实上，她每天会花大量时间幻想自己被解救：被新的男友（"一个穿着华丽盔甲的骑士"）解救，被能够发现她有多特殊的仁慈的老板解救，被治疗师解救。治疗师帮助萨曼莎意识到，幻想只能帮助她暂时感觉好些，但当一天结束而她发现自己无所作为时，她总是会觉得更糟糕。治疗师对她表达了共情，并允许她表达自己的失望。"我希望我可以立刻使你好转——但这不可能。我

第九章 解决问题及家庭作业中的挑战

做不到这些,你肯定很失望。"之后,她们讨论了治疗师可以做什么:"学习帮助自己好转。"经过这次意味深远的讨论,她们设计了下面的反应:

> **当我幻想自己被拯救时**
> 事实是,如果我等着别人来拯救我,我会继续感觉很悲惨。(有了治疗师的帮助,)我可以"拯救"我自己。这是让我好转的唯一方法。幻想一个救星会让我感觉好些,但这只是暂时的,然后我会感觉更糟。

有关好转的信念

这些负性信念可能与患者感知到的即时的负性后果有关,或者与从他们的障碍中恢复的长期结果有关。

"如果我找到了解决问题的方法,这会表明我以前是错的,(这是我无法容忍的)。"

汉克不愿意谈论如何能使自己在工作日变得更好受,因为在某种程度上,他知道这一问题的部分责任在于他自己。他尽力详细叙述其他人如何不公正地对待自己,而当治疗师试着对所发生的事、对汉克的所说所作获得更好的理解时,汉克却回避治疗师的问题。下面的例子呈现了一次关键的干预:

治疗师:(共情地)显然,你的同事说了一些、也做了一些伤害你的事情。难怪你这么不开心!为了能够帮助你,我也需要知道你做了什么,说了什么。谈论这些有什么不好吗?

汉克:我不知道你的意思。

治疗师:(正常化)哦,有的患者觉得谈论自己做的事情有点困难,尤其当他们并不以此为荣,或者当他们认为这导致了问题的出现时——或者他们认为我会责怪他们。(停顿)我在想,这对你来说是不是有点困难?

"如果我找到了解决问题的方法，就意味着我之前遭受的痛苦是毫无必要的。"

照看年老的父亲使金伯莉遭受了多年的痛苦。当她的治疗师建议了一些直接的解决方法时，如当父亲对她喊叫时离开房间，对父亲设限，对父亲的积极行为给予表扬，以及请其他家庭成员和社会服务机构来临时照看，金伯莉都不屑一顾。对她来说，承认自己本可以在早些年就解决与父亲相处中的某些困难太让人痛苦了。然而，当治疗师假设这种可能性的时候，她能够承认情况的确如此。（"金伯莉，我在想，当你发现自己可能拥有使事情变好的能力时，是不是会让你比较难受。例如，如果你发现本可以在早前就使事情变好，会不会让你感到很糟糕？"）

当患者意识到自己将宝贵的时间浪费在了不必要的、自愿接受的痛苦中时，他们可能会经历一种存在危机（Yalom，1980）。一种缓解的方式是考虑一种可能性，即患者现在只是处在一个心理发展的特定阶段上，他或她可以从自我感知的受害者角色转变为具备自我效能的个体。因此，之前的时间可能不是一种浪费——相反地——那可能是患者达到目前的心理状态的必经阶段，为未来带来了更多可能性。

"如果我让自己充满希望，我将会变得非常失望。"

尽管在会谈中解决问题和做作业对文斯来说有意义，但他不愿意这么做，因为他担心解决自己初始的问题会使他充满希望——这样一来，他预测，当他无法完全康复时，他甚至会感觉更糟。治疗师帮助文斯认识到，如果他的希望并未完全被满足，相比于目前，到那时他可能只会比现在感觉略微糟糕。另一方面，如果他尝试了新的行为，可能会有极大的好处，这值得冒可能会失望的风险。

第九章 解决问题及家庭作业中的挑战

"如果我聚焦于解决问题，并同意做作业，我就不得不去做我不愿意做的事情。"

艾蕾娜将治疗会谈中的大多数时间花费在向治疗师诉苦上，说自己感觉多不好、自己的生活多糟糕。每次治疗师询问她是否想要试着解决其中一个问题时，艾蕾娜都用"是的，但是……"这一句式回答："是的，但是你看，即使我跟我的母亲谈论这个，也不会有任何用处，因为她……"；"是的，但是我知道如果我试着早点起床，我会变得太过精疲力尽，以至于会马上爬回床上，然后……"治疗师进行了概念化，认为导致艾蕾娜的困境的并不是她无助的信念，而是她不愿意改变。他大胆地假设：

治疗师：所以艾蕾娜，听起来，你好像有这么一个想法，"无论我做什么都没有用"。

艾蕾娜：是的，可能吧。

治疗师：或者，"我不能使自己做这个"。

艾蕾娜：我想是的。

治疗师：艾蕾娜，我想知道，你认为有多少事是由"我不想做这个"造成的？

艾蕾娜：（停顿）我不知道。

治疗师：好吧，那么你有多想早点起床开始你的一天？

艾蕾娜：我猜，不是很想。

治疗师：那么你有多想让你和母亲之间的关系变好呢？

艾蕾娜：那个巫婆。（停顿）我猜我不想。

治疗师：或许我们需要谈论一下你到底想要什么，以及你认为自己想如何得到它。

在艾蕾娜愿意努力解决自己的问题、并对她的生活承担更多的责任之前，治疗师需要做一些事情：回顾她的目标，并确定艾蕾娜真的不想继续她那令人不满的生活方式，的确想过功能良好的生活；小心谨慎地找出并重新构建解决问题和获得好转的危害；缓解艾蕾娜对于母亲的愤怒；处理艾蕾娜有关她面对特殊挑战（尤其是回去工作）的能力的焦虑性预期；帮助她创建一个积极、现实、具体的画面，那是有关未来6个月后，当她不再感到抑郁时，典型一天的画面。

其他患者没有立刻担心自己不得不去做不想做的事，但他们担心一旦自己开始做这些事，最终会不得不去做其他让自己感到不舒服的事。塔拉担心一旦自己好转了，她的同伴就会把许多的责任归还给她：付账单、采购食物、准备饭菜。这些责任原本是塔拉的，但同伴承担了起来。塔拉意识到，她会不得不回去做这些她不想做的事情。

"如果我试着有效地解决这个问题，我就不得不放过其他人。"

亚伯相信自己多年来一直被原生家庭虐待。他拒绝讨论如何能为自己做些什么，从而使即将到来的回家之旅变得更愉快。理性合理地对待家人这一观念对他来说并无用处。他仍然想因家人的不良行为而惩罚他们，即使这会让自己的情绪受到极大的影响。

亚伯的治疗师让他回忆之前的回家之旅，那些时候，他通过拒绝参加家庭聚会，拒绝一起去动物园，或者拒绝加入整理相片的家庭活动来惩罚他的家人。他总是想着自己曾经如何被孤立、如何与家人断了联系，甚至如何被排斥，以及这种伤害是如何在之后一直持续下去的。治疗师帮助他意识到，相比于自己而言，他的家人可能只感受到了很小的伤害。经过讨论，亚伯认识到，如果自己使用相同的策略去惩罚他们，最终自己才是受伤最深的人。鉴于他的家人可能无论如何都不会感到非常痛苦，亚伯最终认为，做一些力所能及的、能够减轻他自身痛苦的事情是值得的。

第九章 解决问题及家庭作业中的挑战 245

"如果我聚焦于需要怎么改变（停止惩罚）才能好转，我会再次受伤的。"

阿曼达和亚伯一样，想要惩罚其他人。她对于自己的丈夫相当愤怒，因为他在两年前有过一次短暂的婚外情。最初，阿曼达拒绝讨论自己能做出什么改变来改善她和丈夫的关系。她有一些干扰自己动机的想法：

- "他做了非常错误的事情，但是却让我来解决问题，而不是惩罚他，这对我不公平。"
- "惩罚他让我觉得自己更有控制感，更有力量。"
- "如果我不惩罚他，他可能又会有外遇的，而我也可能再次受到伤害。"

在阿曼达愿意改变之前，治疗师需要帮助她换一种看法。他们认真地检验了一下继续惩罚她丈夫的坏处：这会使她长期保持情绪激动的状态；她会给孩子树立一个不好的榜样；也许她会使丈夫再次出轨的可能性变大；即使这稍微使她感觉更有力量了，但也会让她感觉自己对丈夫而言是微不足道的。治疗师让她想象一年后的今天发生的三个情境。他请她在每个情境中都关注自己的感受以及她所认为的健康幸福的含义。在第一个情境中，阿曼达想象自己仍然对丈夫不好。在第二个情境中，她想象他们由于另一次婚外情而离婚了，而她很好地应对了离婚。在最后一个情境中，她想象他们在一起，而且她一整年都对丈夫很好。最终她总结认为，停止惩罚丈夫并尽力与他重建关系，这对于自己是最有利的（有关这一主题详见 Spring，1996）。

"如果我好转了，我会不得不面对艰难的挑战。"

戴安意识到，只要自己的症状一严重，她就没有选择：她需要丈夫支持她。然而，如果她好转并且不再需要他了，就不得不去面对自己的婚姻非常糟糕这一事实，她还认为这意味着自己不得不做出与丈夫离婚的决定。治疗师帮助她发现，一旦克服了慢性的惊恐障碍和广场恐怖症，她就有能力选择是否离婚；但这不意味着她不得不离婚。治疗师还帮助她发现，对于"如果丈夫不再感觉被她的疾病所烦扰的话，他们俩的关系会如何变化"这一问题的答案，目前她并无从知晓。

"如果我好转，这意味着我会有损失。"

有些患者知道如果他们好转了，就会有金钱损失。他们可能不再具备领取伤残抚恤金的资格，或者由于所遭受的痛苦而通过诉讼获得的判决金额会减少。其他人会预期自己有不同形式的损失。亚当知道他将不得不回全日制高中上课，而不是在家接受最低限度的辅导。艾娃担心当自己好转后，她的父母不会再在情感上为她提供支持，而且治疗师会让她终止治疗。琳达担心如果从抑郁中恢复了，她将不得不履行她的职责：和往常一样回去做事——她，作为一个家庭主妇，两个处于叛逆期的孩子的母亲，一个只愿意在琳达生病时接管家庭的丈夫的妻子，将开始自己的"苦役生活"。

治疗师需要帮助这些患者认识到，聚焦于这些长期目标是为了他们自己。他只会帮助他们评估损失会有多大，以及他们可以如何应对或者弥补这个损失。然后，治疗师让患者对未来——当他们达成了目标并弥补了损失后的一天——进行想象。

艾文的治疗师需要进行一些额外的干预。好转将意味着艾文需要找一份工作。而找工作意味着他的父亲和他的妻子（他们不停地唠叨着让他回去工作）"胜利"了，而他失败了。治疗师帮助他意识到由于不工作目前他蒙受了多大的损失：他现在处于经济困难中，他的自尊空前的低，他长胖了，身材也走样了，他没有同事的友谊，他羞于告诉别人自己仍然没有工作。对于如何告诉他的妻子和父亲他要回去工作，治疗师也和艾文进行了角色扮演，强调他是为自己做的这个决定（并且暗示回去工作并不是因为他们想让他去做）。

有些患者一直不愿意做出改变，直到他们面临不好的后果。凯文不愿意在他的日常生活中做出任何改变。他将大量的时间都浪费在床上。他的信念是，如果他能够向父亲证明自己非常悲惨，父亲就不会让他去找工作，而会资助他去自己想去的职业学校学习。一次家庭会谈并没有说服他，直到他的父亲不再给他钱——这样他就不能开车，不能给自己买 DVD 和 CD，或者去看电影——凯文才开始认识到父亲是认真的，于是他变得更愿意做出改变了。他的治疗笔记提醒着他可以做的选择。

当我打算什么都不做时

事实是爸爸已经改变了。他很可能不给我钱了，即使我不停烦他或者对他大吼大叫，也拿不到钱。我可以继续待在房间里并感到凄凉，也可以掌控自己的生活。我可以从小事开始，比如每天早起、洗澡、吃适量的食物、散步，以及做其他不花钱的事情，直到我准备好去找一份工作。

"如果我好转了，我会不知道自己是谁。"

菲尔的自我认知和他的疾病缠绕在一起。他无法想象如果自己不再有惊恐障碍和严重的广场恐怖症，那他将会是谁。像菲尔这样的患者会将自己与心理障碍看作是紧紧相连无法分开的，他们常常认为健康是一个未知的令人恐惧的概念，会让他们滞留在原地（见 Mahoney，1991）。为了对这个问题做出反应，菲尔的治疗师使用了第十三章中描述的策略，即当患者开始质疑自己核心信念的有效性时，帮助他们处理焦虑情绪。

案 例

帕特里夏是一个 44 岁的已婚妇女，有一个处于青春期的儿子。她因为严重的抑郁（自儿童期开始已是第三次爆发）、焦虑和强烈的被动—攻击性特质而参与治疗。一个诱因是她的丈夫丢了工作（尽管他自己并没有过错)。起初,她对于越来越糟的经济状况感到高度焦虑。之后,帕特里夏逐渐认为丈夫找不到收入比最低工资更高的工作,她开始变得越来越抑郁。

帕特里夏的功能不良状况显著恶化。虽然她每天早上都起床为儿子做早饭并送他去上学,但她每天大部分的时间都待在床上,不管家务。她一直待在床上,直到儿子快要回家。然后她为家人准备晚餐,但只要她的丈夫做完兼职回到家,她就马上又爬回床上。

在最初的几次治疗会谈中,帕特里夏同意完成标准的家庭作业,并说她很可能去做。然而当她回来进行之后的会谈时,治疗师发现她只敷衍地完成了一小部分的作业。例如,在第二次会谈中,她说可以回忆起过去一周中的一些自动思维,但她并没有把任何一个写下来,也没有阅读治疗笔记。这些治疗笔记会提醒她,由于她非常抑郁,所以有些想法可能是不正确的,或者不是完全正确的。她也没有做出任何在第一次会谈中同意去做的行为改变。

治疗师首先尝试了标准的技术,例如将任务分解为更小的步骤,以及帮助她对自己的自动思维做出反应。起初,她的想法都围绕着无助这一主题,基于他们的讨论,她和治疗师一起准备了笔记去帮助她对抗这些想法。

自动思维:如果我试着做令人愉快的活动,我不会感觉好一点。

反应:事实上,我不知道我是否会感觉好些——直到我试了才知道。即使在短期内它们没有帮助我感觉好些,但从长期来看它们会的。

自动思维:如果我的确感觉好些,那也不会持续很久。

反应:这可能是真的,但是我可以学习一些技能来更长时间地影响我的情绪。

第九章 解决问题及家庭作业中的挑战 249

> **自动思维**：我不能照顾好家。即使我尽力去归置，我还是不能做好。要做的事情太多了。再说了，这也没多大用处，家里还是会乱糟糟的。
>
> **反应**：相比我现在所做的，再多做任何一点有关家务的事就是成功了。我可以一步步来，让家里井井有条。我不可能一下子都完成——但不管怎样，那也不是计划之中的。

> **自动思维和图像**：只要我能躲起来，不用去做任何事情，我就能好转。
>
> **反应**：没有组织，没有与他人一起参加的活动，没有起床的理由，没有完成某些事情的机会，这很可能让我感觉更糟，而不是更好。

> **自动思维**：这个治疗对我没用。我不是那种能遵守计划的人。
>
> **反应**：不遵守计划并没有让我变得不那么抑郁。我可以试一下，尝试在一到两周内遵守计划，看看它是否能让情况变得更好。

在之后的几周内，应对这些无助想法的反应起到了一些帮助作用，她开始能稍微多做一些家务事了，尽管她不愿尽力去遵守哪怕是一丁点儿的计划。虽然有了这些积极的改变，但她的抑郁并没有让步。事实上，她变得更为焦虑了，一个重要的认知是：

"如果我改变了，我的丈夫会对我有越来越多的期望。"

帕特里夏也报告了一个不太愉快的梦境。有人坚持让她玩孩子的多米诺骨牌。她不得不将多米诺骨牌一个个排好。这个人击倒了第一个骨牌，然后引发了连锁反应；其他的骨牌都快速倒下，一个接着一个。对于帕特里夏来说，这个梦意味着她需要开始做出明显的改变了，而一旦开始，她除了继续改变就没有其他选择了。

帕特里夏的治疗师指导她去和丈夫谈谈，希望丈夫能对帕特里夏抱有现实的期待。当她失败后，治疗师建议邀请帕特里夏的丈夫参与下一次的会谈。帕特里夏表达了她的担心，担心丈夫会希望自己一夜之间变回原来的样子，丈夫则消除了她的疑虑。两到三周后，帕特里夏有了一些小小的收获。她的焦虑和抑郁略微减轻了，但她变得更为易怒了。一个重要的功能不良的想法是：

"如果我做了我本不想做的事，会让我觉得自己很不重要，很没有价值。"

当回顾帕特里夏的人生经历时他们发现她从青少年时就拒绝做她不想做的事情。在儿子出生前，这一信念使得她在从事过的所有工作上都没有成功。然而有时，她能够克服这一想法。

例如，她非常看重做一个好妈妈，许多年来她能够让自己去做她并不特别享受的事情，因为她知道这些事情对儿子的健康幸福非常必要。现在儿子长大了，而她又非常抑郁，她不再觉得自己有责任去做她认为没有必要的事情了。治疗师帮助帕特里夏从理智层面看到这一有关自己"不重要、没有价值"的观点是功能不良且不正确的。之后，治疗师花费了很长的时间才让她在情绪层面上也相信这一点，即使在她的抑郁缓解且治疗结束后，她也或多或少仍在与这个想法斗争。

帕特里夏的治疗师与她一起讨论了一个事实，即她有两个问题：一个是她有现实生活的责任，这让她感到很有负担，精疲力尽，永无止尽且没有回报。然而更糟的是，她一直挣扎于是否要做家务。治疗师尽力让她明白，相比于做家务，这份挣扎更让她感到麻烦和痛苦。毕竟，她并不认为她的姐姐和朋友南恩因为做这类家务而变得不重要、变得没有价值了。

随着帕特里夏在家稍稍变得能承担一些责任了，而她家的账单也越集越多，她透露了另一个由好转所带来的坏处：她将不得不去找份工作。她极度不愿回去工作，而随着家庭积蓄持续减少，她的焦虑和抑郁明显变严重了。她预见到自己去工作会带来的可怕代价，包括对儿子及自己的消极影响，需要忍受不得不工作带来的不公平感，以及放弃被拯救的强烈渴望。起初，她聚焦于自己的担忧，担心她将不得不忽视自己的孩子。当治疗师与她讨论了工作的实际含义后，帕特里夏意识到她可能只会比儿子晚回家一小时，且对儿子的影响可能比她预期的要小得多。

之后，帕特里夏表达了有关工作对自己的影响的担忧，包括了即时影响和长期影响："无论我找到的是什么工作，都会很辛苦。我很可能会憎恨它。而且我会累死的。"她想了一幅画面（一部分是记忆）：在傍晚时分，她站在售货柜台后面，感到自己是那么无力，精疲力尽，并且陷入了困境。治疗师将这一画面归为可能的最糟糕的结果，并且询问她是否能够详细地想象一个现实的、更好的画面。最初，帕特里夏拒绝尝试去想象一个更为积极的画面。当治疗师询问她，想象一个更好的未来对她意味着什么时，她的回答是这样的：

帕特里夏：这是没有可能的。
 治疗师：(假设) 你是不是也在担心，如果我们描绘出了一幅更好的画面，你就可能真的必须出去工作了？
帕特里夏：是的，我想是这样的。
 治疗师：那找份工作对你意味着什么呢？
帕特里夏：我会陷入困境。日子会是死气沉沉的。一旦我有了工作，我将不得不保住它。我将不得不放弃对快乐生活的所有希望。

之后，治疗师和她一起讨论了如果她真的找到了一份无法忍受的工作，她该如何应对，治疗师帮助她看到，她并不会陷入困境，她可以坚持几天或几周，并在此期间寻找另一份工作。一旦她找到了一份更好的工作，她就可以解脱了。他们也讨论了不工作也不会带给帕特里夏快乐；事实上，在过去几周中，她变得更加失望和焦虑了。最终，她愿意想象一个更好的工作会是什么样的：一个她能感受到自己有能力胜任的工作，她将有友爱的同事和明理的老板。

之后，帕特里夏提出了她对于找工作会带来的长期影响的担心。她只能想象一个痛苦的未来，一个悲惨的生存状态，去工作，然后回到凌乱的家中，做饭，打扫，睡觉，然后醒来重复这一个循环，就这样长年累月一直下去。再一次地，治疗师帮助她意识到，她只想象了最糟糕的结果。他们一起讨论了最好的结果，以及最实际的结果。之后，治疗师请帕特里夏想象一年之后相对令人满意的一天，那时她已经在一个能够忍受的工作中做了几个月了，习惯于工作日的节奏，回家，非常开心地看见她儿子，并且感觉在工作上有了一定的成绩，同时对家庭的经济状况做出了贡献。

接下来，帕特里夏提出了她的担忧，她担心无论自己找到什么工作，都没有能力胜任。她曾经有一个噩梦让她回忆起童年的挣扎，而在之前并没有报告过。在六年级的时候，她被要求学习一门外语。关于这个问题她进行了激烈的内心挣扎。更糟的是，当她在公共场合被要求大声对话时，她感到极度尴尬，并拒绝向老师求助。治疗师对此进行了概念化，认为这个新的"创伤"（需要找一份工作）可能使她有关陷入困境、无助、无法解决问题的感受重新被激活了。他帮助她认识到，这些感受（实际上是信念）在目前并不特别适用。帕特里夏并不需要找一份超越自己能力的工作，她可以尽力去解决在工作中出现的问题，而且如果需要的话，她是可以离职的。治疗师给了她希望，让她知道她可以通过治疗来学习如何从工作中获得满足感，并不再感觉如此焦虑、自我批判和痛苦。

另一套妨碍帕特里夏找工作意愿的功能不良的想法是与她生丈夫的气相关的。她丈夫在结婚时告诉她，她可以待在家照顾他们的孩子，而不需要出去工作。帕特里夏生气是因为丈夫让她失望了，并且她觉得自己应该惩罚他。治疗师帮助她意识到，丢掉工作并不是她丈夫可以控制的。她承认，丈夫在竭尽所能地寻找另一份工作，并且已经找到了一份兼职工作来尽量使得家庭免于经济困扰。帕特里夏能够在一定程度上将她的愤怒从丈夫身上转移到他们共同的困境上去。

最后，帕特里夏表现出了一种强大的、从儿童时期就开始使用的应对策略——她幻想自己被拯救："我好事从天而降或者某人来照顾我。"在帕特里夏小的时候，她母亲有严重的抑郁症；父亲每天工作很长时间，一回家就喝酒，不能为她提供情感支持。作为一个孩子，她希望自己被拯救，并且幻想某个人——她的母亲、父亲、亲戚，或者某个不认识的人——突然将她抱起来，让她沐浴在关注和爱里，并且满足她所有的需求和渴望。现在，30年后，她仍然希望自己以某种方式被拯救：被她的丈夫、她的治疗师或目前她还不认识的某人所拯救。

帕特里夏承认，治疗师没有拯救她，这让她感到很失望。所以她希望能有个人来安排一切，这样她就可以过上悠闲的、没有痛苦的生活了。这个剧本里才有的情节不可能发生，但治疗师共情了帕特里夏的痛苦。事实上，在她愿意承认自己要学会照顾自己之前，她需要带着治疗师给予的支持，去哀悼她破灭的幻想。治疗笔记帮助提醒她：

> **当我幻想自己被拯救时**
> 持有这个拯救的幻想没有任何意义。它没有帮助，并且长远来看会给我造成许多的痛苦。如果我朝着自我拯救的方向努力，我就能够拥有更好的生活。当我开始认为那并不可能时，要提醒自己，抑郁就像盖在我脸上的黑面具，它会使我以一种抑郁的、不现实的方式来看待未来。

最终，帕特里夏准备好开始采取更多的行动来努力康复起来。到这时候，家里的积蓄几乎已经耗尽了，帕特里夏发现除了找工作也没有其他选择了。在开始了一份文字处理员的工作4周后，帕特里夏的抑郁减轻了。尽管她不是特别喜欢这份工作，但她仍然看到它是对自己有益的，并且不只是因为它能够提供生活所需的收入。帕特里夏认识到，不得不去工作解除了她内心对于是否要做什么事的挣扎。她不再有选择的余地了。她在早上不可以回到床上，不得不打理自己，在上班途中把儿子送到学校，上班完成规定的任务，然后回家为家人做饭。组织好她的一天，认识到她在工作上的成就，体验与同事的积极互动，获得来自老板的好评，以及促进家人的幸福，这些对于缓解帕特里夏的抑郁都是非常重要的。起初，她在周末还是会回归到她的老习惯，花太多的时间待在床上，做不了太多的家务。后来她自己决定做出改变。她已经相信自己需要，让生活变得更有条理。

尽管帕特里夏的抑郁症状几乎已经下降到正常水平了，但她还没有准备好结束治疗。她还需要在有关无能和不公平的功能不良的信念上以及预防抑郁复发上，获得更多的咨询帮助。

当患者看来好像没有进步的时候

最后，很重要的是，治疗师要意识到每个患者做出改变的速率是不同的。新的、具有适应性的想法被充分理解是需要花费一定时间的。患者可能需要几周的时间——在某些个案中，可能是几个月——来思考改变对他们意味着什么，将他们对于改变的担忧传达给治疗师，处理他们的担心，清晰地看到改变带来的好处，以及反驳改变带来的坏处。同时，有些患者来参加治疗，单纯地只是因为没有准备好去做出所需的改变，特别是他们的情绪痛苦值相对比较低时更是这样。如果患者经过一段时间治疗以后还是没有什么进展，那么若停止治疗一段时间，他们常常能在这段时间表现得很好。

然而，在探索暂停一会儿治疗的好处和坏处之前，治疗师需要确定自己已经尽可能有效地完成了治疗，并且他们自身并未对患者产生消极的反应（像第六章中描述的那样）。治疗师需要评估和回应一些想法，例如："这个患者的问题真的无法解决。鉴于她的问题，她的确应该抑郁。她在抗拒我。她没有给我机会。我不能充分地帮助她。"之后，治疗师应该考虑进行会诊，评估自己是否可以更有效地治疗这个患者。

当重点在于不去进行问题解决时

尽管问题解决是认知治疗的一个完整部分，但有些时候，它是不合适的：当患者在为自己的失去哀悼时，当强调问题解决会对治疗关系有消极影响时，以及当患者提出了一些他们无法控制的问题时，问题解决都是不合适的。

当患者经历了丧失（可能是具体的或者是抽象的）时，治疗师应该给予支持并进行验证。重要的是，治疗师要承认这份丧失，并且支持整个哀悼的过程。对丧失的意义进行谈论常常很重要。然而，当患者对自己变得过度严厉，或者他需要立即获得帮助从而更有效地进行应对时，治疗师应该对此进行干预。

当治疗师基于来自患者方面的信息而做出判断，认为问题解决会使得治疗联盟陷入危机时，推迟问题解决会比较好。当患者拒绝采用问题解决的方法时，治疗师需要退回来，对问题进行概念化，然后首先修复治疗联盟，就像在第四章和第五章中描述的那样。

最后，帮助患者认识到他们不能解决所有的问题很重要。例如，一个患者的妻子酗酒，那他可能认为自己应该要控制妻子饮酒；一位有个苦恼的孩子的患者可能认为她应该要保护自己的孩子免受任何痛苦；一个来自功能不良的家庭的患者可能认为他应该要使每个人都和睦相处。在对事实进行检验，并确定患者没有足够的控制力后，治疗师需要帮助患者认识到，他们可能不得不接受这些问题的存在，并且对相关的假设进行工作，例如，"如果我不能解决这个问题，意味着我的能力不够"。

总　　结

　　认知治疗的一个要旨是帮助患者在会谈之后的一周中感觉更好。这需要朝着问题解决的方向努力，并且需要激励患者坚持完成每次会谈的家庭作业。当患者在完成这些必要的治疗任务时遇到困难，治疗师就需要具体分析这些问题，然后评估是否是由于没有有效地执行标准化的策略，是否是患者的功能不良的信念起到了妨碍作用，需要治疗师对治疗方法进行改进。

第十章

识别认知中的挑战

大多数患者开始接受治疗时并不了解认知模式：他们不但意识不到自己对环境的知觉是如何影响自己的反应（情绪、行为和生理反应）的，也没有意识到他们的想法仅仅是想法（不一定是事实）——也就是说他们的想法可能是歪曲的。通过对他们的想法进行评估和反馈，他们可能会感觉更好，表现得更合理。患者常常认为是困境或者其他人直接影响了他们的反应。又或者他们可能困扰于自己的痛苦，不能解释痛苦的原因。对患者来说，了解想法对他们的反应的影响是很重要的；否则，积极引出（或者回应）思维的过程对他们来说就是无意义的。

即使患者已经了解了认知模式，他们也可能无法识别自己的想法、意象、假设和核心信念。（当患者感到痛苦、行为表现不合理，或者体验到了躯体症状时）若治疗师问他们刚刚想到了什么，患者可能会说他不知道，或者说他刚刚什么也没想。他们可能变换主题，用一个过于聪明的回答来应对，甚至拒绝回答。当治疗师尝试确认他们想法的含义以引出潜在的信念时，他们也可能表现出上述问题行为。当治疗师感到确认患者的思维有困难时，需要对产生问题的原因进行概念化，这样才可以制订一个适当的策略。

尽管治疗师有时确实需要尝试改变标准技术，但有时之所以很难引出患者功能不良的思维，是由于治疗师没有有效、恰当地使用标准技术。本章描述了如何引导出有挑战性的患者的自动思维、意象、假设和信念；接下来的三章将介绍如何矫正这些认知。

识别自动思维

对治疗师来说，意识到有很多情境可以引发自动思维是很重要的，但是这很少被报告出来，这可能与患者的症状不严重或者回避有关，自动思维可能就在患者叙述的故事里，患者可能把自动思维当成了自己的"感受"。

识别出引发自动思维的一系列情境

很多"情境"能引发自动思维，就像第二章所描述的。例如，安德里亚的治疗师在第一次会谈中迟到了 10 分钟（情境 1）。安德里亚认为"她真的不关心我"，感觉受到了伤害。她注意到自己受伤的感受（情境 2），认为"她竟然敢如此伤害我"，并变得愤怒。当她进入治疗室时，她表达了愤怒，但在治疗师开始说话前，安德里亚认识到自己反应过度了（情境 3），"我不应该这样说。治疗师可能不再想跟我一起工作了"。

患者可能对具体情境产生自动思维，对于他们自己的想法（包括语言或想象形式的白日梦、记忆、幻想）和反应（情绪的、行为的、身体的反应）也能产生自动思维。患者也可能对他们心理或身体的变化产生自动思维，比如，思维跳跃或身体疼痛。亦或者对他们感受到的情境产生自动思维，包括视觉的（例如视幻觉）听觉的（例如听幻觉）、嗅觉的（例如引起他们的创伤体验的气味）或者触觉的（例如由接触引起的不愉快感受）情境，都可能促使他们产生自动思维。

识别出当患者较少体验到消极想法时

有些患者的症状相对轻,治疗师可能很难引出患者的自动思维。例如,通常当轴 I 上的部分症状或全部症状得到缓解时,患者就很少有功能不良的思维了,治疗可能要开始集中于患者预期在将来可能出现的功能不良的想法(见 J. Beck,1995)。

识别行为回避

一些患者之所以很少注意到自动思维,是因为他们有一套回避模式。乔尔不愿把他自己置于可能会被其他人评价的情境中。当他不得不出去时,他会努力不让自己出现在其他人面前。例如,他会等到商店人最少的时候再去买东西。开始时,他只报告关于自己不可能拥有令人满意的生活的自动思维。(当治疗师跟他讨论行为反应时,并没有在引出自动思维上遇到困难。乔尔有很多预测消极结果的想法。)

识别认知回避

尽管患者没有表现出明显的行为回避,但是如果他们习惯进行认知回避,也就是说把那些让他感觉糟糕的想法推开,他们仍然只会报告很少的自动思维。通常,当这些患者感到痛苦时,他们会努力分散自己的注意力,这样他们就不会注意到自己的想法并感觉糟糕。他们可能会做一些事情,比如上网、看杂志、跟别人聊天、到处走走、找些吃的东西、喝点酒或者吃药(见 Beck et al.,2004)。

识别患者谈话里的自动思维

有的时候,患者在描述自己的经历时表露了他们的想法,但是他们或者他们的治疗师没有意识到。在下面的对话里,由于患者一开始否认曾有这样的自动思维,治疗师不得不注意这些想法。

治疗师：当你跟母亲通电话时，你在想什么？

患者：什么也没想。我只是很生气。你知道的，她总是这样对我。她知道当她提到我被退学这事时我有多伤心。我认为她是故意的。她总是这样惹我生气。

治疗师：（总结）所以事情是你和母亲打电话，你认为"她总是这样对我。她明知道提到学校的事情会令我伤心，她就是在惹我"。这样的想法让你感到生气。是这样吗？

识别被称为"感觉"的自动思维

有时，患者把他们的自动思维称为"感觉"。当患者使用"感觉"描述时，治疗师需要对患者是在表达感受还是想法进行概念化。

治疗师：她总是这样对你，这对你意味着什么？

患者：我不知道，我只是感到无助，就像我可能战胜不了她。

治疗师：那当你有"我很无助；我不能战胜她"的想法时，你在情绪上有什么样的感受？

患者：挫败。

重新把患者的想法标记为想法，把患者的用词"感觉"变为"在情绪上我感觉"，帮助患者更清晰地区分二者。

使用不同的标准策略引出自动思维

治疗师可以采用很多种技术帮助患者识别他们的自动思维，包括使用不同的提问方式、聚焦情绪和身体感觉、使用想象、使用角色扮演等。

提问技术

治疗师常用的引出自动思维的问题有:

- ❖ "刚才你的脑子里出现了什么?"
- ❖ "你在想什么?"

然而,对于某些患者而言,这些问题并不能引出回应,至少在会谈开始时不能。治疗师常常需要温和地坚持,帮助患者识别他们的自动思维——当然要谨慎,不要激怒患者或者让他们感到不舒服。他们可以这样提问:

- ❖ "你想象/预测/回忆了什么?"
- ❖ "这个情景对你意味着什么?"
- ❖ 在"这个情况下,最糟糕的是哪部分?"

治疗师也可以首先通过让他们识别并聚焦躯体上的情绪反应,然后检查他们的想法,帮患者更清晰地聚焦于想法:

- ❖ "情绪上你觉得怎么样?"
- ❖ "你身体的哪部分感觉到了(这种情绪)?"

治疗师也可以基于对患者的概念化,提供一个多项选择题:

- ❖ "你觉得你可能是在想 ____ 或者 ____ 吗?"

治疗师也可以从患者报告的对情绪的解释中寻找突破口:

- ❖ "你感到(伤心),是因为你在想 ____"

治疗师也可以提供一个与患者实际的想法相反的内容:

治疗师:好,你确定你不是在想这个事情吗?

患者：不。

治疗师：那你在想什么？

患者：我的生活糟透了！我恨我的工作！

治疗师还可以用自己可能会有的想法，给患者提供各种可能性：

❖ "如果我是你，我可能会想_____？你想起什么了吗？"

治疗师还可以提供其他人可能会有的想法：

❖ "我知道其他人处于类似情况下时，有时会想_____。你觉得你有类似的想法吗？"

接下来的对话需要保持温和的坚持，并用不同的方式提问。只有当治疗师意识到她对令患者痛苦的情境没有获取足够的信息，而情况因提问而开始改善时，她才能为患者提供有多种选择的问题，使得患者最后能够说出自己的想法。

治疗师：（总结）所以你尝试给妹妹发邮件，开始时感觉并不好。当时你脑子里有什么想法？

患者：什么也没有，什么也没有。（停顿）我只是感觉很糟，真的很糟。

治疗师：很糟，意思是……

患者：困扰。

治疗师：（寻找具体的情绪）伤心，生气，焦虑，困惑？

患者：我不知道，是一种令人讨厌的感觉。

治疗师：（寻找意象）你头脑里有画面吗？

患者：没有，一片空白。

治疗师：（提供一个相反的想法）你不会想，"这感觉很好，能够给妹妹发邮件我很高兴"。

患者：不。

治疗师：（寻找记忆）你可以回忆起什么吗？

患者：我不知道。

治疗师：哦，想这个有些困难……（意识到她需要更多的信息）我想我们应该倒回去。你为什么发邮件给你妹妹？

患者：我不得不跟她商量一些事情，关于母亲的，我知道她会因此而非常不高兴（自动思维）。这正是我发邮件给她而不是打电话的原因。

治疗师：所以，当你坐在那里写邮件的时候，你能想象妹妹收到之后的反应吗？

患者：我不知道，我只是感觉很糟糕。

治疗师：（共情地）那一定是一封令人困扰的邮件。（停顿）整个情境中最坏的是哪部分？

患者：（用绝望的声音）我不知道。

治疗师：（提供多项选择）是关于母亲吗，是关于你不得不做的事吗，是关于要跟妹妹商量吗？

患者：（看上去很挫败）所有都是。我不知道怎么办。

治疗师：（共情的语气）我们可以谈论一会儿这些事情吗？

患者：（点头。）

治疗师：那么首先是母亲，请告诉我这其中的事情。

患者：（自动思维）我不知道怎么办。她的身体状况似乎越来越糟。我不知道她的医生是否在用恰当的方式给她治疗。

治疗师：你的妹妹呢？

患者：（自动思维）她很麻烦。她总想在妈妈的事情上做决定，但是她从不去看她。她真的不知道到底发生了什么。她总是说我应该做这个，或者我必须要做那个，指责我。她一点儿都不了解整件事有多难。

治疗师：你呢？这一切带给你的影响是什么？

患者：我的压力太大了。（自动思维）我必须照顾好女儿。同时，如果我想保住工作，我必须上两轮班。妈妈的医药费很贵。她几乎花光了所有钱。我不知道接下来会发生什么！

治疗师：还有吗？

患者：（自动思维）最近我的健康状况不是很好。我没有时间照顾自己。

治疗师：（用共情的语气强化认知模式）嗯，难怪当你发邮件给妹妹时，你会感觉如此糟糕。你有这么多关于母亲、妹妹、女儿以及你自己的令人困扰的想法。

聚焦情绪和身体感觉

当治疗师不能顺利识别患者的想法时，治疗师可以问他们的情绪和相关的感觉。这样做可以加强他们的感觉，提升他们的情绪，这可能更容易引出他们的想法。

斯坦是一个49岁的有强迫症的男士。在第一次会谈期间，当斯坦的治疗师问及他的强迫行为时，他摸着自己的胃，看上去很焦虑。

治疗师：刚才什么想法出现在你的头脑中了？

斯坦：我不知道。

治疗师：在情绪上你感觉如何？

斯坦：（思考）焦虑。

治疗师：你把手放在胃上，你感觉不舒服吗？

斯坦：（思考）嗯。

治疗师：你的胃有什么感觉？

斯坦：里面像有只蝴蝶一样，有一点点疼。

第十章 识别认知中的挑战

治疗师：还有其他的症状吗？

斯坦：嗯，感觉胸闷。

治疗师：你能将注意力聚焦在你的焦虑以及胃和胸的感觉上吗？

斯坦：嗯。

治疗师：当我问你，"在你感觉自己染上了细菌时，你会做什么"，你在想什么？

斯坦：想的是如果我告诉你实话，你会说我必须停止洗手，但我认为我不能停止洗手。

一些自动思维会引起身体反应的患者会格外关注自己身体或者记忆力的变化，而没有意识到或者拒绝承认自己的消极情绪或想法。治疗师教患者在他们体验到身体感觉时去识别想法，这可能是有帮助的。例如，"哦，不，又开始疼了；可能会越来越疼"，或者"我受不了（这些症状）"。然后患者会更加了解像这样的想法可能加剧了他们的痛苦。治疗师可以教患者监控让他们身体产生症状的情境，把这些集中在一起，他们就可能找到共同的模式。例如，卡尔常常报告说当他开始去工作以及工作日结束的时候，早上醒来会有短暂的腹痛。治疗师给他提供了一个假设的相反的想法，帮助患者识别出了实际的引起他焦虑的想法。

使用意象技术

当患者不能识别自动思维时，另一个有用的技术是使用想象。辛西娅的治疗师已经使用了几种不同的方式，试图找到她在本周早些时候的一个情境中的自动思维，但是都失败了。

治疗师：你能再次想象那个情景吗，就像它正在发生一样？你能试着在头脑中想象吗？（总结）上周二的深夜，你躺在床上？

辛西娅：嗯。

治疗师：可以向我描述一些细节吗？你躺在哪里？你在做什么？感觉怎么样？

辛西娅：我仍然穿着衣服，趴在床上。用胳膊肘支撑着头，因为我正在读杂志。

治疗师：你能描绘这个情景吗，就像它发生在此刻一样？你穿着衣服，躺在床上用胳膊肘支撑着自己，正在读杂志。这时你感觉怎么样？

辛西娅：非常低落。

治疗师：你是在想你正在读的内容吗？

辛西娅：不是，我甚至不知道我正在读什么。我不能集中注意力。事实上，我把杂志扔到地上了。

治疗师：你能看到自己把杂志扔到地上吗？

辛西娅：嗯。

治疗师：你在想……

辛西娅：哦，天啊。我甚至不能集中注意力读这个愚蠢的故事。

治疗师：这意味着……

辛西娅：我身上发生了非常糟糕的事情。（停顿）我感觉很崩溃。

使用角色扮演

治疗师可在会谈中重新创造一个令人困扰的人际交往场景，帮助患者更好地了解自己的想法。卡萝简短地描述了她与儿子的一次争吵，尽管治疗师很仔细地进行了提问，她还是抓不准当时卡萝在想什么。

治疗师：（总结）所以你儿子冲你大喊大叫。他说什么了？

卡萝：他恨我。我告诉他，他不能和朋友一起去商场，然后他就开始说，我让他感到多么窒息，说我从来没有让他做他想做的事情。

治疗师：你对他说什么了？

卡萝：我告诉他不要用这种方式跟我说话，但是他仍然跟我不停地争吵。

治疗师：我们可否做一点点的角色扮演，尝试重现当时的情景？

卡萝：可以。

治疗师：好，你扮演你自己，我来扮演你的儿子，怎么样？当时我们正在说话，你试着找出当时你在想什么。

卡萝：好的。

治疗师：现在我开始了？妈妈，我想跟朋友们一起去商场。

卡萝：不，不能去。

治疗师：（生气）不要，妈妈，让我去吧。

卡萝：不，我说过不可以。你还没有完成作业，而且今天不是周末。

治疗师：我回来时会写完的。

患者：不，你不能去。

治疗师：妈妈，你在限制我！你从来没有让我做任何我想做的事情。我恨你！我恨你！

卡萝：（走出角色扮演）我想那时我已转过身开始哭了。

治疗师：你在想什么？

卡萝：那个笨蛋无可救药！我不能忍受他用这样的方式跟我说话。他从来不听我的话。总是发生这种事，我不知道我是否有能力跟他沟通。我知道这都是我的错。在他小时候，我惯坏了他。

识别自动思维时遇到的问题

当治疗师帮助患者识别自动思维时，会出现很多问题。他们的回答可能过于理智化、过于完美主义，或者可能过于表面。他们可能害怕被消极情绪压倒，他们的想法暗示了一些关于自己的不好的方面，或者认为治疗师可能伤害他们，因此他们会避免识别自己的想法。（注意，当治疗师力图识别患者的意象、假设和核心信念时，都可能出现同样的问题。）

当患者的回答过于理智化

有的时候，患者过于理智，在开始识别出现在脑海里的真正想法时会遇到困难。询问关于痛苦情景的细节常常能找到线索，去发现他们真正的自动思维是什么。当莱恩在报告想法上遇到困难时，治疗师基于患者提供的信息，提供了一个临时的假设：

治疗师：所以在晚餐开始前你感觉最不舒服？

  莱恩：嗯。

治疗师：什么出现在你脑中？

  莱恩：嗯，是关于亲密的问题，惧怕亲密。

治疗师：那你预计会发生什么？

  莱恩：什么也不会发生。这只是关于亲密的想法，让我感觉不舒服。

治疗师：周围谁让你感觉最不舒服？

  莱恩：（思考）不是我的孩子。我猜是我嫂子。

治疗师：你在想，"她可能……"。

  莱恩：……试着跟我聊天。

治疗师：聊什么……

  莱恩：可能只是闲聊。但是她会问我在做什么。

治疗师：这会很糟糕吗？

  莱恩：嗯，我再不能用我的"辉煌成就"（用讽刺的声音）向她炫耀了。

治疗师：所以，她可能想或者说……

莱恩：我不知道，实际上她什么也没说。她去厨房帮忙了。我没有真的和她聊天。

治疗师：但是，如果你真的和她聊天了，这不会使你感觉好些吗？

莱恩：不会。

治疗师：好，让我看看我理解得是否正确。情境是全家人在晚饭前聚在客厅。你在想关于跟你嫂子聊天的事情，你想到一些想法，比如"她将会问我正在做什么，而这会让我感觉很糟"。是这样吗？

莱恩：嗯。

当患者的回答过于完美主义时

一些患者觉得治疗师如果没有对他们的自动思维有一个完整的或者完全准确的了解，治疗师就帮不到他们。因此他们过于关心给治疗师关于自己的自动思维的"正确回答"，在回答前会讲很多内容。他们可能会试着报告所有的想法，给他们自己和治疗师很大压力。或者当治疗师总结他们的想法时，他们可能会不断纠正治疗师。除非他们对于需要完全被了解这点有极度严格的假设，否则他们常常需要心理教育。

治疗师：如果你只是随便猜一下你的想法，会发生什么？或者"如果你没有报告每个想法"，或者"如果我没有完全准确地总结你的想法"，会发生什么？

患者：（停顿）我不确定。

治疗师：你担心我可能不能很好地理解你吗？

患者：是，是，我想是这样的。

治疗师：所以，我想让你放心。我只需要对你的问题和你的想法有个总体的了解。我不需要知道所有的事情,也没必要知道所有的细节。我只是想要获得一个总体的印象。(停顿)如果我告诉你,即使你不告诉我完美的答案,或者"如果我不了解所有的细节",我也可以帮到你,你相信吗?

患者:我不知道,我觉得你帮不了我。

治疗师:其实,根据我的经验,这种结果不会出现。试着给我一个整体的印象怎么样?在会谈快结束时,我们看看效果怎么样?

当患者只报告表面的自动思维时

一些患者仅仅报告有关"应对"的想法——理智的或者错误的安慰——这些想法会令他们感觉好些,但这是在他们最初的令人困扰的想法之后才出现的。罗恩常常报告这样的想法。罗恩的治疗师问他,当他的朋友没有邀请他去参加篮球比赛时,他想到了什么。罗恩回答:"我也没有真的很想去参加。"治疗师继续问下去,发现罗恩最开始的想法其实是"他肯定不喜欢我"。另一次,当罗恩的妻子下班回家晚了时,他感觉很焦虑。他认为他的想法是"她没事,她没事"。这种"应对"陈述(只有很小的安慰作用)是在最初的关于妻子出事故的想法和画面进入脑海后才出现的。

当表面之下有更重要的想法时,其他一些患者也会回答表面的自动思维。在下面的对话里,治疗师不得不再次寻找更让患者痛苦的想法。

治疗师:那么今天你会回去工作吗?
患者:(慢慢地)不……我不想去。
治疗师:因为……
患者:我真的不想去(表面的想法)。
治疗师:如果你去了,可能发生的最坏的事情是什么?

患者：什么也不会发生。

治疗师：当你想到要去工作时，有什么感觉？

患者：不好，有点，有点挫败感。你知道，我要放弃工作。在那里没人尊重我。

治疗师：明天你会去吗？

患者：嗯，明天会去。

治疗师：但是明天也是令你挫败的，不是吗？

患者：嗯，但是家里有些事情我必须去做。

治疗师：那么，对于今天去上班和今天不用完成家里的事情，有什么在困扰着你？

患者：（叹气。）

治疗师：（基于以前识别的模式进行假设）我想知道在你的记忆里，是不是有个声音在告诉你今天必须要小心，照顾好自己。即使你在理智上知道自己很好，什么事情也不会发生，但是你仍可能觉得你应该待在安全的地方，不要影响自己？

患者：我不知道。（思考）我猜自己的确认为如果今天能待在家里睡个午觉，会更好些。

治疗师：因为如果你不小心，不睡午觉而是去上班，会发生……？

患者：可能是不好的事情。

治疗师：可能发生的最糟糕的事情是什么？

患者：我不知道。（停顿）我的主管可能会让我难堪。

治疗师：如果他这样做了，会发生什么？

患者：我就是不想让自己伤心。

治疗师：因为如果你太伤心……

患者：我猜情况可能会越来越糟。

现在，患者的核心自动思维很清晰："（如果我今天去工作，主管就可能让我难堪)。我会感到很伤心,心情越来越糟。"

当患者表现出认知(或情绪)回避时

一些患者不愿报告自动思维,而且有时甚至不愿识别令自己痛苦的自动思维,因为他们害怕体验消极情绪。他们可能持这样的信念,比如"如果我想这个,我就会感觉更糟(我会感到应付不了、情绪失控、分裂、变得疯狂)"。与此同时,还可能出现一些意象。他们可能会想象自己战胜了情绪。治疗师常常需要确定患者是否有功能不良的假设,比如前面提到的这种,并在患者愿意识别令人痛苦的想法前对其进行评估。洛伦的前男友故意在酒吧里忽视她。这是在下次会谈的前几天发生的,自从那时起,她反复想这件事,每次都觉得受到了伤害。当她的治疗师问她这件事时,洛伦有一个关于自我表露的意象,之后就开始哭个不停。

治疗师:我们可以谈一谈当你去见特拉维斯时发生了什么吗?
洛伦:(看起来很低落)我想现在不应该谈这个。
治疗师:嗯,可以的,但是你能否告诉我,如果你真的和我说了,你认为会发生什么吗?
洛伦:我不知道,我可能会更伤心。
治疗师:在你头脑里是否有一个画面,有关如果你更伤心了,会发生什么?
洛伦:(思考)嗯,我会不停地哭啊哭。
治疗师:然后会发生什么?
洛伦:我不知道。
治疗师:你最怕发生什么?
洛伦:我猜我会哭得停不下来。精神完全崩溃。

治疗师接下来让她回忆，以前在治疗中是否发生过类似的事情。洛伦回答没有。然后治疗师问她何时会关注自己的想法并且觉得伤心。洛伦简短地描述了最近几个月的两次经历，那几天晚上她独自待在宿舍，断断续续哭了一个多小时。治疗师帮助她看到，即使在那些时候，她最终还是停止了哭泣，没有经历"精神完全崩溃"的状态。他们还在会谈中讨论了这次经历与以往的不同之处，因为洛伦不是一个人，她和治疗师会讨论如何缓解她的痛苦。然后治疗师让洛伦回忆了在治疗中谈到这些令人伤心的事情时的经历，以及治疗师是帮助她感觉更好的，而不是更糟的。在讨论快结束时，洛伦开始愿意谈论跟前男友有关的事情了。在会谈的末尾，治疗师帮助洛伦发现，讨论问题的确使她的心情得到了改善。

对于不愿意识别自动思维的患者，可以使用逐级暴露技术。治疗师可以让患者仅仅说出事情的一部分，来看会发生什么。或者让患者聚焦于自己的消极思维，先坚持几秒钟或几分钟，然后再逐级延长自己忍耐消极想法的时间。第十二章将介绍另一个解决害怕体验消极情绪的技术。

当患者赋予想法以特殊意义时

患者可能因为给想法赋予特殊意义，而不愿意报告自己的想法。德罗不想承认他害怕旅行的程度超出了他的忍耐范畴，因为他不希望别人觉得他是脆弱的。泰勒担心他的强迫想法意味着自己疯了。杰里米瞧不起自己，因为他对自己的销售工作抱有消极想法，他觉得"只有失败者才会这样想"。当治疗师感受到患者的这些不情愿时，很重要的一点是要询问患者：

❖ "你认为这样的想法有什么不好吗？"

然后治疗师可以帮助患者重新定义他们赋予想法的负面意义。

当患者害怕治疗师的反应时

有时，治疗师未能识别自动思维，是因为问题与治疗关系有关。患者回避表达自动思维是因为他们感觉自己容易受到伤害，而不敢告诉治疗师真实的想法：

> "如果我告诉治疗师我在想什么，他/她将……"
> - "认为我疯了/很可怜/很讨厌/无可救药。"
> - "指责我，瞧不起我，拒绝我。"
> - "把我给交给警察/把我送到医院/下次拒绝见我。"
> - "控制我/以某种方式用我的想法来打击我。"

当治疗师对治疗关系里的问题有疑问时，他们可以直接询问患者有怎样的假设：

> ❖ "如果你告诉我你在想什么，会有什么糟糕的事情发生吗？"
> ❖ "你认为我可能以某种方式消极地评价你吗？"

一些患者不愿意表达他们的担心，治疗师仍需要跟他们沟通。

案例

唐是一位 52 岁的男士，患有慢性抑郁。在第一次会谈中，因为担心治疗师会认为他很愚蠢或脆弱，而不想识别自己的自动思维。唐没有叙述自己工作上的一次痛苦经历，而是开始贬低治疗师。在他愿意合作地识别自动思维之前，治疗师必须帮助他感觉到更多的控制感。

唐：你知道的，所有关注我想法的工作都是没有用的。它太浅了。
治疗师：嗯，（停顿）你觉得什么能更好地帮助到你？
唐：（没有真的回答问题）你看，我的问题真的是根深蒂固。我对自己的全部生活都感到抑郁。我的意思是，没有人能帮到我，这种帮助也持续不了多久。我确定我的问题与我父母忽视我有关。我得不到我需要的。到现在它仍然影响着我。所以谈这些事情，是，是……无关紧要的。

治疗师：我能了解为什么事情看上去是这样的。（共情）我想它一定让你很愤怒。

唐：嗯，是的。我想你可以讨论得更深一点儿。

治疗师：你说得非常对。我们的确需要讨论得更深些。这仅仅是时间的问题。如果我们从较深的层面开始，大多数人不会取得进展。这就好比还没有怎么练习就开始跑马拉松。通常更好的做法是从快走和锻炼肌肉开始，但尽量不伤到自己。

唐：我仍然认为，谈论我工作时在想什么对治疗并不是那么有效。

治疗师：嗯，对于这点，你可能是对的，但你也可能是错的。但是我很愿意把治疗时间分开——一部分时间用于讨论令人讨厌的情景，比如工作；另一部分时间用于讨论更深的话题，比如你跟父母之间发生了什么。（停顿）你认为呢？

唐：（思考，用不情愿的语气）我想可以。

治疗师：那么我们从你的童年经历开始？

然后治疗师把时间分为两部分：讨论童年经历，和用工作时发生的事情作为例子教患者识别自己的认知模式。

延迟识别自动思维

有的时候，若治疗师坚持关注自动思维，会引起患者关于自己、关于治疗师或关于治疗过程的负面想法。这时，治疗师应该不再坚持,暂时搁置问题。这个时候,治疗师应该降低在特殊情境下引出想法的重要性。

> ❖ "有时这些想法很难发现。我们可以稍后再做这件事。"("同时,你能告诉我关于这个问题的更多信息吗?"或者"也许我们应该多谈一下你经历_____的这个问题。你觉得呢?")

但是如果治疗师观察到患者识别自动思维有困难,他们就应该考虑是仍然有未解决的实际问题,还是患者有干扰性信念,这在本章后面会讲到。

识别意象

就如其他书所描述的(Beck, Emery, & Greenberg, 1985;J.Beck, 1995),大多数患者不能自如地报告消极的视觉意象。因为这些意象常常是非常令人痛苦的,患者往往会选择快速地将其排除在意识外。为了模糊这个问题,很多治疗师甚至没有询问患者的意象,或较少触及这些。识别患者的意象很重要,因为如果没有很好地处理他们的意象,患者的症状可能就不能得到有效的缓解。

意象可能是预言、记忆或者隐喻表征。

预言

患者的想法通常伴随意象,就像下面的例子所说明的。丹妮尔是一名高中生,她看见一群与她同校的女生从马路对面过来。她们在笑。丹妮尔想:"我敢打赌,她们在谈论我。"虽然她离得太远,完全看不清她们,也听不清她们在说什么,但是她的意象是她们笑得很卑鄙,她们的表情是轻蔑的,应该是在和彼此说"丹妮尔是一个失败者"。兰迪工作时非常紧张,当同事提醒他年度考评快要出来了时,兰迪想"我将得到一个可怕的评价"。他的意象是老板把他叫进办公室,指责他没有努力工作,当场把他开除了。当布莱恩的妻子打电话告诉他说,他的妈妈必须回到医院时,布莱恩想:"万一她因此病得更严重呢?"他想象着妈妈躺在医院的情景。当艾尔感觉很心烦时,他想,"我不能忍受这种感觉"。他的意象是,自己冲到街上,大声尖叫,感觉彻底失控了,然后看见自己被穿着白色外套的男士强制送进了救护车。

当听到患者讲出了一个预言时,治疗师可以直接询问患者的意象:

❖ "当你想到'我会死在街上'时,你头脑里会有这样的画面吗?"

或者他们可以委婉地询问。玛乔丽报告了她的想法,"我再也不会变好了"。她的治疗师建议:

❖ "让我们来想象一下未来,几年之后,你没有变好,你会在哪里看到自己?你在做什么?"

治疗师也可以假设患者有意象,询问意象的细节:

❖ "所以当想到'我在房间,起床,想说话,却说不出来'。这个房间看起来像什么?谁在那儿?你感觉怎么样?你看上去怎么样?旁观者在想什么?"

记忆

特别的意象常常包含着痛苦的记忆。当詹妮感到很混乱时,偶尔会冒出一个无意识的意象:她坐在一年级的教室里,老师想要她填写一张表格,她因为不会填而感到很丢脸,快受不了了。

在会谈中,特丽萨的治疗师帮她寻找"如果丈夫死了,我也活不下去"的证据。她报告了几年前,当她第一次离开父母的房间单独睡觉时的一个视觉意象。这是她在新公寓的第一夜，她很伤心、孤独，感到不知所措。

隐喻表征

有的时候，患者会产生无意识的意象，这些意象的性质是隐喻性的。米切尔说："当我想尝试让自己的生活发生些变化时，感觉就好像是撞上了一堵墙。"事实上，他看到自己被痛苦地反弹到一面又高又令人恐惧的砖墙上。卡拉告诉她的治疗师，"我感觉自己要淹死了"，当治疗师详细询问时，他发现卡拉有一个深深地沉入湖水的意象。

引出假设

就如第二章所描述的，假设可能是与"特定情境"相关联的。比如，"如果我试着让孩子们（在家承担更多责任），那是不会有效果的；他们不会听我的"。或者将假设定位在一个更深层的、更广泛的层面（"如果我试着影响他人，我会失败"）。前面这两个假设是预测性的，但也有的假设更多地是与核心信念的主题相联系的，比如，"如果我不能让大家听我说话，就说明我很无能"。

正如前面章节所描述的，带着挑战性问题的患者常常对一般意义上的改变、治疗中的改变、治疗的过程以及治疗师有不合理的假设。例如：

- "如果我试着改变，我会失败。"
- "如果我变得更好，我妻子将变得更糟。"
- "如果我谈论这些令人心烦的事情，我会崩溃。"
- "如果我赞同治疗师的话，就说明我很无能。"

第十章　识别认知中的挑战　　279

运用并改变引出假设的标准策略

大多数假设相对容易识别：患者会直接表达出来（"如果我不激励同伴，他就什么也做不了"），或者治疗师可以使用下面的技术之一来识别。

提供部分假设

治疗师：（总结）当你想到在避难所不能够解决问题时，你感觉很烦？
患者：嗯。
治疗师："如果我不能在避难所里得到帮助……"这意味着什么，或者会发生什么？
患者：我会让他们失望。

治疗师可能会决定再深入一些，继续询问患者的假设的意义（"如果你让他们失望，这意味着……"），直到患者发现他们的核心信念。下面将介绍其他策略。

提供句子的主干

一旦治疗师确认了不合理的行为模式，让患者完成包含行为的假设对其更有帮助。

> ❖ "如果我（使用我的应对策略），然后＿＿＿＿（会发生什么好事？或者这个好事对你意味着什么？）。"
> ❖ "如果我没有（使用我的应对策略），然后＿＿＿＿（会发生什么坏事或者这个坏事对你意味着什么？）。"

例如，帕特丽夏的治疗师帮助她识别了一个假设（一个预言），然后识别了与她的核心信念相联系的更具概括性的假设。

治疗师：帕特丽夏，你会怎么样回答这个问题：如果我必须做些平凡的琐事，像洗衣服、刷盘子、清扫浴室，然后会发生什么不好的事情？

帕特丽夏：我会感到沮丧，没有活力，感到没有尽头。

治疗师：如果必须去做这些平凡的琐事，对你意味着什么？

帕特丽夏：我感到自己很渺小，被困住了。

治疗师：（收集证据以判断假设是有情境特殊性的，还是有更深层的假设）在房间里做其他事情时也会有这样的感觉吗？

帕特丽夏：做大部分事情都有。（思考）除了烘焙、做饭——我喜欢这些。

治疗师：那么，问题是你不想被迫做事情，对吗？

帕特丽夏：是的。

治疗师：房间以外的事情呢？也是同样的吗？

帕特丽夏：嗯，我总是这样。

治疗师：所以，如果我去做我不想做的事情，这就意味着我很渺小，被困住了。是吗？

帕特丽夏：嗯，我想是的。

把态度和规则变成假设的形式

就像第二章所描述的，当患者以假设的方式而不是用态度和规则进行概念化并检验中间信念，是比较容易的。此外，假设常常可以使应对策略和核心信念之间的关系变得清晰。莉斯的态度是"让其他人心烦真是太可怕了"，她的规则是"我应该从来不让别人心烦"。她的治疗师询问令别人心烦的意义时，莉斯回答："如果我让别人心烦，他们就会伤害我。"

引出核心信念

正如下面的描述，治疗师可以用不同的方法引出核心信念。重要的是意识到识别核心信念可能会令患者非常痛苦。在治疗早期，治疗师应谨慎地引出核心信念，以帮助他们对患者进行概念化，但是他们要小心行事，不要让患者感到太有威胁或受到了伤害。

运用并变换引出核心信念的标准策略

治疗师可以使用多种技术识别患者的核心信念。他们可以调查患者想法的含义，检查他们的假设，当信念以自动思维的形式出现时进行识别，或者提供一系列核心信念列表。

询问患者想法的意义

治疗师可以检查患者在不同情境和时间出现的自动思维的主题，并询问他们其想法的意义。

> ❖ "如果这个自动思维是准确的……"
> "这意味着什么？"
> "这个情境中最坏的是哪部分？"
> "是什么如此糟糕？"
> "对你来说这意味着什么？"
> "对其他人或外部世界来说，这意味着什么？"

如果患者回答这些问题有困难，治疗师可以试着根据已从患者的想法中观察到的模式，提供一个猜测。

治疗师：如果这是真的，你的弟弟责备你没有帮忙照顾父母，这意味着什么？

患者：（停顿）我不确定。

治疗师：对于这一指责，最坏的部分是什么？

患者：（停顿）我不知道。

治疗师：有没有可能是你认为他是对的，也就是说，你应该被骂？

患者：嗯，是的。

治疗师：如果你应该被责骂……？

患者：（低头。）

治疗师：这说明你很坏吗？

患者：（低语）是的。

检查假设

有时，患者提出的假设是基于特殊情境的，而不是深植于他们的核心信念的。这些假设常常比较容易矫正。有时，患者的不合理假设反映出了更基本的核心信念，这样的问题假设通常更难以改变。下面就描述了这两类患者，他们都有这样的假设："如果我对朋友设置界线，他就不会喜欢我了。"

治疗师：罗伯特，如果你的朋友真的不再喜欢你了，这对你意味着什么？

罗伯特：他不想出现在我面前，我失去了一个朋友。

治疗师：如果你失去了他这个朋友，这对你意味着什么？

罗伯特：他不再陪我一起逛街。跟他一起很开心，我会怀念这些。

治疗师：如果你失去这个朋友，他不陪你逛街了，也不会和你一起玩了，对你来说这意味着什么？

罗伯特：我想我要找其他的朋友一起玩了。

第十章 识别认知中的挑战

治疗师：如果你失去他这个朋友，对你来说会有什么不好的事情发生吗？

罗伯特：（不带任何情绪）不，我不这么认为。

罗伯特并没有与"我的朋友不再喜欢我了"的假设相联系的核心信念，但是玛茜有。

治疗师：玛茜，如果你的朋友真的不再喜欢你了，这对你意味着什么？

玛茜：我失去了他。

治疗师：如果你失去了他这个朋友，这对你意味着什么？

玛茜：（很小声音）我再也找不到朋友了。

治疗师：这对你来说意味着什么？

玛茜：我不可爱。

治疗师：这只是与布鲁斯有关的想法，还是与很多事情都有关？

玛茜：很多方面。

治疗师：例如……？

玛茜：当我在家人身边时，（思考）当我工作时，在教堂时，在社交小组里时。

治疗师：你什么时候觉得自己可爱？

玛茜：我不知道。几乎从来没有过。（思考）可能当我跟外甥在一起时会有这个想法吧。

与罗伯特不同，玛茜有一个"自己不可爱"的核心信念，当她在不同的情境和时间里想起要与朋友自信地相处时，这个信念都会被激活。

识别被表达为自动思维的核心信念

有时,患者在治疗早期很容易识别他们的核心信念,尤其是对很多抑郁患者来说,实际上,他们会把核心信念当成自动思维("我很失败,我不够好,我感觉自己没有价值")。治疗师可以通过判断这些想法是概括性的想法还是情境性的想法,来确认这些想法是否是核心信念,就像上面的例子所描述的。

详细说明模糊的核心信念

一些患者会表达关于自我的总体核心信念,如果不进一步提问,是不容易进行分类的。"我有问题","我不够好","我不完美",为了对他们更好地进行概念化,治疗师可以帮助患者了解他们的核心信念是认为自己无助、不可爱还是没有价值。

治疗师:如果大家没有参加你的聚会,这意味着什么?
　患者:他们忽视我。他们不想跟我说话。
治疗师:如果他们真的不想跟你说话,这对你意味着什么?
　患者:我肯定有些问题。
治疗师:如果是你有些问题,最糟糕的可能是什么?你不如其他人那样好(属于无助类的自卑信念),还是你永远得不到想从他人那里获得的爱和亲密(不可爱类的信念),还是你很坏或者没有价值?
　患者:是我不像他们那样好。他们很有趣,他们的工作很好,他们中的大多数人都结婚了,一些人甚至已经有了孩子。
治疗师:你呢?
　患者:我什么都没有。
治疗师:所以这说明了什么?

患者：我不如别人。

识别核心信念的问题

当前面介绍的策略都没有效果时，识别患者的核心信念可能特别困难，尤其是当患者害怕体验负面情绪或认为治疗师可能会伤害他们时。当问到他们的想法的意义时，这些患者可能仍会聚焦在比较表面的自动思维上，或者可能很困惑地说"我不知道"。他们可能对自己的核心信念有假设，但是讨论这些让他们感到自己太脆弱或很痛苦，因此会回避进一步的讨论。当这种情况发生时，治疗师应该小心处理，使用渐进的、温和的方式进行探索。

总　　结

由于很多原因，患者可能在识别自动思维、意象、假设和核心信念等方面感到困难。与其他困难一样，有关患者思考或者表达他们负性的想法的困难和功能不良的信念，治疗师应该评估患者是否是因为不能有效地运用标准技术，还是因为不能灵活地使用策略，才导致问题出现的。

第十一章
改变想法和意象时的挑战

认知疗法的一个重要部分是改变患者的认知，从而改变他们的情绪、行为和生理反应。认知治疗师会从自动思维入手开始进行治疗，因为这些表层的认知比那些隐藏在内的假设和核心信念更容易改变。深层次信念的改变越早进行越好，因为一旦患者扭曲的自我概念、世界观和对他人的观念得以转变，他们扭曲的想法就会变少，情绪就会更好，行为也会更有适应性。应该试着在治疗开始阶段就帮助患者改变和评估他们的信念，即使这样做可能不成功也没有关系。

例如，罗宾有一个核心信念——她是坏的、有缺陷的，别人都会指责她、拒绝她。如果她的治疗师在第一次会谈中就改变这些信念——如果罗宾能立刻相信她有价值、正常、挺好，别人就会对她很友好、很欢迎——那她对自己的消极想法就会变少，就不会那么害怕他人的看法和行为。随后，她就可能表现出适应良好的行为，她的情绪也会得到改善。但是，罗宾的核心信念是顽固的，她对它们深信不疑。如果治疗师急于帮她评估消极信念，她可能会非常困惑、焦虑，或者可能会认为治疗师不理解她、心存不良、太天真、太无能。

患者的一些具有挑战性的自动思维和意象是相对比较容易改变的；而那些更加深层次的信念，则比较难以改变。本章第一部分谈到了很多帮助患者在会谈中改变自动思维的标准策略。随后介绍了阻碍患者改变想法的典型信念。本章的第二部分将讨论如何教患者在会谈外改变自动思维。

使用并调整标准的策略来改变自动思维

有挑战的患者不单会采取行为和认知回避策略，还可能会在一周之内出现几十个或几百个自动思维。治疗师需要一个好的、有效的个案概念化（见第二章）来与患者共同决定聚焦于哪些问题，并在探讨这些问题时，与患者共同选择几个需要在会谈中进行评估和调整的自动思维。

开始评估之前

在帮助患者评估他们的想法之前，治疗师需要确定他们已经找到了关键的自动思维，而患者在很大程度上仍然很相信这些自动思维。治疗师也需要知道，当患者情绪低落时，常常难以做出认知上的明显改变。

选择关键的自动思维

在和患者一起选择需要评估的自动思维（或意象）时，治疗师需要确认患者一周内数以百计的自动思维中，哪些是最需要改变的。这样，治疗师和患者才可以聚焦那些预计会在未来一周内出现的、关键的自动思维。选择思维时可以参考以下原则：

- 这些想法和他们要在会谈中解决的问题有关系吗？
- 这些是患者典型的想法吗？
- 它有明显的扭曲或者功能不良吗？
- 它反映了深层次的、重要的信念吗？
- 这和明显的消极情绪有联系吗？（J. Beck，1995）

确定对自动思维的相信程度

在评估自动思维之前，治疗师需要问这样的问题：

> ❖ "现在你在多大程度上相信这个自动思维？"
> ❖ "在理性上，你有多相信它？感性上呢？"

如果患者在理性上和感性上对自动思维的相信程度都较低，那么治疗师可以简单地问患者：

> ❖ "你能反驳这个想法吗？"
> ❖ "你现在怎么看待它？"

如果患者已经改变了想法，那就不再需要进一步的认知重建。例如，马琳非常不安，因为她不得不告诉儿子下周她要去看医生，不能帮他照看孩子。这周她关键的自动思维是"我应该帮他照看孩子。他依赖我，而我让他失望了"。幸运的是，她的治疗师和她一起工作时发现，她不再那么坚信这些想法，她认为自己不需要治疗师的帮助就可以应对这些事情。

治疗师：你现在有多相信你应该不去看医生而是去照顾孙子，从而不让儿子失望？

马琳：我不大相信了。

治疗师：你现在是怎么看的？

马琳：这是情理之中的，没有太糟糕。我已经为他的孩子做了很多。我不会取消和医生的预约，这样我还能去看个电影或者做点别的事。

治疗师：很好。你能这么想，我很高兴。

之后，马琳的治疗师完善了个案概念化，认为可将治疗时间用在

第十一章 改变想法和意象时的挑战

解决让患者感到更加痛苦的自动思维或问题上。

确保消极情绪适度

患者的情绪可能是低落的:

> - 即使他们已经改变了想法（就像上面介绍的马琳那样）。
> - 如果他们的认知是回避的。
> - 即使他们的痛苦仅在面对让他们不安的情境中出现。

如果患者属于后两类，治疗师需要让他们想象某些情景正在发生，以此来激发他们的情感。

另一方面，患者的情绪偶尔会太过高涨，以至于无法评估他们的想法。他们的核心信念常常在治疗中变得十分活跃。治疗师可能需要改变话题，或者鼓励来访者放松、深呼吸或者使用分散注意力的技术，直到患者感到不那么痛苦并更能控制自己为止，之后再回到原先讨论的自动思维上。

使用标准问题

治疗师帮助患者改变想法的最主要的技术是苏格拉底式提问。治疗师常常使用以下这些基本问题——或者是换个说法——来帮助患者评估他们的想法:

> ❖ "有什么证据可以证明这个想法是真的？有什么证据证明这个想法可能不是真的，或者不完全是真的？"
> ❖ "对于这个情境，有什么其他的解释或者其他不同的看待它的角度？"
> ❖ "我可能有什么样的认知扭曲？"
> ❖ "在这个情境中，最坏的结果什么（在可能的情况下，我会如何应对这种情况）？最好的结果是什么？最现实的结果是什么？"
> ❖ "相信自动思维会有什么结果？改变我的想法会有什么结果？"
> ❖ "如果我的某个朋友或者家人在这个情境中，我会对他/她说什么？"
> ❖ "我现在应该做什么？"

《认知疗法：基础与应用》（J. Beck，1995）中列出了这些问题，你也能在"功能不良想法记录单"（J. Beck，2005）的下方看到它们。记住，不是所有问题都适用于挖掘自动思维。比如，克里斯蒂认为，"我不想起床，不想开始新的一天"。这个想法毫无疑问是真实的，所以前三个问题就不适用。

使用其他问题和技术

有时，治疗师需要使用一些技术来让患者学到更具适用性的想法。露西很担心将要在教堂里举办的联谊会。她有很多自动思维："要是我谁都不认识怎么办？要是我不知道做什么怎么办？要是我脸红或结巴了怎么办？要是我说了傻话怎么办？"她的治疗师使用苏格拉底提问来评估并回应想法。她确定露西的焦虑在她眼里比在别人眼里更加严重，也确定露西实际上是知道该如何说话的，只不过不敢去说。在这次讨论之后，露西的焦虑缓和了一些。但接下来她的自动思维变为了"如果我谈论自己，他们就会觉得我很自负"。她的治疗师使用了标准问题帮露西评估并回应这一想法：

> ❖ "你怎么知道他们会觉得你自负？过去是否有很多经验告诉你，人们会觉得你自负？或者实际上你很谦和吗？"
> ❖ "是否还有这样的可能：人们觉得你很有趣、很讨人喜欢，而不是自负？"
> ❖ "你的预言会不会是错的？"
> ❖ "如果别人认为你自负，最坏的情况是什么？如果它的确发生了，你会怎么做？在这个情境下，最好的结果是什么？最现实的结果是什么？"
> ❖ "相信别人认为你自负会有什么结果？改变你的想法又会是什么结果？"
> ❖ "如果你的朋友戴芬处在这个情境中，也有这样的想法，你会怎么跟她说？"
> ❖ "你认为你应该做什么？"

露西的治疗师可以有很多处理自动思维的方式。例如，她可以用劝导的方式问露西：

第十一章 改变想法和意象时的挑战

治疗师：好像每个到那儿的单身人士都是为了找对象，是吗？

露西：是的。

治疗师：所以他们去的目的不会是为了嘲笑某人、贬低某人或者让某人不舒服？

露西：（思考）是的，不会。

治疗师：在你去的教堂里会有人这么做吗？

露西：噢，不会，那个地方欢迎任何人。

治疗师：有没有这样的可能性，那里也有一些害羞的人？

露西：有可能。

治疗师：如果你走向某人去和他聊天，你认为大多数人会因为有人对他感兴趣而觉得恼火，还是会觉得高兴？

露西：也许会觉得挺高兴的吧。

治疗师给出了替代性看法：

治疗师：所以你预期如果谈论自己，别人就会认为你自负。（停顿）露西，是否会出现相反的结果呢？比如你在那儿遇到一个男孩，你问他一些问题，表达你对他的好奇。如果他不善于问你相同的问题，你可以通过自我介绍来继续谈话：你加入教会多久了，你喜欢教堂的什么，你在哪儿工作，诸如此类……（停顿）他会感激你将谈话继续下去的，而不会认为你自负，特别是在他也很害羞的情况下。（停顿）你认为呢？

治疗师也可以将想法极端化，以此让露西看到自己扭曲的想法：

治疗师：你知道你的做法是正确的，你不想压倒他，也不想表现得多么优秀去主导谈话——但老实说，露西，这些事情发生过吗？我认为，如果要让你变得自负或太把自己当回事儿，那我们就得将你整个人格变一变。（停顿）我说得对吗？

露西的治疗师还可以使用自我表露：

治疗师：你知道，在社交场合和别人说话时，如果我必须一直说话，我会感到很不舒服。即使别人对我感兴趣并问了我一些问题，但如果他们不主动说说自己，或者在我问问题后回答得很少，我会感到不习惯。我喜欢他们谈论自己——除非，他们完全垄断了整个谈话。（停顿）你认为呢？

露西的治疗师画了个图来帮她理解这个概念。

一点儿都不谈论自己　　　　　　（表现适中）　　　　　　完全主导谈话

治疗师：你看，我觉得当对方处在线的两端时，大部分人都会感到不舒服。你或许需要将目标定在中间部分。

治疗师也可以用经验来处理想法。她可以使用角色扮演，让露西扮演她在教堂里碰到的一个男性，治疗师则扮演露西，并关注这个男性的反应。在第一次角色扮演中，治疗师扮演的露西非常平和，没有聊自己，只是以平和的口气问了些问题，没有眼神交流。在第二次角色扮演中，治疗师以更友善的方式扮演露西。在角色扮演之后，他们都说第二次角色扮演比第一次让人舒服了多少。

治疗师可以和露西进行想象（这会在这章的后面介绍），想象出教堂里会发生什么让人痛苦的事，并将其替换为更加现实的场景。

露西的治疗师也可以直率地给出正面评价和支持：

第十一章　改变想法和意象时的挑战　　　　　　　　　293

治疗师：露西，你知道吗，我认为如果你愿意和教堂里的人说话，他们会感到很幸运。因为你是一个很好的人！

最后，露西和治疗师将行为实验作为家庭作业，治疗师预计这个作业会成功。在进入教堂进行社交之前，露西会阅读她的治疗笔记（包含了她在会谈中记下的结论和她该如何做的指导）。然后她将试着和两个人说话，以检验自己的想法——她看起来很自负。社交活动结束后，她会用治疗师在会谈里给出的指导去评估自己的自动思维（通过别人的语气、表情、肢体语言来判断他们对她的反应是积极的、中性的、还是消极的）。万一行为实验进展不顺利，露西可以用准备好的治疗记录来提醒自己：不顺利只能说明自己需要（在治疗会谈中）进行更多的练习。如果得到一个消极的结果，她的治疗师会在下次会谈中讨论并评估她记下的结果，以确保露西的核心信念没有被加强。

改变自动思维时碰到的问题

如果患者不相信他们的想法是扭曲的，或者在评估和回应了自动思维之后，他们的消极情绪没有减弱，那么帮助患者改变想法的困难就会加大。下面会讨论这两个问题。

患者不相信自己的想法是扭曲的

首先，治疗师要承认患者的想法或许是完全正确的，一个重要的治疗目标是让他们学会评估自己的想法的有效性和实用性。有时，可以给患者一个配有例子的认知扭曲清单（J. Beck, 1995），问他们是否有一些认知错误听起来很熟悉。这还能帮患者回忆起那些证明自己的想法不准确的经历。（例如，大多数患者都会对那些不会变成现实的预期产生焦虑。)

如果患者在想法与证据相悖的情况下仍确信自己的想法是完全正确的,那么这个自动思维可能会是一个核心信念。例如,休在很多个早晨都会躺在床上重复地想"我是一个失败者"。这个想法不仅针对一个情境(比如,"我没有工作,我是个失败者")。在每个情境中,他都会认为自己是一个失败者。因为这个认知不仅是一个自动思维,它还是一个僵化的、顽固的、高度概括的核心信念,这就需要不断地干预才能改变。休的治疗师在开始时就将这个认知确定为一个信念,并帮他发展替代性想法。

治疗师:我能看到"我是个失败者"这个想法非常顽固。这是因为它不仅仅是一个想法,它其实是一个深层次的信念。它让你感到非常难过!(停顿)这个想法下次再出现时,你或许可以提醒自己:"我不是一个失败者,而是抑郁了。这个想法或许才是真实的。治疗可以帮我继续我的生活。"(停顿)这样行吗?

休:我试试看。

治疗师:将类似的话语写在卡片上好吗?你喜欢怎么表述它们呢?

患者在评估和回应了想法之后没有感到好一些

如果治疗师不能帮患者识别出那些对解决他们的问题很关键的自动思维和意象,患者可能就不会感到放松。例如,安报告说,她非常害怕应聘日托中心助手的面试。她和治疗师评估了该想法:"面试官会看出我有多抑郁、多焦虑,他不会雇用我。"治疗师和安检验了支持和反对这一想法的证据,对面试过程进行角色扮演,但这些对减少安的痛苦情绪作用甚小。之后治疗师发现,安还有其他的让她痛苦的自动思维:"如果我得到了这份工作,我会被它压得喘不过气来。我会不知所措。我会做错事,可能会伤害到孩子们。"安也想到了一个意象:在日托中心,她照顾的孩子从秋千上摔了下来,头上流了很多血。她对工作中会发生的事的焦虑超过了她对面试的焦虑。

如果患者能在理性层面上改变想法,那他们也可能会感到好些。所以应去询问患者在理性层面和感性层面上有多相信自己的想法。有时,患者会用"是的,但是"来描述感性和理性上的差异,"是的,我能看到当我回去工作后,我可能会挺好,但是在我内心里,我不这么觉得";"是的,理智上我不是一个太糟糕的母亲,但有时我仍然觉得我是"。让患者进行一场理性与感性的对话,会对治疗有所帮助:

治疗师:那么你仍然相信自己是一个坏母亲?在感性上你会怎么说?
患者:我应该多花些时间陪儿子们。
治疗师:你的理智怎么说?
患者:我已经尽力了。我是一个单身母亲,要自己支付账单,生活中有太多压力。
治疗师:你的感性会怎么说?
患者:不知怎么的,我应该能让这些变得不一样。
治疗师:理智说什么?
患者:我不知道。
治疗师:或许你需要提醒自己之前说的话,在所有重要的方面,你都是一个好妈妈,虽然不是完美的妈妈,但没有人是完美的,你姐姐也不是。(停顿)你的感性会对此说什么?
患者:(思考)我不知道。我觉得我相信这个想法了。

与矫正自动思维有关的功能不良的信念

有挑战性问题的患者常常会对矫正想法持有功能不良的假设,这些想法与前面章节提到过的关于设定目标、聚焦问题或者引出认知的想法属于同一类型。比如，这些假设可能与害怕解决问题和变得好起来有关（"如果我矫正了我的想法，我就会感到好些——但如果我感到好些，就会有不好的事情发生"）。或者患者可能害怕发现他们的想法是千真万确的。又或者他们可能会对"发现自己的想法不是真的，或不完全是真的"这件事赋予特殊的含义（"如果我的想法是错误的，就意味着我是差劲的、有缺陷的"）。

如果患者采取回避态度，那么治疗师很难帮助患者有效地应对自动思维，因为只有在消极情绪存在的情况下，治疗才会帮助患者发生明显的认知改变。治疗师常常需要使用之前章节叙述过的一些技术来改善患者的情绪。

患者不愿去评估他们的想法，这也可能为建立治疗联盟带来困难："如果治疗师让我看到我的想法是错误的，那么就意味着她比我厉害，我不如她"，"如果治疗师质疑我的想法的有效性，她就是在说我这个人不行"。

戈登的治疗师注意到，在她试图使用苏格拉底式提问来帮助戈登评估他的消极想法"我的室友看不起我"时，戈登会变得有些不安。

治疗师：戈登，好像这样并不能有效地帮助你。

戈登：是的，是的，这不能帮助我。

治疗师：你能告诉我为什么这样会使你困扰吗？

戈登：（思考）因为这就像是你在告诉我，我是错误的。

治疗师：如果我无意中让你有了这样的感受，我很抱歉。你认为这样会对你更有帮助吗，就是我们谈一谈在这些想法下你会如何表现，怎样应对能使你不再受它们干扰？

戈登：会，我觉得会。

问题解决练习之后,他的治疗师重新来处理认知重建的过程:

治疗师:戈登,我想问问你,你知道,我们讨论过你的有些想法是100%正确的;但是因为你的抑郁,也有一些想法是不正确的,或者它们不是完全正确的。(停顿)例如,你不能操持家务这个想法就不是完全正确的。因为你天天都在做事情,比如查看信件、做饭吃、洗碗,等等。即使你感到抑郁,你也仍然会做。不是吗?

戈登:(小心地说)是的。

治疗师:当你意识到自己做的比你认为的好时,你会感到好些吗?

戈登:会的。

治疗师:但是发现自己有些想法不是正确的,会让你感觉糟吗?

戈登:(思考)是的。(停顿)你看,我爸爸常常贬低我,总说我是错的。他与我对抗得很厉害。无论我说什么,他都会给出相反的看法。如果我说今天是个适合出行的日子,他就会说:"不是,过会儿会变得很热。"如果我说鹰队会赢得橄榄球比赛,他会说:"好吧,我希望你知道,不管怎么说他们都是个烂队。"

治疗师:所以你从来都赢不了。

戈登:好的。

治疗师:好的,很高兴你告诉我这些。好,问题就在于此。如果我每次都不假思索地同意你的话,我就不能很好地帮助你了。如果我同意你是个失败者,什么都做不了,那我永远都不能帮你战胜抑郁。

戈登:(点头。)

治疗师:但是在我试图帮你弄清楚你抑郁的想法正确与否时,你会感觉有点儿糟——就好像我在对你说你是错的。或许,我确实让你有这种感受了。

戈登：嗯。

治疗师：好的，我想我们可以做两件事。我能跟你谈谈它们吗？这样你可以明白它们是否有用——或者你也会产生别的看法。

戈登：好的。

治疗师：我的第一个想法是，如果我给你一个问题清单，你就可以用它来问你自己什么时候产生了这些自动思维了。或许在你引导自己评估自己的想法后，你会感到好些。

戈登：(慢慢地说) 好的。

治疗师：我的第二个想法是，或许你可以在意识到自己有消极想法时，告诉自己："这些事情可能不是完全正确的。可能就像父亲的声音在我的头脑里，让我对自己产生不好的感受一样。"(停顿) 比如，对于"房子里没人想理睬我"这样的想法，你可以对自己说，这不就像是我的父亲在贬低我吗？这个想法有没有可能不是完全正确的？

戈登：(思考) 我……我不确定能否做到。

治疗师：好的，或许我们可以举一些之前讨论过的例子。你的父亲是不是会看着你的一沓账单说你有多么失败？他是不是会因为你买到了一个破轮胎而指责你？

戈登：是的是的，他会这么说。

治疗师：好的，去归纳一下，如果发现你的某些消极想法是正确的，我们可以对其进行问题解决。但如果发现你的想法不正确，你就需要提醒自己，这些想法就像是父亲的贬低，发现它们是错误的，这将会很棒。

戈登：好的。

最后还要补充一点，这样是不足以帮助患者矫正扭曲的想法的：

治疗师还需要提高患者在治疗外的时间和将来的日子里记住新看法的能力。就像前面提到的那样，对患者来说，把治疗笔记、卡片或录音带回家是非常重要的，这上面有他们需要记忆或在接下来的一周需要做的最重要的事情。

在会谈外矫正想法时会碰到的问题

由于实际问题或认知干扰的存在，患者在评估和回应会谈之外的一些想法时常常会遇到困难。

实际问题

当患者经历明显的痛苦时

就如之前提到的一样，如果患者的消极情绪太强，他们就无法评估和回应自己的想法。他们可能需要在消极情绪下降到足以让他们有效地回应想法的水平之前，分散注意力，做些放松练习，从事些富有成效的活动，或者和其他人聊一聊。

患者可能会质疑通过诸如"功能不良思维记录表"（J. Beck，2005）等工具来评估想法的有效性，特别是在他们刚进入治疗或是有明显的痛苦感受时。对他们来说，阅读在会谈中想出的、包含着对典型的自动思维有力回应的治疗笔记、卡片会更加容易接受。

当标准化工具不适用时

对于一些患者而言，功能不良思维记录表之类的工作清单过于复杂。给这些患者一个标准化的问题清单，或者仅仅给他们一两个治疗师认为会较有效的问题，可能更有用。坎迪斯有广泛性焦虑障碍和强迫症，她常常将后果预测得很可怕。她能够在会谈之间通过问自己"最好的情况是什么，最现实的结果是什么"来减轻焦虑情绪。对霍华德来说，问自己"这个想法是否可能不完全对"帮助最大。而对于詹姆斯来说，问自己"如果我哥哥有这个想法，我会怎么跟他说"是最有用的。在问自己"（我的治疗师）可能会对此说什么"的时候，德洛丽丝会感到好些。

对于一些有强迫性思维的患者来说，可能存在另一个问题。对于这些患者来说，使用功能不良思维记录表之类的工具，可能不如让他们将想法看作"强迫性"的、带着想法继续工作、不去努力矫正它们更有用。在必须得做决定甚至是不重要的决定时，如穿什么衣服、买什么食物、制订怎样的社交计划、购买什么物品，蒂娜会出现强迫思维。对她来说，对于"如果我做了错误的决定，我就是不好的"这个想法做反应的效果一般。她应学会去想："这仅仅是一个强迫性想法，我没必要花太多时间去注意它。它让我觉得这个决定事关生死，但其实并不是这样。我应该依据现实做决定——比如想想怎么做最容易。"这会有用得多。

当患者的期望过高时

有时，患者意识不到自己已经在会谈外对自动思维做出了合理的反应，因为他们期待的是，消极情绪完全消退。我要说的是，即使只减少了10%的痛苦，也意味着回应思维的工作是值得去做的。（当然，很多患者会发现他们的消极情绪能减少得更多。）患者也需要知道，改变与信念关系密切的自动思维是需要付出长时间努力的。

治疗师：你知道吗，乔伊，你仍然相信自己做得不够好，这并不让我感到吃惊。在过去的没有治疗的日子里，你每天会有多少次这么告诉自己？

乔伊：很多次。

治疗师：一天很多次，每天如此？因此，你需要过一些时候才能真的意识到自己的努力是有回报的的。

干扰性想法

有时，患者在家并没有努力矫正或者回应自动思维，因为他们具有功能不良的干扰性想法。这些想法在第九章的"家庭作业"中有所叙述。在下面的材料中，治疗师探查了干扰性想法，帮患者对其做出回应。

治疗师：本周当你产生了消极想法时，你会努力挑战它们吗？
患者：会的，但很难。我不想这么做。我就想去睡觉，醒来后就都好了。
治疗师：你能做到吗？你能入睡吗？当你醒来后就都好了吗？
患者：没有，我仍然感觉很糟糕。
治疗师：那回过头看看，你认为阅读我们一起写下的治疗笔记，会感到更好还是更糟？
患者：我不知道。
治疗师：你现在带着它们吗？（如果没有，治疗师可以给患者一份。）你现在能大声读出来吗？

在患者大声读出笔记后，治疗师继续谈话：

治疗师：你有什么想法：如果你能读出来，如果你相信，你会感到好些还是差些，还是差不多？
患者：嗯，差不多，或者好些，我是这么认为的。不会变差。
治疗师：下面我们可以谈谈如何让你在本周阅读它们吗？
患者：好的。
治疗师：你能不能想象一下在今天晚饭之后阅读卡片？你会产生什么想法？

下面是其他典型的想法，这些想法可能会阻挠患者在家回应自动思维。治疗师可以和患者讨论这些想法，帮助他们完成（个性化的）治疗笔记，如下：

> **干扰性想法**：我没必要尽力做作业。
>
> **反应**：我希望自己不做这事。但不做就不能让我有所进步。我看你高估了做这事（阅读治疗笔记或做功能不良想法记录单）的难度。我能花些时间去完成它。

> **干扰性想法**：我的治疗师应该全权为我负责。
>
> **反应**：我心里知道，我的治疗师不可能全权为我负责。只有我自己努力，才能有所好转。

> **干扰性想法**：我无法改善我的情绪。
>
> **反应**：有时候，我能改善情绪。如果不努力，我是无法知道自己能不能感觉好些的。最坏的结果就是（对想法做回应后）依然没有效果。再尝试一下是值得的。

使用并调整标准化的策略以矫正自发性意象

在上一章中提到过，患者常常会产生三种意象：自动思维水平的意象、比喻式的意象、以记忆形式出现的意象。在《认知疗法：基础与应用》（J. Beck，1995）中叙述过的很多技术都能用来帮助患者矫正意象，或者给意象赋予含义。这些技术如下所述：

自动思维水平的意象

用标准化的苏格拉底式提问对意象进行现实检验后，患者学会了改变意象，或者继续展开意象、给意象一个安全的结局，或者看到了

第十一章 改变想法和意象时的挑战　　303

自己能够应对他们想象中会对他们造成伤害的灾祸。这时，他们会体验到一种放松的感觉。

改变意象

我们来看看前面提过的兰迪。他在有关被开除的想法和意象出现时，会非常焦虑。在治疗师帮他检验了想法的合理性后，他意识到即使自己没能在规定时间完成工作，他的表现总体来说也足够好了，于是他的痛苦感受减轻了。而当治疗师帮他改变了意象后，他的焦虑甚至减轻得更加明显了。他起初会想象老板把他叫进办公室，严厉地指责他的工作表现，还让他离开办公楼，永远不要回来。治疗师帮他想象了一个更现实的意象：他的老板回顾了对他的评估结果，指出他工作中可取的方面，也告诉他需要改进的地方。

以更积极的方式继续展开意象

贾斯汀有一个自发式的意象，当独自走在喧闹的城市街道上时，他会变得非常焦虑，会惊恐发作、昏厥。他的治疗师通过提问帮他继续想象，直到有个更安全的结局。

治疗师：好的，你能不能想象自己躺在地上？（停顿）你希望接下来会发生什么？

贾斯汀：我不知道。

治疗师：好，你愿不愿意想象一下有人走过来帮助你？

贾斯汀：（点头。）

治疗师：你希望这个人是男性还是女性？

贾斯汀：女性。

治疗师：好的，你能看到她在你身旁蹲下吗？她会怎么说？

贾斯汀：我想她会说："噢，你还好吗？我能帮帮你吗？"

治疗师：你会怎么说？

贾斯汀：我不知道。

治疗师：好的。你可不可以想象，你醒过来，然后说："我还好，你能帮我找个地方坐下吗？"

贾斯汀：嗯，这样很好。

治疗师：你希望她把你带到哪儿？附近的地方？

贾斯汀：不喧闹的地方。（思考）比如一幢办公楼的大厅。

治疗师：你能想象她帮你起身吗，能想象她领你走进办公楼吗？接下来会发生什么？

治疗师继续拓宽贾斯汀的想象，直到他平静了很多。在这个案例中，贾斯汀想象自己进入办公楼，坐在长凳上。好心的女士给他倒了一瓶水。然后贾斯汀开车回到了家，进入卧室，看了会儿新闻。此时，在想象中，他的焦虑烟消云散了。

想象去应对发生的事

布莱恩的母亲得了重病，当想到母亲过世时他独自守在母亲床边的场景，他就十分痛苦。他的治疗师帮他想象了一个更现实的场景：他看到家人走进房间里安慰他。他想象给最好的朋友打电话，这个朋友的父亲最近刚去世，他向这个朋友了解殡仪馆的信息，看看在葬礼时需要做些什么。随后治疗师让他去想想未来，想象一下葬礼。治疗师让他描述一下葬礼上会发生什么，他有些什么想法，有些什么感受。他意识到这件事让他极其痛苦伤心，但是他能从这段时光中走出来。然后治疗师让他想象 6 个月后的自己。布莱恩看到自己重回正常生活，哀伤，但没有之前那么伤痛。看到自己能够应对母亲去世这么伤痛的经历，布莱恩极痛苦的情绪明显缓解了很多。

比喻式的意象

在患者做比喻时，治疗师可以让他们去想象一个意象，然后帮他们在一定程度上改变意象。在治疗中，米切尔说自己常感到绝望，就好像跑步撞上了一堵厚实的墙。他的治疗师让他描述一下这堵墙是什么样子。然后问他怎样处理这个障碍：如何跨过、钻过、绕过或者穿过这堵墙。米切尔认为他需要一个长柄大锤来砸墙。治疗师和他讨论了这把长柄大锤代表着什么——以此帮他看到这长柄大锤或许就是他在治疗中创造出的一个工具。在治疗仅进行了几次会谈时，他学到的技术大概只相当于孩子玩的小木槌。但日复一日，他将学到更多的技术，小木槌变身为了巨大的长柄大锤。当米切尔想象自己抡起大锤砸破墙壁时，他感到一阵轻松，他的绝望感减轻了。

治疗师常常利用想象将患者消极的比喻往积极的方向引导。卡拉常感痛苦，尤其是在想到"我要淹死了"的时候，这个想法伴随着一个意象：她沉入深深的湖中。她的治疗师引导她想象，有一艘救生船载着目前支持着她的所有人来救她，船上的人会教她游泳。第十三章将进一步介绍使用比喻来矫正信念。

拓宽记忆

痛苦的记忆常常由某些时间点上不相关联的事情组成。患者会记住在他们感到最不安的时候发生的事情，但是，他们自发性的记忆中常常没有包括接下来发生了什么——那就是他们活了下来，伤痛也减轻了。

凯有时会被一段记忆所困扰，那是 8 岁时的某天在学校里发生的一件事。一群女孩在运动场上嘲笑她的衣服和"愚蠢的口音"。凯备感羞辱。她自发地回忆起这件事的意象，这个意象仅包括了让她不安的事情。她的意象中没有包括紧随其后的、相对积极的结果：她回到教室，将注意力集中在作业上，之后又回家看电视。事实上，在随后的日子中，这群女孩仅仅是不再理睬她。很多年以后，她在中学的校报和其中一个女孩一起工作，还和这个女孩成了朋友。在治疗师引导她记起紧接着发生的事之后，她不再如此痛苦。

特丽萨谈到她很害怕丈夫死去后自己无法活下去,同时,她还多次叙述第一次独自一人过夜的记忆。她当时非常害怕,在午夜离开了新的公寓回到了自己家。她的治疗师帮她回忆起了更多的意象,最后她在一个朋友的陪伴下搬到了一处公寓,虽然她非常不乐意,但仍能在室友出城后独自在公寓中待好几个周末。

总　　结

由于各种各样的原因,患者常常在会谈中难以矫正自己的自动思维。在标准化苏格拉底式提问无效时,治疗师常常需要使用其他的问题、技术来检查患者是否具有干扰性信念。治疗师也需要弄清患者是否在做家庭作业的过程中难以矫正想法,就像面对其他问题一样,治疗师要将这些困难具体化并加以解决。特殊的想象技术在帮助患者回应痛苦意象时也是很有用的。

第十二章

在修正假设时遇到的挑战

有些表现出挑战性问题的患者的假设是相对容易修正的，尤其是那些源于特定情境的假设。这些假设实际上处于自动思维水平，在本质上可以预测。而处于中间信念水平的假设会更难以修改，同时也将成为本章探讨的重点。中间信念水平的假设概括程度更高且更顽固，通常也会包括某些应对策略，并反映核心信念。本章第一部分将区分这两种假设的不同。第二部分介绍如何使用标准策略及如何改变标准策略以修正中间信念水平的假设，并列出阻碍假设改变的功能不良信念。最后，用一个完整的案例来对这三类功能不良假设的干预加以说明。

区分自动思维水平的假设与中间信念水平的假设

有些假设其实是在特定情境中跳入患者脑中的自动思维，治疗师通常会首先聚焦于这些可预测的假设，然后关注与之相关的、更广泛的假设。例如奥德丽，一个有回避型人格障碍的患者，她如下的自动思维会以假设的形式表现：

"如果我请室友关小音乐,她会生气。"
"如果我在服饰店寻求帮助,店员会生气。"
"如果我请同事帮我接电话,她会拒绝。"

治疗师使用了第十一章所讨论的标准技术,帮助奥德丽评估这些可预测的假设。然后建议她尝试行为实验以直接检验这些假设。在成功地完成这些行为实验之后,他们共同提炼出了一个概括程度更高的、达到中间信念水平的假设。

"如果我表达自己的想法和需求,人们会感觉被我利用了,并且拒绝我的请求。"

奥德丽之前从未将这种想法通过语言的形式表达出来,这个假设不是在特定情境下跳入她脑海中的,而是一个更为概括性的认知。和这个假设同等水平的假设,通常比自动思维水平的假设更牢固,也更宽泛。这些中间信念水平的假设,可能具有预测性,或有一定的意义。例如海蒂,她有如下可以预测的、中间信念水平的假设:

"如果我不是一个超级妈妈,我的孩子就活不好。"

同时,她也有如下与意义相关的假设:

"如果我的孩子不高兴,那一定是我做了什么不好的事。"
"如果我没有把每件事都做得完美,我就是个坏妈妈。"

使用并调整标准策略以修正假设

治疗师使用与修正自动思维一样的技术来修正假设,这些技术包括:

- 向患者介绍假设的知识。
- 使用苏格拉底式提问。
- 检验相信某一假设的利与弊。
- 设计行为实验。
- 像"你相信的那样"去行动。
- 建立认知连续体。
- 形成更具功能性的假设。
- 完成理性—情绪角色扮演。
- 使用想象技术。
- 使用隐喻。
- 向其他人提问,是否质疑自己的假设。
- 检视假设的童年起源。

这其中的许多技术及它们的变式都将在随后的详细案例中得以呈现。在修正信念的过程中,有三个核心假设会阻碍治疗:

1. "如果我让自己感到不好,我就会崩溃(我会被它压垮,我不能够承受,不能发挥自己的功能,我永远不会好起来,我会永远生活在苦难之中,我会发疯的)。"
2. "如果我试着解决问题,我会失败。"
3. "如果我通过治疗变得更好了,我的生活就会变得更糟。"

有时,这一类假设如此坚定地被患者相信,以至于治疗师需要在患者愿意参与治疗之前就帮助患者修正这些信念。在如下案例中，治疗师在治疗早期识别出了这些信念，并开始帮助患者修正它们。与绝大多数患者不同，海伦自己要求做大量作业，要求治疗师使用各种治疗策略来修正她的假设，尤其是第一个假设。虽然过程是缓慢且耗时的，但它可以增强患者对治疗的依从性。在整个治疗过程中，患者和治疗师一起不断地关注这些假设并就此展开工作。

详细的案例

海伦是一位 30 岁的女士，从 20 岁起就已患慢性抑郁和焦虑症。她断断续续地在不同的零售公司当雇员。她的父亲是一个酗酒者，在她成长的过程中对她进行躯体虐待。她的妈妈也患有抑郁症，与世隔离，不关注她及她妹妹，在情感上与她们相当疏离。在治疗早期，海伦的功能水平很低：她没有工作，每天睡很久，晚上大部分时间在看电视。走出家门，她要做不得不完成的工作，去朋友家，或去给她妹妹帮忙。她的公寓一团糟，有一大堆账单需要支付，有些日子她甚至不穿衣服。在开始认知治疗之前，她的焦虑水平很低，主要由于她过度回避。海伦有长期约见心理健康工作者的经历。

上文列出的三个假设明显干扰了海伦参与治疗的能力。她总是在会谈中迟到，并拒绝设定目标、拒绝回应自己的认知，并拒绝完成家庭作业。在本案例中，治疗师对这三个假设的干预将在下文分别呈现。事实上，她的治疗师在每次会谈中都会通过多种方式讨论多个假设，方式包括设定议程、回顾家庭作业及进行问题解决。例如，为了克服海伦对家庭作业的回避，治疗师需要对三个假设都进行工作。在一段时间里，她采用了许多干预方法来修正海伦功能不良的假设，帮助海伦发展出并强化新的、更具功能的假设。海伦开始慢慢进步，并在一年的治疗之后成功结束了咨询。

假设1："如果我感觉不好，我就会崩溃（但如果我避免感觉不好，我就会没事）。"

这一假设可以在很大程度上说明海伦的生活受到的限制，她回避思考让她感到痛苦的事，并回避完成那些预期会使她感到焦虑和抑郁的行为。而事实上，这些回避正好支持了这一假设。她人生中"最好的"时期，十几岁到二十几岁时，同样也是她生活中"最糟糕"的时期。那时，她男朋友——在她看来是"唯一完美且适合她的男人"——与她分了手，在接下来的几个月里，她陷入深深的抑郁，尝试过自杀并住进了医院。她的抑郁最终得到缓解，但从未完全消退。海伦还开始依赖酒精，试图不去想她难以应对的负性情绪。在开始认知治疗之前的几年中，她已在戒酒康复中心的多轮治疗和帮助之下成功地戒除了酒精依赖。在那之后，认知与行为回避成了她避免体验消极情绪的首选策略。当感到不安时，她就用看电视或吃东西的方式来转移注意力。

海伦的治疗师首先在第二次会谈中收集了这一假设的证据。在那一次会谈中，海伦报告说她并没有完成上一周布置的任何一个家庭作业。当被问到有关做家庭作业的自动思维时，海伦说她担心阅读关于抑郁的手册会让她感到更糟，而不是更好。她曾想过完成家庭作业的第二部分——更多地走出公寓，但她还是说担心自己会变得非常焦虑。在接下来的会谈中，海伦由于同样的原因仍然没有完成作业（即使家庭作业已明显减量了）。治疗师请她完成关于某一条件假设的第二部分。

治疗师：海伦，你将如何回答这一问题：如果做这些让你想到不好的事，会发生什么？你最担心什么？

海伦：（停顿）我就会……崩溃。

治疗师：你在多大程度上相信这些想法？

海伦：我不知道……非常相信。我感到自己在绝大多数时间都处于这一想法的边缘。

治疗师：好的，难怪你不愿意做这些家庭作业。

收集现有的关于假设的信息

在本次会谈的后期及接下来的几次会谈中，治疗师收集到了更多关于假设的信息：

评估对于假设中信念的相信程度
- "现在你在多大程度上相信'如果我感到不好，我就会崩溃'这一想法？"
- "你在理智上有多么相信，而在感性上有多么相信？"

界定词语
- "崩溃意味着什么，它看起来怎样？"

评估最坏的担心
- "你是否担心有比崩溃更糟的事发生在自己身上，或者崩溃就已是最糟的了？"

评估可预测的后果
- "如果你确实会崩溃，你担心它会持续多久？"
- 接下来会发生什么让你害怕的事？
- （想象一下）它看起来什么样？"

评估应对策略
- "你会做什么来帮助自己尽快恢复？"

评估假设的作用范围
- "在哪些情境中你会有这些想法？"
- "在哪些情境中你不会有这些想法？"

评估适应不良策略的作用范围
- "你在哪些情境中选择了回避并因此没有感觉太糟？"

评估安全行为
- "当你必须进入到某些情境中，或者必须做某些让你感觉不好的事时，你会做些什么来防止自己崩溃？"

发展出更现实的信念

治疗师回顾了目前为止收集的资料,帮助海伦找出了一个更具功能性且更现实的观点。他不断地帮助海伦通过回顾上周的情况、家庭作业及引入会谈中的议题,来回顾她对最新想法的相信程度。

> **提出一个新的信念**
> ❖ "基于我们目前已经讨论的众多内容,你是否认为这种说法更精确,即如果你感觉糟糕,你会讨厌这种感觉,但并不会崩溃。"
>
> **评估对新信念的相信程度**
> ❖ "你在多大程度上相信这一新想法,包括理智上和情感上?"

不断搜集关于这一假设的信息

治疗师不断让海伦评估她在多大程度上仍然相信(包括理智水平和情感水平)"如果参与到那些特定的、让她担心的活动中,她就会崩溃"这一信念,以及她在多大程度上"感到"自己就要崩溃了,但事实上可能只是会紧张,其实没有事。同时,治疗师收集了与她功能不良假设不符的证据,和支持新想法的证据,找出了痛苦但并未让她崩溃的情境。此外,他们还收集并重构了之前似乎可以支持她功能不良信念的证据。

治疗师不断问海伦,是什么让她仍然相信自己的假设是真的,接着帮助她重构每一个证据。例如,海伦去药店买两种药,尽管她很紧张,但她仍能够向药剂师提出关键的问题。回到家后,她发现药剂师只给了她一种药。于是她回到药房,可没问有关第二种药的问题就又走了。治疗师帮助她看到,首先这是一个成功的经历,其次第二次回去但没有和药剂师说话的经历并没有验证她高度焦虑就会崩溃的想法——只验证了她相信高度焦虑会让自己崩溃的想法。治疗师在下文指出了两者的区别。

建立治疗假设

当海伦说她没有崩溃是因为她要么回避这些情境，要么使用了安全行为时，治疗师提出了下面的假设：

> ❖ "我想如果你不回避这些情境、不使用安全策略，会有两种可能性，要么你的焦虑情绪会变得更糟，而你也可能会崩溃。或者即使你感到自己快要崩溃，但仍然不会崩溃，即使焦虑了也不会崩溃。"

提出治疗计划

当治疗师开始教海伦应对焦虑的技术时，他很小心地区分了应对负性情绪与忍受负性情绪：

> ❖ "海伦，治疗的第一步是教会你应对焦虑的技巧，而不是对其回避。最终，你需要向自己反复证明：你可以忍受这种焦虑。因此在某些时候，其实我们不会让你使用这些新技巧，以使你以后可以摆脱对焦虑的恐惧。"

在会谈中完成行为实验

海伦一开始试图回避她预测会让自己感到太过焦虑的问题，例如找工作或参加社交活动。她同意完成一次行为实验，同时确实看到虽然她在讨论这些话题时有些焦虑，但她并没有特别焦虑。治疗师对海伦在会谈之间做行为实验后的焦虑经历进行了重构（而这些实验也总是否定她的假设）。

检验功能不良假设的好处和坏处

作为讨论的结果，海伦和治疗师完成了如下表格，表格中列出了信念的坏处和好处——同时也附上对每一个好处的重构（另一种视角）。

相信"我会崩溃"的坏处	相信我会崩溃的好处（重构之后）
• 我的生活会一直很糟。 • 我会一直抑郁。 • 我找不到工作。 • 我挣不到多少钱。 • 我找不到男朋友。 • 当必须做某些事时，我会很焦虑。 • 我对自己不会有好感。	• 我仍然会回避，但回避仅能在短期内让我感到缓解，而从长期来看，它会一直让我感觉很差。 • 我不用非得冒险，但我回避的绝大多数事情都是低风险的，治疗师可以帮助我学习与其他人相处，以应对这些事情。 • 我可以保持现在的状态不变，但这些状态也会让我一直抑郁。

提供心理教育

治疗师画了一个表格，帮助自己和海伦明白为什么她的回避如此弥散（如图12.1）。以这种方式描绘出她回避的典型情境，帮助海伦

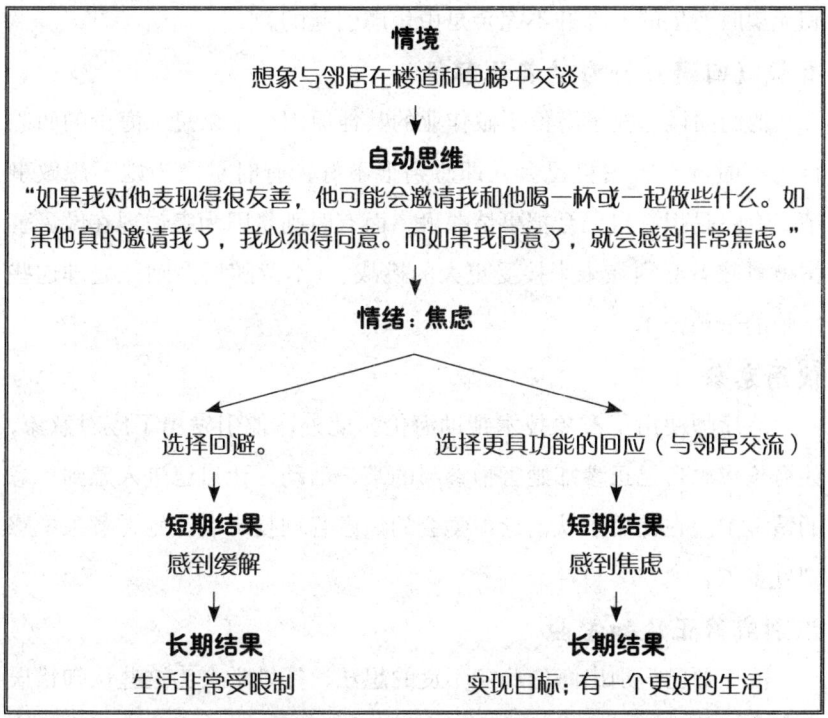

图 12.1　海伦的回避情况

看到为什么她的回避策略如此牢固（因为焦虑感立即消散和立刻感到放松）。然而这也提醒她，焦虑带来了她非常不期望看到的长期回避，这种方式同时展示了忍受焦虑并抑制回避行为的长期有利结果。

治疗师同时使用了一个表格帮她看到，是自己的回避而不是焦虑本身导致了她持续不断的焦虑。

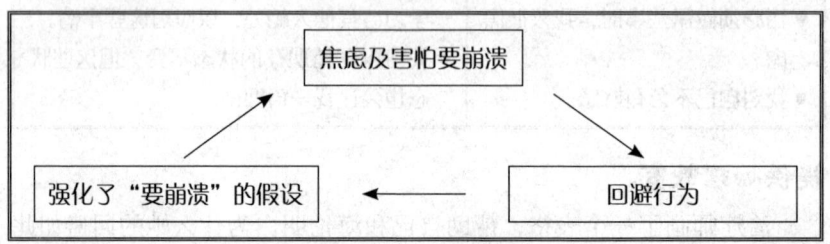

治疗师不断敦促海伦记住，她对会崩溃的担心是在当她感到抑郁和无望时产生的，那并不完全是由焦虑引起的。

寻找（回避）行为的其他解释

他们同样寻找了海伦不做作业的其他原因，结果是，海伦的回避行为有时源于害怕自己会立即感到很不好，有时是因为她不想做事情，有时是担心自己会把事情搞砸，而有时则是因为害怕现在做了事情就意味着必须在未来接受更大的挑战。（本章随后会阐述处理这些害怕的干预技术。）

使用意象

治疗师使用了意象技术帮助海伦。此外，他引发出了应对意象，让海伦想象自己正参加她害怕参与的某一活动，让自己进入感到焦虑的情境中。在使用了从治疗中学会的焦虑管理技术后，她在意象中感到好多了。

识别或修正认知歪曲

治疗师已识别出海伦功能不良的想法，帮她学会为这些认知错误命名，以使她可以更有效地应对自己的想法。例如，海伦表现出了许多两极化想法，她和治疗师讨论了她情绪的全或无的本质——"我要么感到冷静，能控制（我的情绪）；要么感到非常糟，处在要崩溃的边缘"。

修改家庭作业

海伦没能在前两周的会谈中做任何家庭作业，她和治疗师协商后同意，应减少家庭作业。在第三次会谈中，治疗师并没有为她布置行为改变的家庭作业，而是鼓励她想象自己表现出了适当的行为，同时可以监控自己的思维。海伦关于自己要经历消极情绪的这一功能不良的假设很快就显现出来。她的下一个作业（她需要在接下来的几个月中完成这个作业）就是向治疗师汇报她在一周中感到痛苦，但并未感到崩溃的情境。两周后，海伦答应完成"简单的"行为改变家庭作业。

阅读治疗笔记是家庭作业的另一个重要的组成部分。在开始时，海伦只能阅读她在会谈中写下的结论性卡片，例如，初期设计的用于应对痛苦的负性假设的卡片，如下表所示：

> 我有一种想法，如果我开始感觉不好，我就会崩溃。但我在过去几年中已经有上千次感到不好了，而我并没有崩溃。而当我的这些想法最终导致我住院时，却又是完全不同的情境了。

开始时，海伦在一周中只阅读了两三次卡片，但很快她就能每天阅读这些卡片了。

完成行为实验

海伦事实上已做了很多的行为实验，以此检验她的假设。行为实验从非常容易的水平开始（例如，查看邮件10分钟，在图书馆咨询问题）。应对卡片有效地激励了她：

> 做这些可能让我感觉不好，但我能够忍受。它并不会让我崩溃。我已在过去的几个月做过很多事，这些事让我感到越来越痛苦，而我并没有崩溃。

在行为实验结束后阅读应对卡片同样很重要:

> 我忍受了焦虑,但没有崩溃。
> 也许我的预测并不准确。
> 我值得为这件事表扬自己。

完成很容易的行为实验极大地增强了海伦继续做这些实验的意愿。另一项重要的初期干预开始实施,它实际上是鼓励海伦使用焦虑管理策略以减轻自己的压力。在治疗初期完成的另一张卡片提醒着她自己能做什么:

> **当我感到很糟时:需要做的事**
> - 阅读我的治疗笔记。
> - 打电话给珍妮和安妮特。
> - 散步。
> - 烤面包。
> - 查找新的幽默笑话网站。
> - 做放松练习。
> - 在脑中做功能不良思维记录。
> - 或者我可以忍受,看看如果我不崩溃,焦虑感会持续多久。

然而治疗师认为让海伦充分体验痛苦是很重要的,在这一过程中不使用任何其他策略,这样她能充分检验关于崩溃的假设,也可以学会忍受负性情绪。应对卡片可以帮助她记住这些:

> 使用这些技术可以帮助我感到更舒适,但我不需要,因为感到不好并不意味着崩溃。

一般的治疗笔记可帮助海伦完成行为实验,特定的应对笔记能帮她应对因担心感到痛苦而过度回避的暴露等级情境。例如,海伦已推迟给医生打电话咨询明显恶化的过敏问题,她预计自己会被医生、护士、工作人员及其他患者品头论足,而这会让她感到很不舒服。治疗

师与她详细讨论了有关这一情境的自动思维,海伦得出的结论如下,这为她今后做其他行为实验树立了榜样:

> **如果我想逃避给医生打电话**
>
> 记住,在我首次接受认知治疗之前,我预期会感到很焦虑,但事实上并没有事,我现在比以前学会了更多应对策略。即使我感到不舒服也并不会崩溃,我能够忍受。在预约前和刚开始治疗的几分钟内,我可能会感到不舒服,但随后就会感到好一些。聚焦于我的感受多么糟糕,只会让我感觉更糟;而睁开双眼环视周围到底发生了什么,则会让我感到更好。在那儿工作的人会聚焦于自己的工作,并不会评价我是个怎样的人。在我进房间时,其他患者也许会抬头看我,但可能只有一小会儿。

在每次治疗中,治疗师都因海伦完成了家庭作业而表扬她,积极强化她新学到的东西。他帮助海伦意识到,自己对于崩溃的预期是不正确的。他经常会问:"你能够承受不好的感受的经验告诉了你什么?"

减少安全行为

海伦对功能不良的信念的相信程度减弱后,治疗师帮她识别了她仍在使用的减少痛苦的行为。虽然她的回避行为很明显,但其中的某些行为很微妙。例如,走路时低下头以使自己散步时看不见邻居,或不与商店店员进行眼神接触。他鼓励海伦做不使用安全行为的行为实验。

基于历史的干预

以上介绍的技术主要聚焦于检验海伦在当下情境中被激发出来的假设,以下这些也是非常有用的技术:可帮助她回顾自己的成长史,找到她是何时及如何发展出这些假设的,寻找与假设不符的证据,并重建与假设相关的过去事件的意义。

> - "你有这一想法多久了？你认为它最初是在什么时候发展出来的？"
> - "你在哪些情境中真的会崩溃，你保持崩溃的状态有多久？"
> - "怎样克服这些经历？"

治疗师同时让海伦回忆整个人生中让她感到不安但没有崩溃的时刻，最终海伦完成了一个长达3页的清单。

识别功能不良假设的童年起源

让海伦意识到她对于负性情绪体验的恐惧源于孩提时代，这是很有帮助的。她回想起当父母（经常大声）争吵时，她感到被哀伤与焦虑所笼罩。她预期父亲可能虐待她或妹妹，而喝醉酒的父亲确实在躯体上伤害了她。治疗师帮她意识到，在那时她确实没有能应对极端焦虑情绪的技术。但从另一方面来看，她并没有崩溃。

使用意象技术来获得更宽广的视野

当海伦被悲伤笼罩时，她有时能记起住院当天的情境。治疗师帮她意识到，这个画面就好像是时间长河中的一个小片段——它忽略了导致海伦住院的整个发展过程，以及住院后慢慢恢复的过程。海伦仅能够想起她并不是突然崩溃的。她在几周里逐渐好转，最终感到没那么痛苦了，即使并没有完全从抑郁中康复。

接下来，治疗师让海伦回想在住院那段时间不断康复的画面，并再次感受她回家时体验到的放松。同时，让海伦清晰且具体地想象在出院6个月后的典型一天，那时她会下班回家，与家人交谈。

假设2："如果我有问题，我不会有能力解决（而如果我忽略它或回避它，我就会没事）。"

在治疗早期，当海伦拒绝在议程中设定目标和命名问题时，治疗师就已发现这一假设。海伦也有证据支持这一假设。她通常会回避解决问题，过早地放弃，或依靠他人帮助应对困难。海伦尤其缺乏解决

第十二章 在修正假设时遇到的挑战

人际关系的技巧。当与其他人争论时，她会退缩（例如，辞职，单方面停止与之前的治疗师们的治疗，不再联系朋友，拒绝见父亲）。

识别出这些假设后，治疗师使用了如下技术，以帮助她重建自己的认知：

- 收集当下及以前的资料，识别这一信念的起源、持续时间、频率以及强度。
- 与海伦讨论她努力解决问题的意义，并讨论失败的意义（"这说明我很无能"）；识别不能解决问题的其他原因；针对缺乏特定的技巧，而非个人的不足，重建这些负性结果。
- 讨论这一假设，并重建这一假设的优势和劣势。
- 总结相关的童年经历，把信念的发展正常化；预测如果过去没有这些假设，海伦将有多么不同的表现。（"如果你之前不相信自己无能、无法解决问题，那么你在上学时会做些什么呢。"）
- 发展出更具功能性的信念。
- 完成理性—情绪角色扮演，首先与治疗师一起分角色扮演，接着自己扮演两个角色，然后用这种方法引出海伦仍在用以支持这一假设的证据，并对其进行回应。
- 回顾海伦现在及过去在问题解决中的积极经历，得出结论。（"这些说明你解决问题的能力如何？这对你有什么意义？"）

海伦在卡片上记录下这些结论：

> 我假设，如果我遇到问题，我将无法解决它们。但这只是个想法，并不一定会成为事实。只要我不断告诉自己，如果我一直待在困难中，不去解决它们，我的生活就还是会一团糟。如果我相信自己可以解决问题，则最终可能会出现"为培训项目筹集学费"或"找一个更好的公寓"这类的想法。

> 如果我尝试解决问题，但失败了，又有什么大不了呢？这并不意味着我无能。问题也许已超出我的能力范围（例如爸爸如何对付妈妈）。最坏的结果就是意味着我不能很好地完成某事（比如说服房东重新粉刷公寓）。我在治疗中总能谈论这一类问题。

> 当我认为自己不能解决某一问题时，看看是不是因为我不想去做，而不是因为我肯定不能够解决。

> 在成长过程中，我开始相信自己不能解决问题，但这种信念即使是在那时也不完全正确。我确实不能改变父亲的行为。但我确实每天都在解决其他问题，例如照顾妹妹、完成学业，等等。
>
> 同时，我并没有能应对问题的榜样可供学习——爸爸妈妈也都在回避解决问题。
>
> 难怪我怀着这种信念长大。

> 今天，当我回顾我不能解决问题这一想法时，我要提醒自己，这是童年时留下的想法。它可能适用，也可能不再适用于现在的问题了。

假设3："如果我好起来，我的生活会变得更糟（但如果我保持原样，至少我能让周围环境也维持不变）。"

第三个假设与前两个相关。海伦害怕如果自己做出改变，会不得不面对让她非常痛苦的挑战，而自己会失败，随后会崩溃。变好对她意味着必须承担风险，会让自己变得更脆弱，会暴露出自己的无能，并因此而感到非常糟糕。还意味着她不能够再依赖治疗师、妹妹和朋友珍妮。海伦有如下两极化的想法：

> "要么我在心理上不健康，因此不能够找一份工作，不能功能良好地生活，所以我依赖他人是很合理的。要么我心理健康，完全功能正常，完全可以依靠自己，而我知道自己不能够做到这些。"

治疗师再次花时间对此进行了多次干预——例如，通过搜集现在及过去和此假设有关的信息，在不断变化的过程中监控这一假设的强度，收集与其不符的证据，重建似乎支持这一假设的证据，发展出新的假设，确定假设最早开始发展的原因及是如何发展的。其他关键的应对技术如下：
使用意象
治疗师让海伦想象当她开始在治疗中取得进步，而生活开始变得更糟时，她害怕的情况是怎样的。海伦报告了两个自发产生的意象，似乎可以概括说明她的恐惧。在第一个意象中，她看到自己试着将存货清单拿到商店，但却感到无能为力，她看到上级冲她吼，同事嘲笑她，这一情境让她非常焦虑、难堪及耻辱，她看到自己是个彻头彻尾的失败者，是众人嘲笑的对象。在第二个意象中，在一个社交场合里，她看到自己躲在角落，不能与其他人开展谈话，感到无能和焦虑。以上两个意象都含有她过去经历过的真实情境中的元素。

治疗师帮助海伦修正了这些意象。她生动细致地想象，自己在一家小商店工作，商店老板是一个讲道理的人。在随后的治疗中，治疗师让海伦想象出自己能自信地应对确实并不讲道理的老板，而且在情况确实不可忍受时辞职。他让海伦想象走进人群中，刚开始时感到紧张，但随后向她看见的独自站着的某人勇敢地介绍自己。她看到自己在进行简短的交谈，刚开始时有些紧张，但能逐渐感到放松。

去灾难化
正如之前所做的那样，治疗师帮助海伦看到，她不一定要在感到好些后就接受巨大挑战，她可以选择做或不做。

增加资源
海伦和治疗师同样讨论了在应对巨大挑战前她可以找到的资源。她可以在治疗中学习应对不合理信念的新技巧，以减少痛苦，帮助应对之前会回避的任务，并让她的生活在总体上更加充实。她将总会有一个可以逃避的备选项，例如她可以在必要时辞职，或者打电话给珍妮、妹妹或治疗师。

逐级暴露于挑战
治疗师帮助海伦意识到，在做好准备应对巨大挑战之前，可以先应对那些较容易的挑战。治疗师画出了一个阶梯，形象地展现出这一想法。治疗师让海伦把找工作的那些过渡步骤填到那些中间台阶上去。治疗师帮助她看到，每次她想到要找工作时，她总是认为自己必须从阶梯的底部一下子跨至顶部。当治疗师告诉她一次只需要走一个台阶时，她感觉好多了。同时，治疗师告诉海伦，如果某一台阶设定的跨度太大，她可以一次只完成一半或四分之一。

总　　结

修正更宽泛的中间信念水平的假设比修正限于特定情境下的自动思维水平假设更加困难。治疗师在修正这些信念时，会使用和修正自动思维一样的技术，并遇到许多相同的挑战。很多技术都需要在治疗中运用。为确保患者能将在治疗中所学到的内容运用到新的、可能会激活他们旧有假设的压力情境中，治疗师需要追踪治疗并维持治疗效果。

第十二章 在修正假设时遇到的挑战

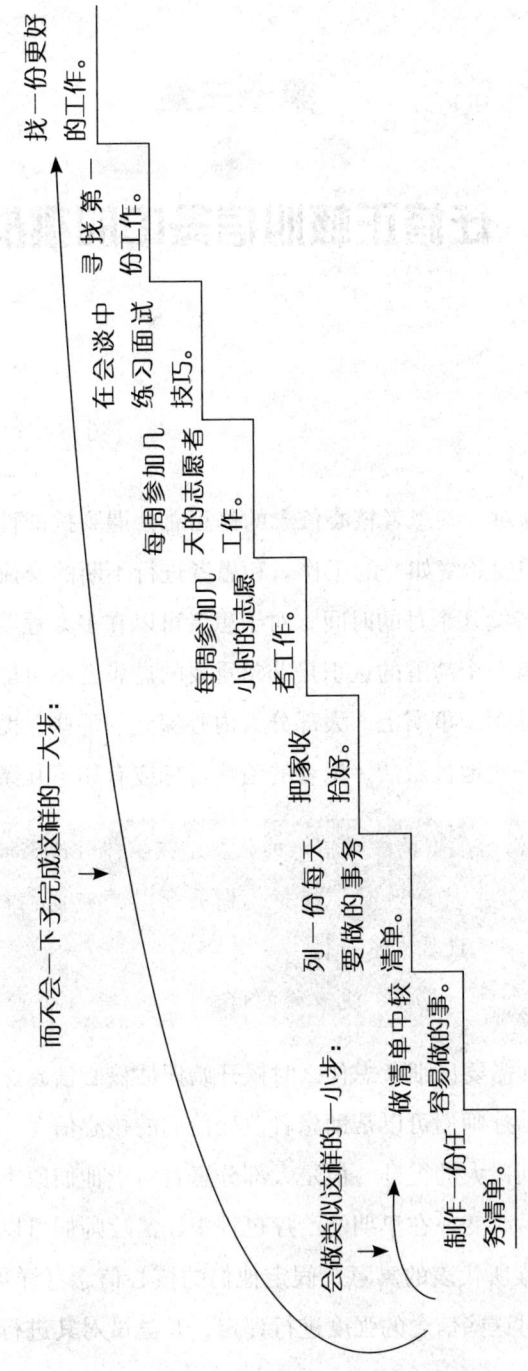

第十三章

在修正核心信念中的挑战

治疗师对一些患者核心信念的修正总会遇到挑战性的困难，此时就需要始终如一的工作，和患者进行不断的交流，这种治疗过程甚至会持续几个月的时间。对于患者可以在多大程度上修正他们的核心信念有一个清醒的认识是非常重要的。患者不可能完全地修正他们的核心信念。事实上，大部分人内心深处的那些无助、消极的信念会一次又一次地被激活。患者的治疗目标应有如下几条：

- 逐渐消磨他们旧的核心信念的强度，减少核心信念被激活的频率。
- 当旧的信念被激活时，减少他们的痛苦，使他们的思想和行为对外在环境更具有适应性。
- 发展并加强更积极、更有效的信念。

治疗师需要仔细考虑什么时候开始评估核心信念。如果在第一次会谈时，治疗师们可以帮助患者改变他们的核心信念，那么治疗的速度可以得到极大的提升。但是大部分患者对于他们原本的信念太执着而不能轻易改变。在早期的治疗过程中，治疗师们可以通过了解患者的自动思维所代表的寓意，假定他们的核心信念（详见第九章）。治疗师可以对这些信念的强度进行评定，并尝试对其进行修正。

然而当患者遇到挑战性问题时，治疗师会发现自己最初的努力是没有效果的。在治疗的中期，患者的核心信念更容易被修正。此时患者症状减轻，他们对于检验和修正自己的自动思维和假设有了更积极的体验。当患者发现其他的认知是不准确的，意识到改变他们的认知会让他们的行为有一个明显提升时，他们才会考虑自己的核心信念可能也是错误的，也因此而有可能付出努力去评估和修正核心信念。

在治疗中期，治疗联盟也更加巩固了。当患者质疑他们的自我意识中基本的信念时，治疗师应当领会到一些患者是多么容易受伤和焦虑，这个过程对于治疗师来说也是非常重要的。尽管海伦（上文提到过的）也不愿意相信她是一个有缺陷的人，但是当她的治疗师帮她质疑这个信念时，她开始变得非常痛苦。她直率地表达出她的担忧："如果我不是有缺陷的，那我是什么样的？"

在某种意义上，治疗师们从治疗一开始就致力于修正患者的核心信念。例如，随着患者一步步地设定目标，修正与主题相关的自动思维，成功地获取了经验，自信心得到提升，"没有希望"这个信念逐渐减弱。当治疗师们帮助患者得到社会的回应和认可，同时以一种温暖的、共情的、关心的方式对待他们时，患者内心消极的信念就会逐渐产生变化。

如果患者们相信：①他们的治疗师是值得信任的；②治疗过程对自己是有帮助的；③信念修正之后的结果有益于他们未来的生活。那么修正的过程才会更容易成功。

否则，帮助患者评估核心信念时只会得到消极的回应。例如，自恋型人格障碍患者可能会觉得自己受到轻视，边缘型人格障碍患者可能会被进一步伤害，表演型人格障碍患者可能会感到平淡乏味。这些患者就有可能采取通常的应对方法，开始对治疗师表现出愤怒，回避治疗主题，浅显地讨论信念，甚至跳过这一阶段或者放弃治疗。

本章第一部分着重讲述了如何运用和变换不同的标准策略帮助患

者自身修正核心信念（第二章也有相关介绍）。最后一部分着重讲述了如何帮助患者修正有关其他人的核心信念。本章也将引用前面章节里介绍过的关于海伦的例子。

运用和变换标准策略来修正核心信念

治疗师可能需要使用很多策略，花相当长的一段时间来帮助一些有挑战性问题的患者替换他们的核心信念。在这些技术中，治疗师可能会使用苏格拉底式提问、改变比较对象、认知连续体、像"你相信的那样"去行动、树立一个榜样、理性—情绪角色扮演、改变环境、家人的参与、团体治疗、梦和隐喻、用想象的方法重构童年创伤经历的含义。下面将会对这些技术一一进行描述。

向患者教授核心信念和应对策略

治疗师需要向患者教授关于核心信念的知识，并像下文一样整合这些重要内容：

- 核心信念，像自动思维和假设一样，是一个观念而不是真理。
- 患者会非常彻底地相信他们的核心信念，他们会把这种信念说成一种情绪（"我觉得自己非常无能"，"我觉得很自卑"，"我觉得自己很不可爱"）。
- 患者会发展出特定的行为来应对这些信念，这些行为会在一些情境中以功能不良的形式表现出来。
- 了解患者痛苦的童年经历，以理解他们为什么会发展出这么极端的功能不良的信念和应对策略。他们的信念在童年期可能是适用的也可能不是适用的。不管它们在过去具不具有价值，它们现在几乎是完全不适用的。

第十三章 在修正核心信念中的挑战

- 患者可以评估他们核心信念的正确性，如果他们发现这些信念是被扭曲的，就可以修正它们来更加接近地反应现实。
- 修正核心信念的过程在短期内会引起很多焦虑。但最终，患者会感觉更好，更能够实现自己的目标。

把核心信念和应对策略联系起来

在准备好开始评估和修正自己的核心信念之前，很多患者可以从治疗师的图示中受益，这些图示是用来解释核心信念是怎样影响他们的行为的，以及他们的应对策略又是怎样反过来强化他们的核心信念的。

治疗师：(画图) 这个看起来对吗，海伦？你有"我是有缺陷的"这个信念，你没有质疑就接受了它，结果你回避了很多你认为你做不好的事情，回避这些事情让你觉得自己更加有缺陷，这也让你回避得更厉害。(停顿) 我这么说对吗？

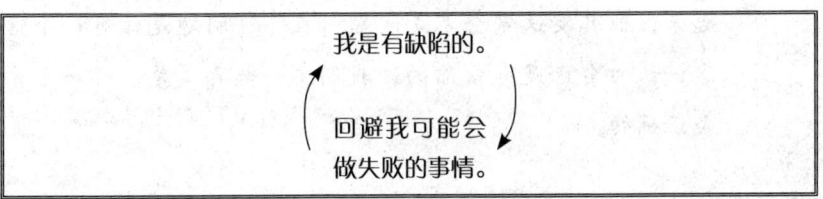

如果患者确认了这个模式，治疗师可以展示这个模式是怎样成为他们每天感知和行为的基础的。当治疗师判断患者准备好了时，他们可以在会谈中使用一个空白的个案概念化图（见第二章），跟患者一起填写——或者治疗师可以把上面的图示详细描述为下图：

> **背景**
> 核心信念：我是有缺陷的。
> ↓
> 行为模式：回避我可能会失败的事情。
> **当前的问题**
> 特定的情境：考虑申请一份工作。
> ↓
> 自动思维：没有人会雇我的。
> ↓
> 情绪：悲伤。
> ↓
> 行为：转移注意力，看电视。

提出治疗假设

然后，治疗师可以提出这样的治疗假设——患者有非黑即白的核心信念。

治疗师：问题是如果你真的是有缺陷的，那么我们就会一起来让你好起来，但其实这完全不是问题所在——问题是你有一个信念，认为自己是有缺陷的。我们要一起弄清楚，哪一个才是正确的。

展示信息处理模型

信息处理模型通常是非常有帮助的，治疗师可用它对患者解释他们为何如此强烈地相信自己的核心信念而这些核心信念可能并不是真的，或者并不完全是真的，就像下面的文字记录的那样。记录中带有矩形缺口的圆形代表着患者的图式，就是大脑组织信息的结构。图式的内容就是患者的核心信念。

治疗师：我们再谈谈关于你认为自己是有缺陷的这个想法，可以吗？

海伦：好的。

治疗师：你知道，我们以前谈过这个想法是怎样每天出现在你的脑海里的。对吗？

海伦：是的。

治疗师：以及你是怎样在相当长的一段时间里坚信这个信念的。

海伦：是的。

治疗师：我有一个解释你为什么如此相信这个想法的理论。（停顿）但是你要告诉我，你觉得我说得对不对，好吗？

海伦：好的。

治疗师：(画出下面的图画)好。海伦，你头脑中的一部分就像是这个形状——你看，就像一个带着矩形缺口的圆形。

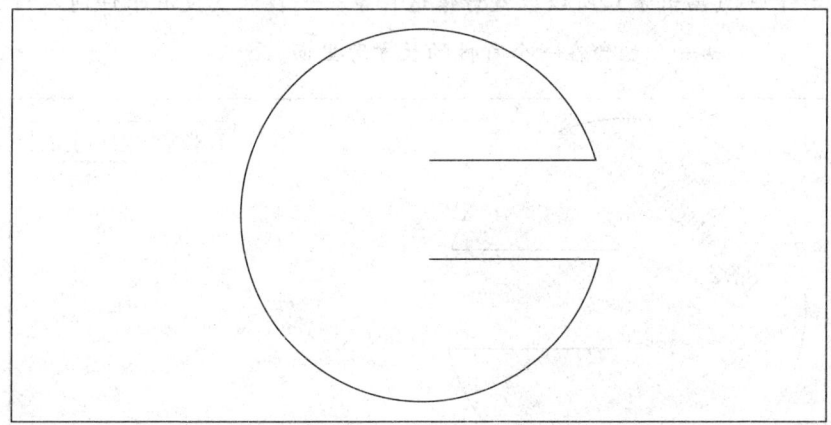

治疗师：(写下文字) 这里面是你的想法："我是有缺陷的。"

治疗师：现在我们假设发生了一些事情。我们来看看，你以前告诉过我，你去教堂，但是没有跟任何人说话。当你意识到你没有说话的时候，你对自己说了什么？你有没有说："这意味着什么？这是不是意味着我是有缺陷的？我还好吗？我这么做是不是欠妥？"

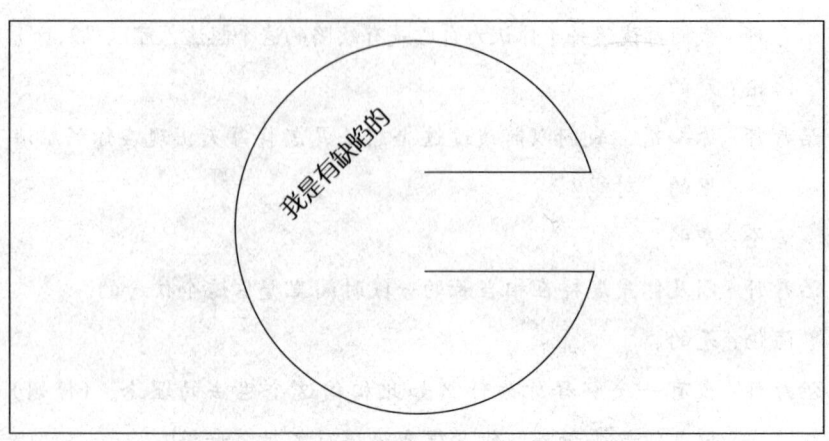

海伦:我真的感觉自己很不正常。

治疗师:你不得不想这些,对吗?

海伦:不,我是马上就会感觉到这些。

治疗师:(画出来)所以,就好像这件事——在教堂没有跟任何人讲话——包含在一个负性的长方形里面。

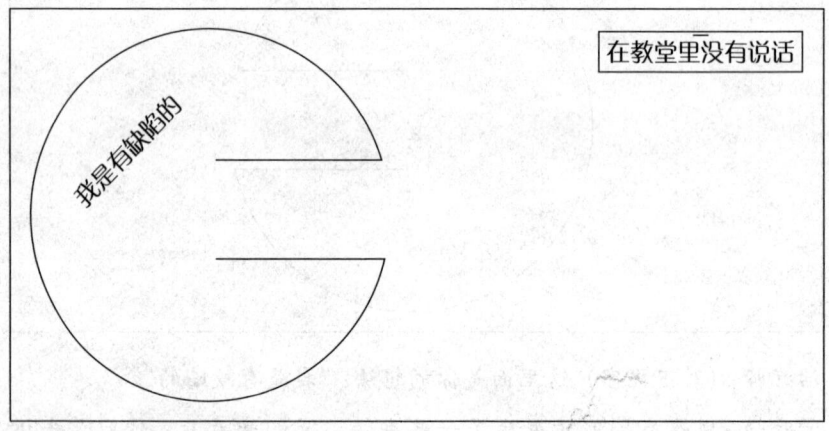

治疗师:(画下箭头)你看到了吗?因为它是一个长方形,所以它正好适合这个长方形的缺口。

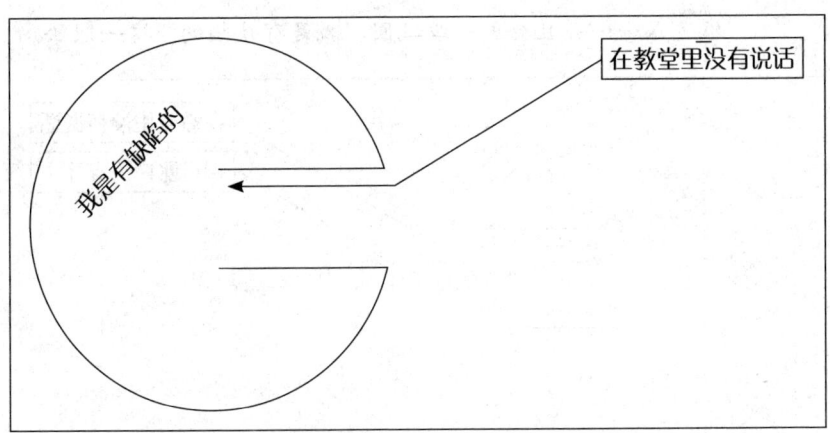

治疗师：(在"我是有缺陷的"下面画线) 每把一个长方形放入圆形，都会巩固"我是有缺陷的"这个想法。

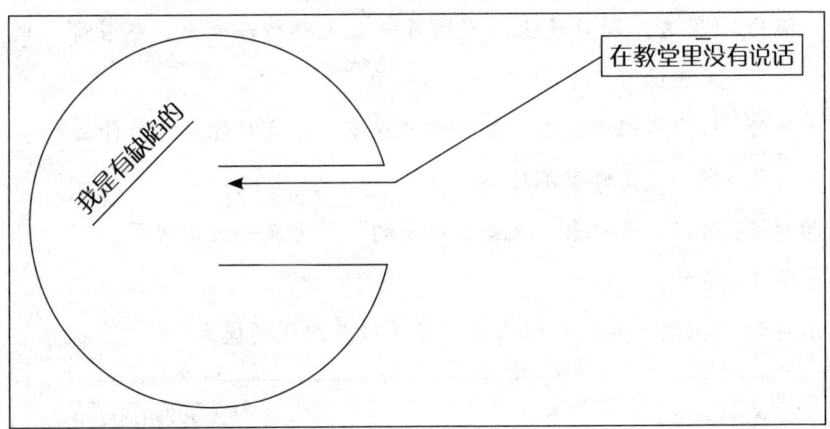

海伦：是的。

治疗师：我们再换一个情境试一试……我们一起来看看。你上周说你没有平衡好你的收入和支出，使得你透支了。当这件事情发生之后，你对自己说了什么？是"这意味着我是有缺陷的"，还是"这意味着我挺好的"还是"透支跟我好不好没什么关系"？

海伦：不，我会立即想道："我真蠢，我没救了。"

治疗师：(画图，画线) 所以透支也是一个负性的长方形，它正好能够进入……并且会进一步巩固"我是有缺陷的"这一想法。

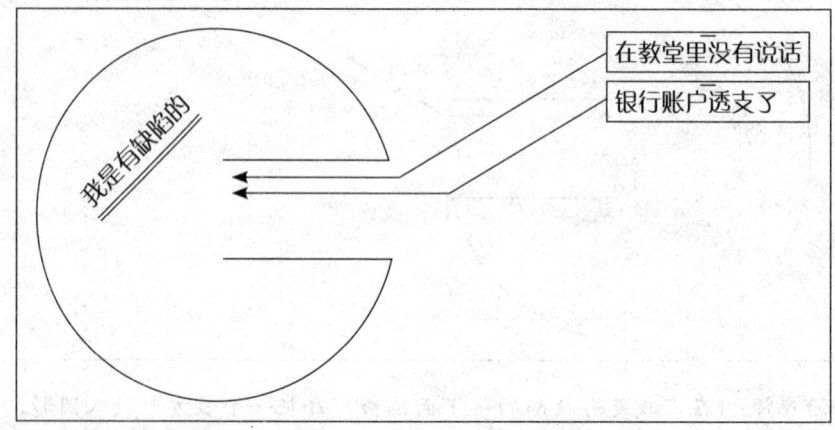

治疗师：我们再来试一个。你这一周还有什么时候感觉自己是有缺陷的？

海伦：（思考）周日晚上。我周日一整天都待在家里，尽管那天的天气很好。

治疗师：当你意识到自己一整天都待在家里，这对你意味着什么？

海伦：我一定是哪里不对劲。

治疗师：所以，看起来"我是有缺陷的"信念又一次出现了。

海伦：是的。

治疗师：（画图，画线）所以这又是遵循着同样的模式……

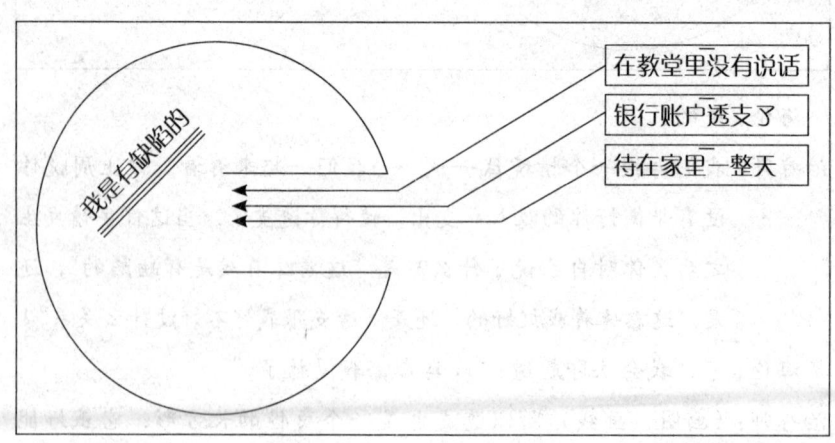

第十三章　在修正核心信念中的挑战　　335

治疗师：好，所以你觉得这个理论怎么样？无论什么时候，无论发生了什么事情，或者你做了什么可能意味着你是有缺陷的事情时，这个信息都会不假思索地直接进入你的这部分（指上面的图表）。你觉得这么解释正确吗？

海伦：是的，我能理解这个。

治疗师：难道你不是这个意思？

海伦：不，不，我想这个解释是正确的。

治疗师：好的。这是我的第二个理论。当发生了一些事，或者你做了一些可能意味着你还好的事情时，那些信息就不能直接进入了。有一些其他的事情发生了。（停顿）例如，几分钟前，你告诉我，你的朋友琴想让你帮她挑选给家人的礼物，因为她认为你的品位很棒。（停顿）当她问你的时候，你有没有对自己说，"哦，真好，如果她想要我帮忙，她一定是认为我还不错"？

海伦：没有。

治疗师：那你对自己说了什么？

海伦：她一定是找不到别人了，才来找我帮忙。

治疗师：（画图）所以，有些好的事情发生了——但是就好像这些信息是放在一个三角形里面的。

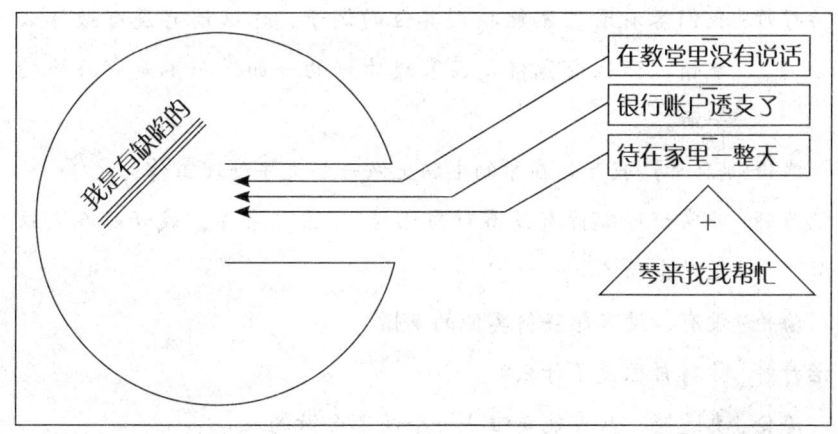

治疗师：看到了吗，三角形不适合那个长方形的缺口？它必须要改变才能进入圆形中。所以你对自己说："她一定是找不到人了，才来找我帮忙。"这时候，积极的三角形变成了消极的长方形。（画图）现在，它就能够进入了……你理解了吗？

海伦：是的。

治疗师：（又在"我是有缺陷的"下面画了一条线）它再一次巩固了"我是有缺陷的"这一想法。

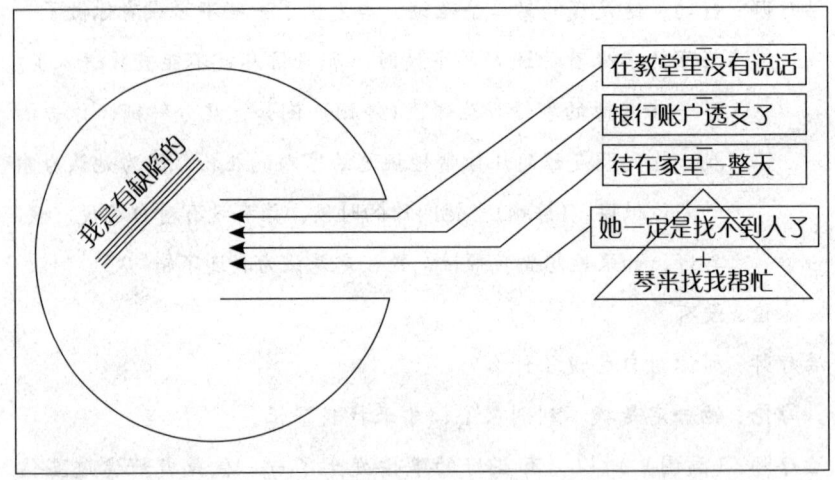

海伦：是的。

治疗师：我们来看看能不能找到其他的例子。你这周有没有做什么事情，让我会觉得是在表现你好的一面，而不是有缺陷的一面。

海伦：（思考）我开始在琴的电脑上做一些文字处理工作。

治疗师：非常好！那你有没有对自己说，"这非常棒，我开始在电脑上学东西了"？

海伦：没有，没有想任何类似的事情。

治疗师：你对自己说了什么？

海伦：真遗憾，我可能是唯一一个还不会做的人。

治疗师：(按照她说的画出来）哦，听起来一样的事情又发生了。发生了一件积极的事情，有一个积极的三角形。但它需要变成消极的长方形才能适应那个缺口。对吗？

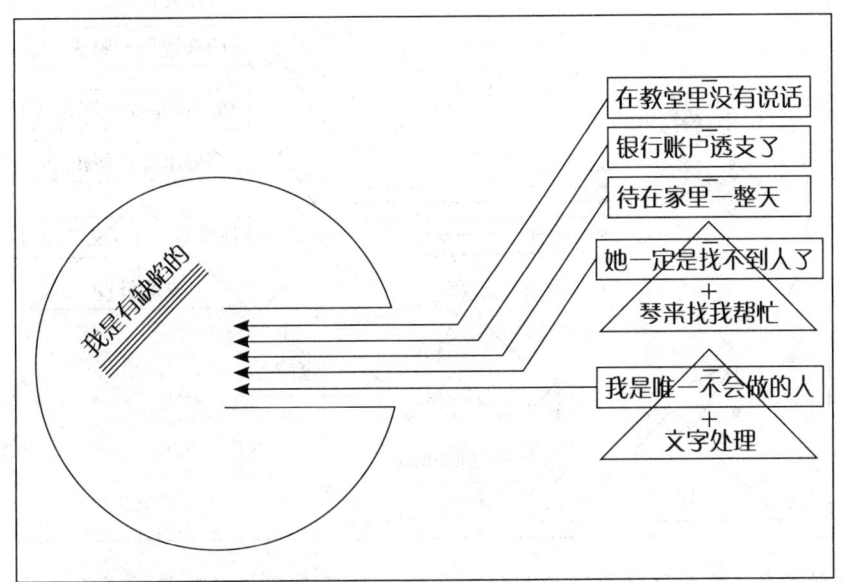

海伦：是的，我想是的。

治疗师：我们再来举个例子。（停顿）来看看。你告诉我你干了很多家务活，你刷了墙、淘汰了旧衣服和旧东西、修理了厨房的桌子。

海伦：是的。

治疗师：当你做这些事情的时候，你有没有马上想到，"我还挺能干的，不是有缺陷的"？

海伦：(思考）没有，我完全没有这么想。

治疗师：但是如果你没有做那些事情，你会不会觉得自己是有缺陷的？

海伦：是的，很有可能。

治疗师：(画图）所以有一些积极的三角形被弹回去了。你没有意识到这些东西是积极的。

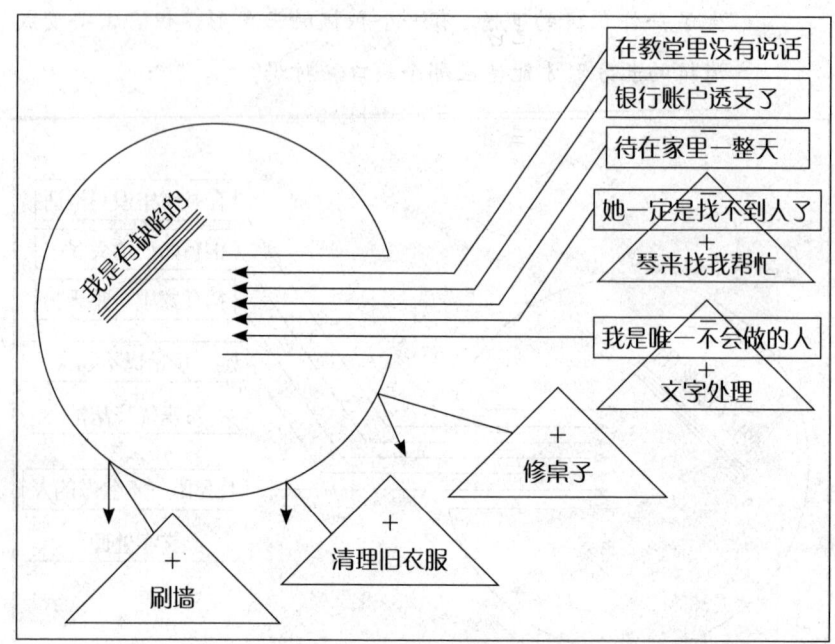

治疗师：你觉得这个理论如何？你所做的所有积极的事情，或者发生在你身上的积极的事情，几乎都会要么变成消极的事情，要么直接被弹回去。你只是没有注意到。

海伦：（思考）是，我猜，这似乎是对的。

治疗师：所以随着时间的推移会发生什么？如果你一次又一次地把事情看得很消极——既不注意积极的事情，还把一些积极的变成消极的——你看懂了吗，你的"我是有缺陷的"这个想法是如何变得越来越强大的——但事实上它可能并不是真的？

海伦：（思考）我不知道，不过确实有道理。

治疗师：嗯，这是值得思考的。（停顿）你觉得把这个作为作业怎么样？试着去注意生活中发生的积极的和消极的事情，看看会发生什么，你是怎么解读这些事情的。你觉得可以吗？

海伦：好的。
治疗师：（画图）你可以把它们写在这张单子上。把那些立马让你感到你有缺陷的消极事件写在左边长方形的下面。把那些积极的事件写在右边三角形的下面。

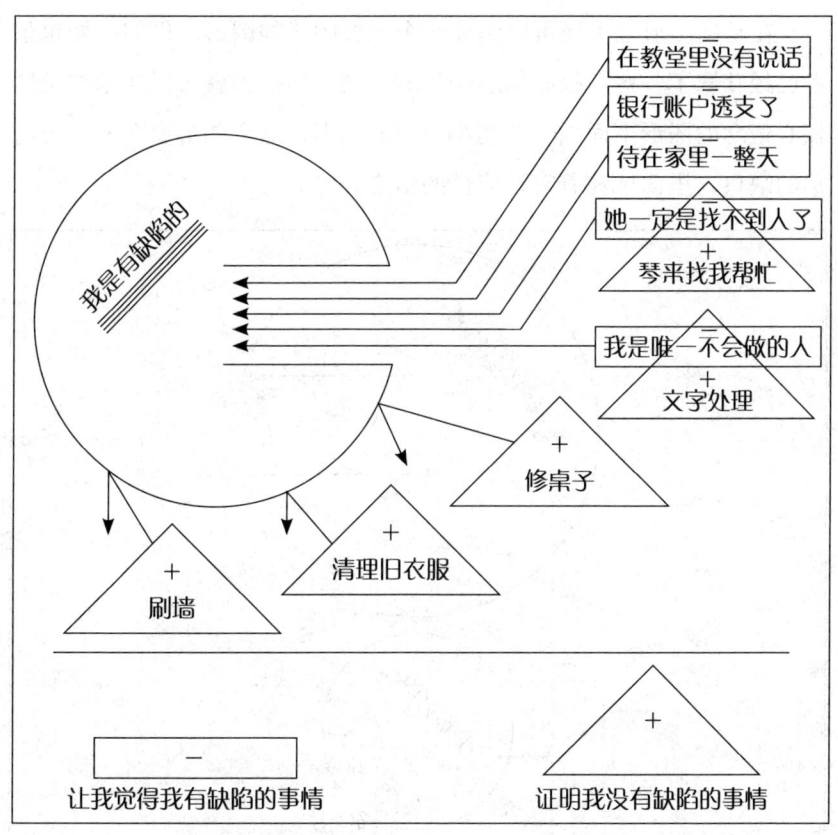

治疗师：下周我们一起来讨论如何中止这个模式，你觉得如何？

在会谈结束时，治疗师让海伦总结她学到了什么，并写在一张卡片上。

> "我是有缺陷的"这个想法之所以变得越来越强大,是因为我每天都关注那些意味着我是个蠢货,或者我不正常,或者我有什么地方不对劲的情境。我会忽视或者贬低与这个想法相反的积极事件。每次我这么做时,都巩固了"我是有缺陷的"这个想法。在这次会谈中,我学会了如何放下它。

在基础图形之上还可以添加一个积极图式的图形。例如,如果患者已经获取了一些与核心信念相反的资料,治疗师就可以在承载负性核心信念的图形下面画一个稍小一点的图形,这个图形要有一个三角形的缺口,里面标注着有适应性的信念。

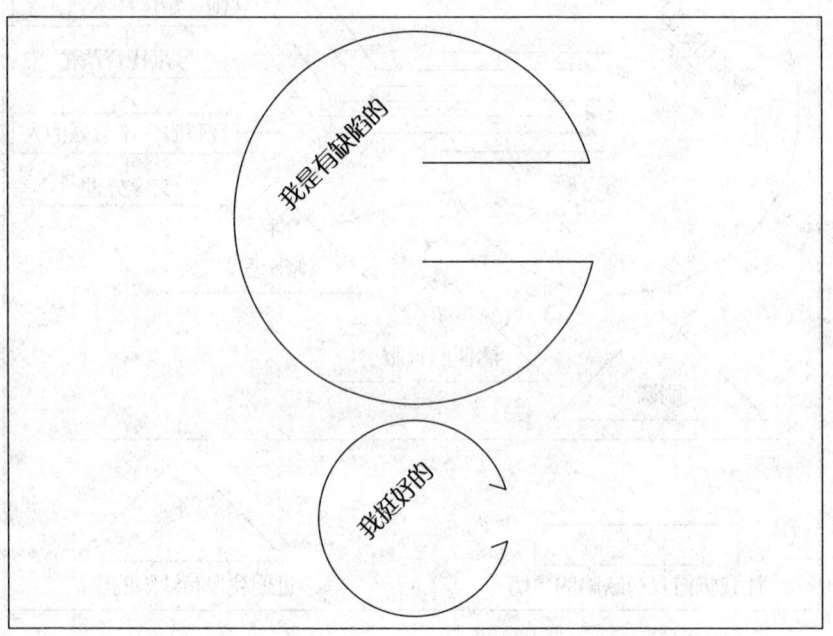

或者如果患者在积极地加工信息,但是信息并不是那么牢固,治疗师可以给第二个图形画一扇活动门。

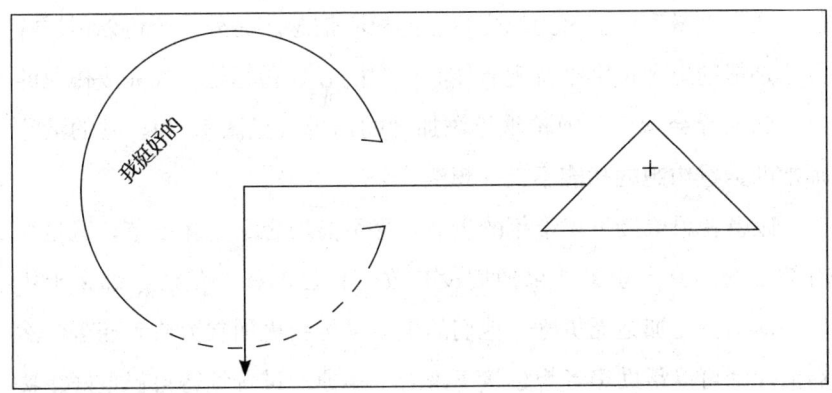

运用类比

类比的方法可以帮助患者理解这样一个观念，核心信念仅仅只是非常强烈的观点。海伦的治疗师讲到了哥伦布时代前的人们如此坚定地相信世界是平的，他们从未检验过这个观点，只是确保自己不要航行到离陆地太远的地方。海伦的治疗师也询问了关于她不喜欢的那些抱有偏见的人的事情。她看到她极端保守的邻居是如何只关注那些支持她核心信念的信息，而忽视和贬低那些与之相反的信息。海伦也开始明白，她觉得自己有缺陷的信念，实际上是对自己强烈的偏见（Padesky，1993）。

建构更加现实的核心信念

至少在最初的时候，帮助患者发展出的新核心信念不要完全对立于旧有核心信念，这点是很有价值的。海伦最终能够相信自己在大多数时候是"挺好的"。另一个患者哈尔接受了这样的信念：他是正常的，像其他所有人一样，有优点也有缺点。

激励患者改变核心信念

治疗师可以通过帮助患者识别和记录改变核心信念的好处和坏处

的方法，来激励他们努力改变自己的核心信念。另外一个可以传授的方法是帮助患者识别维持现有核心信念的好处和坏处。在完成作业的过程和治疗会谈中，海伦继续添加她的清单（见图13.1）。她的治疗师帮助她重构她的功能不良的想法。

让患者想象接下来十年的生活，尽可能地想象更多细节，这是很有益处的。首先想象如果他们没有改变自己的核心信念，那么十年后，他们会更加饱受折磨，他们的生活甚至会更加贫穷或者痛苦。然后治疗师可以帮助患者想象接下来的十年他们过着觉得自己很好、功能良好的生活，人际关系上有很大的改善，拥有满意的工作和休闲生活。

信念修正技术的案例

《认知疗法：基础与应用》一书讲述了很多不同的技术。本书的前面两章也要求治疗师最终要帮助来访者修正他们的核心信念。在前面的部分和章节中，我们用海伦，一个患有慢性抑郁且之前有过酒精依赖的失业妇女的例子来说明帮助患者修正核心信念的重要技术。

识别核心信念的激活

首先，对于海伦来说，识别什么时候她的核心信念会被激活，这是很重要的。从她的治疗师介绍了把情境感知为跟核心信念一致的"消极长方形"这个想法之后，治疗师不断用这种方式提及她的消极想法。他让她在感觉痛苦或者发现自己试着回避变得痛苦的情境时，参考他们一起写出的应对卡。

改变我的核心信念的好处	改变我的核心信念的坏处
• 对我自己感觉好一些。 • 生活继续前进。 • 找到男朋友。 • 找到一份工作。 • 获得稳定的薪水。 • 能够买得起我想买的东西（电脑、电视、CD、衣服，等等）。 • 能有更多机会出去吃饭。 • 在家人面前不感到自卑。 • 不用为没做太多事情找借口。 • 在人面前不感觉太焦虑。 • 愿意做些别的事情而不是看电视。 • 能够更享受生活。	• 我会感觉焦虑，但是焦虑是有限的，会终止的。 • 我感觉我不知道自己是谁了，但是这不意味着要改变任何关于我自己的好的想法——只要改变"我是有缺陷的"想法。 • 我要冒风险，但是回报是丰厚的。 • 我要做很多艰难的努力，但是我的治疗师会帮助我。
维持我的核心信念的好处（包括重构）	**改变我的核心信念的坏处**
• 我可以回避焦虑，但是我总是感到焦虑，并且回避焦虑的事情会让我感到抑郁和无助。 • 我不必一定要迎接挑战，还有可能失败，但是我会继续过一个无聊的、贫穷的生活。而且治疗会帮助我，让应对挑战更容易。 • 我的核心信念给了我一个待在家里看电视的理由。但是看电视只能暂时分散我的注意力，通常我会在一天结束的时候感觉更糟了，那是因为我意识到自己一天都没有什么进展。 • 不用在治疗中做太多努力。但是潜在的代价是巨大的。	• 让我抑郁。 • 让我跟他人隔离。 • 让我不能经历那些本会令我感觉满意的事情。 • 让我不能做那些令人愉悦的活动。 • 让我充满负罪感。 • 让我感觉很失败。 • 让我不能实现自己的目标。 • 让我不能获得一份稳定的薪水。 • 让我浪费自己的时间和生命。

图 13.1 改变或维持现有核心信念的好处和坏处

> 我是不是又觉得自己是有缺陷的了?
> 如果是的话，我可能只是又经历了一个消极的长方形。还有没有可代替的解释或者看待当前情境的其他看法?

她的治疗师还在每次治疗会谈的开始监测海伦核心信念的强度，并帮助海伦识别这一周中出现的"消极长方形"，在本次会谈中进行讨论。他在过渡阶段也变得更加健谈，试着识别出海伦没有自发报告出的"积极三角形"。

治疗师：再给我多讲讲你这一周的生活情况。有没有什么好事发生？你做了什么？有没有一些令人愉悦的事情？有没有一些让你感觉很好的事情？你跟琴或者你姐姐在一起小聚过吗？

无论何时，当他们在会谈中讨论到一个相关问题的时候，治疗师都会试着确定是不是海伦的核心信念导致了过分的痛苦或者功能不良的行为。

治疗师：（总结）所以你姐姐的朋友给你打电话说有一份合适的工作，但是你没有给他回复。你觉得这是不是你的"自己是有缺陷的"核心信念在作祟呢？

改变消极信息的加工过程

在海伦确认这个模型可以展现她信息加工的过程之后，治疗师开始教她用在每一个长方形的旁边写"但是"的方式来应对每一种消极信息。然后，他用苏格拉底式提问法帮助她形成了一个合理的替代性解释或者替代性的看事情的方式。例如：

第十三章 在修正核心信念中的挑战

在 AA 大会上，我没有跟任何人讲话。	但是，这并不意味着我是有缺陷的。我只是太焦虑了。
我没能让银行账户收入平衡。	但是，这是因为我总是回避那些对我来说很困难的事情——这是我正在学习改变的。
我周日一整天都待在家里。	但是，那是因为我感觉更加抑郁了，而不是因为我是有缺陷的。

海伦的治疗师帮助她明白，"消极长方形"就像认知模型中"情境"的部分，寻找替代性解释或看法与功能不良思维记录表中的第二个问题类似。他让她持续记录"消极长方形"的信息，并对每个反映核心信念的信息做出回应。

海伦的治疗师建议采用这个技术来帮助海伦在家重构那些负性的长方形。如果她想不出一个替代性看法，她可以问自己：

> "（琴、我的姐姐、我的治疗师）会如何看待这个问题？"

海伦的治疗师还帮她看到，她在很多情境中把自己解读为是有缺陷的，这是源于她会想象父亲会对她说什么。她明白她的自动思维的来源是高批评性的、不可靠的，这能够帮助减少自动思维在她心里的可信性。

为了帮助海伦反击她的"消极长方形"，她的治疗师又对她进行了一些心理教育。海伦的一个困难就是，很难让自己开始去做任何事情，比如早点起床、让自己的公寓保持干净、按时付账单——本质上就是要训练她自己去做她不想做的事情。她总是把自己的这个难题看成"自己是懒惰的、有缺陷的"。

通过心理教育，她的治疗师帮助她明白了一个儿童是如何在父母提供的结构内学习内化自我管理并忍受挫折的。她开始明白合理的父母会监控他们的孩子做了什么（例如，完成他们的家庭作业），强化他们并使之变得富有成效,当他们的孩子没有完成自己的责任时,施加合理的惩罚。他们帮助孩子们规划时间,给他们分配任务来使家庭的运转更加良好。随着时间的推移,这些父母会让孩子在家里承担更多的责任。孩子们学会做那些他们不想做的事情,他们学会在做必须做的事情时,不去跟父母和自己讨价还价——本质上,就是他们学会了在做那些必须要做的事情时不给自己选择的余地。海伦童年的家庭生活几乎是完全缺乏这些的。她的治疗师帮助她看到这些,她知道了,难怪她很难像一个成人一样地管理自己。他帮助她重构了她是懒惰的和有缺陷的想法之后,她发现自己只是缺乏一些她本该学习的特殊技巧。

改变加工积极信息的过程

对于海伦来说,意识到自己什么时候贬低和忽视了积极信息也是很重要的。她的治疗师帮助她改变了贬低的形式。例如,海伦的一个"积极三角形"变成了一个"消极长方形":

"我帮琴整理了书架,但是谁都能做到这个。"

她的治疗师帮助她"贬低"了自己的"贬低":

"琴没有这么做。这是'我没有缺陷'的证据。"

她的治疗师让她把这个适应性的反应写在"积极三角形"持续记录表上。另一个例子是这样的:

"我去面试了,但我可能不会得到这份工作,"但是,至少我去尝试了,这是很好的。

"我打扫了公寓,只是没做得太好。"但是我成功地做了一些事情。

对于海伦来说,意识到那些她本该意识到的积极信息是很难的。随着时间的推移,她的行为越来越功能良好了,海伦实际上已经有了很多支持她新的核心信念——"我很好"——的信息。她也在克制自己做很多功能不良的行为。海伦的治疗师问了下列问题,然后让她在新的三角型中写下她的回应:

> ❖ "你能想象这一周我都在你的周围吗?你做了什么,我会注意到并说:'嘿,这件事说明你很好'吗?"
> ❖ "你这周做了什么事情,如果这件事是(你的朋友/家人/室友/同事/邻居)做的话,你会把它指出来并说,'这表明他或她很好'吗?"

根据过往事实检验信息加工过程

海伦的治疗师也帮她意识到,她从小时候起就会有选择地吸收消极信息,并选择性地忽视或者贬低积极信息。他让她从童年特定的经历中回忆消极和积极信息——学前、小学、初高中及以后。他让她在持续记录的"历史性消极长方形"清单中记录下这些信息,再为每个阶段制作一个"历史性积极三角形"清单。

在会谈内和作业中,海伦重构了历史性的消极信息和被贬低的积极信息。她的治疗师让她看过去的照片并跟小时候照看过她的叔叔和阿姨聊天。这么做能帮她识别出新的"积极三角形"。然后她的治疗师和她回顾每个阶段积累起的信息并做出了一个适应性的结论。

通过这些过程,海伦能够有所领悟。例如,她小学时候糟糕的表现并不意味着她是有缺陷的。通过苏格拉底式提问,她总结出这一切更有可能与她在家里经历的情绪波动有关系——她爸爸酗酒、对她进行身体虐待以及她妈妈的抑郁和退缩。她明白了处于一个极度压抑的环境，放弃是一个很自然的应对方式。

苏格拉底式提问

在通过提问重构"消极长方形"（以及被贬低的"积极三角形"）和识别其他的"积极三角形"的同时，海伦的治疗师还用不断的提问来评估她一般性的核心信念以及在特定问题下的思维内容。我们从他在治疗中使用的众多问题中选取了一些，列在下面：

一般性的问题
- "'我是有缺陷的'意味着什么？"
- "我对'有缺陷'的定义是这样的……你觉得如何？"
- "如果一个人有抑郁病史，这一定意味着她是有缺陷的吗？——这能不能意味着她只是生了病？"
- "如果你的侄子从小在一个充满创伤的环境里长大，抑郁了很多年，你希望他认为自己是有缺陷的吗？你愿意他怎样看待自己？"
- （在了解了海伦的童年经历之后）"嗯，这就难怪你相信自己是有缺陷的。你不觉得在这样的环境下成长起来的孩子几乎都会这么认为吗？你发现了吗，即使你非常强烈地相信这一点，它也可能并不是真的？"
- "人们可不可以有缺点呢？甚至是有很多缺点，但他们依然不是有缺陷的人？"

关于使用功能不良的应对策略的问题
- "你觉不觉得你认为自己有缺陷的信念被激活了（在某个情境里）？"
- "你认不认为（某个功能不良的行为），是因为你感觉自己是有缺陷的？"
- "这个（功能不良的行为）是不是又一个'消极长方形'呢？"
- "你现在会如何应对这个长方形？"
- "如果你没有觉得自己有缺陷，那么你会不会做一些不同的事情？那会是什么？"
- "一个真的有缺陷的人在这个情境中会做什么？"

关于使用功能更加良好的行为的问题
- "你该如何在情境中采用了适应性行为，而不是你常用的应对策略？"
- "你有没有可能并不像自己想的那样有缺陷？"

第十三章 在修正核心信念中的挑战　　349

治疗记录

几乎每次会谈，海伦的治疗师都帮助她总结要写在索引卡片上的东西。每次会谈，她的治疗师都要自问：

> ❖ "海伦这一周要记住什么？"

改变比较对象

当海伦不断拿自己跟她的姐姐、高中同学、她的朋友琴和她的邻居比较的时候，她就变得很沮丧。她的治疗师帮助她意识到这些比较对她的情绪、动机和行为起到的消极影响。他们决定，当她发现自己在做这种比较的时候，应该马上改变它。她可以拿自己跟自己人生中很低落的阶段去比较——回忆起现在自己是多么的不同，自己已经取得了多少进步。

认知连续体

海伦在一次治疗会谈中显得非常不安。她刚刚从父母家回来，爸爸在她姐姐和侄子的面前鄙视她只有一份临时的工作、缺乏工作技能、没有结婚也没有孩子。当治疗师问她觉得自己有缺陷的程度时，海伦回答说100%。她的治疗师开始画一个等级表（这个等级表的最终版本见图13.2）。

治疗师：所以你觉得自己100%地有缺陷。还会存在一个人比你更有
　　　　缺陷吗？
海　伦：(双手抱头) 我不知道，我不知道。
治疗师：(静静地等待海伦的回答。)
海　伦：(最终) 嗯，我猜是有这样一个人。我们曾经谈论过他——弗

雷德。

治疗师：(重点强调海伦在弗雷德身上发现的不良特征) 你知道那个殴打妻儿的家伙身有残疾，尽管他的背现在已经痊愈了。

海伦：是的。

治疗师：那么如果他是100%有缺陷的人，那么你觉得自己有缺陷的程度是多少呢？

海伦：我猜，大概90%吧。

治疗师：(在100%比例的后面划掉海伦的名字，替换成弗雷德的名字，同时把海伦的名字写在表中很下面的位置) 还有比弗雷德更差的人吗？

海伦：我猜，杀人犯，可能。

治疗师：(假设一个特定的人) 假设有一个叫乔的杀人犯，他和他的孩子住在这附近，为了保险公司的保险金，他杀了他的妻子。

海伦：嗯，好的。

治疗师：那么你会将乔放在哪儿呢？

海伦：他一定是100%。

治疗师：既然如此，我们把弗雷德放在哪儿呢？

海伦：(思考) 比100%低很多，可能70%吧。

治疗师：按照这种比例标准，你自己将会在哪儿呢？

海伦：我猜可能是50%吧。

治疗师：(继续删掉前面的项目，然后根据海伦的分配把它们放到相应的位置上。) 考虑有缺陷的等级，你会把像萨达姆·侯赛因这样的人放在什么位置呢？

海伦：哦，他一定是100%。

治疗师：那乔这个杀人犯应该挪到哪里去呢？

海伦：90%吧，我想。

治疗师：在杀人犯乔和弗雷德之间会是谁呢？

第十三章 在修正核心信念中的挑战

海伦：嗯，一个强奸犯，我想。

治疗师：强奸犯和弗雷德之间呢？

海伦：我不知道。猥亵儿童者？

治疗师：那么强奸犯和猥亵儿童者应该在什么位置？弗雷德应该在什么位置？你又在什么位置呢？

海伦：（把这些人都移到下面一点的位置，她现在把自己放在了40%的位置上。）

治疗师：什么样的人会在你和弗雷德之间？

海伦：（思考）我不确定。

治疗师：你觉得不像弗雷德那样有缺陷，但也确实不太好的那种人如何？比如失业的人，没有抑郁症也没有其他的问题，有家庭但是非常自私，就是不想去工作，导致他们一家人都生活在贫困中。

海伦：这是很不好的。

治疗师：他应该在什么位置？

海伦：嗯，可能40%。

治疗师：我有些好奇，你会把你爸爸放在什么位置？

海伦：（看这个等级表）他也在40%。

治疗师：尽管他有工作、结婚了，也有孩子？

海伦：是的，是的。他是以另一种方式表现得有缺陷。

治疗师：那现在你在表的什么位置？

海伦：我猜，差不多20%。

治疗师：你觉得我会把你放在表的什么位置？

海伦：嗯，你以前说过，你不觉得我是有缺陷的。

治疗师：所以我把你放在0的位置上。

海伦：是的。

治疗师：好，我们把这个也加进去（写下来）。海伦，你现在觉得怎么样?

海伦:好一些了。

治疗师:所以你的想法有怎样的改变?

海伦:(深呼吸)我想是爸爸让我觉得自己真的很有缺陷。但是我可能并不是这样的。可能他比我更有缺陷。(停顿)可能有很多人都比我更有缺陷。

治疗师:我想在这周的作业中,你可以再多想一些可以放在这个表中的人。

海伦:(点头。)

治疗师:同时你能不能考虑一下我们曾经谈到过的:也许你并不属于这个"缺陷等级表"?也许你是属于实际上挺好的,只是得了抑郁症的那群人。

海伦:好的。

缺陷等级表

100%—萨达姆·侯赛因
90%—乔(杀人犯)
80%—强奸犯
70%—猥亵儿童者
60%—殴打妻子的男人
50%—大毒枭
40%—弗雷德,爸爸
30%—贪官
20%—海伦(对她自己而言)
10%—虚伪的传教士
0%—海伦(对治疗师而言)

图 13.2 认知连续体

像"你相信的那样"去行动

当海伦谈到她不得不去参加一个家庭婚礼的时候,她的治疗师利用这个机会让她想象,如果她不再相信她旧有的核心信念,而是相信她新的、更有适应性的信念时,她会做什么?

治疗师:所以,海伦,如果你真的相信你不是有缺陷的,事实上你是很好的人,那你会在你表哥的婚礼上做什么?你会按时到达吗?当你走进舞池的时候,你看起来如何?你会有什么姿态?你的脸看起来是什么样的?当你看到表哥的时候会做什么?看到他的新娘时呢?你会向她的家人说什么?你会跟你的亲戚说什么?你会跟你家人的朋友说什么?你会跟陌生人聊什么?

在这些讨论之后,海伦的治疗师又帮她练习了在婚礼前和婚礼中可以对自己说些什么,以表现出更多的功能良好的行为。

树立一个榜样

海伦的治疗师让她在特定情境中找出一个积极的榜样来进行模仿(在思维和行为方面)。他建议她的榜样可以是她认识的某个人,也可以是电影或者文学作品中的某个人物,或者公众人物。于是他们想到海伦的朋友琴,模仿她会怎样在特定的情境中看待自己是有帮助的——例如,她犯了个错误,或者要去一个全是陌生人的社交聚会。"如果琴透支了她的银行账户,她会对自己说什么?""如果琴参加了一个全是陌生人的教堂聚会,她会怎么做?"

理性—情绪角色扮演

经过了大量削弱她旧有核心信念以及强化她新信念的工作之后,海伦发现她在理智上已经很相信自己不是有缺陷的了,但是在情绪上(或者直觉上)依然觉得自己是有缺陷的。她的治疗师进行了一次理性—情绪角色扮演(完整的记录稿见 J. Beck, 1995)。

治疗师:你还在多大程度上相信自己是有缺陷的?

海伦:理智上不太多了。我不知道。直觉上,我还是觉得我是。

治疗师:我们能来一次角色扮演吗?我可以扮演你心中知道自己不是有缺陷的那一部分,你来扮演情绪上依然觉得自己是有缺陷的那一部分。我希望你可以尽可能激烈地跟我辩论,让我相信你是有缺陷的。好吗?

海伦:好的。

治疗师:好的,你开始吧,说"我是有缺陷的,因为……"然后,我会回答你。

海伦:(叹气)我是有缺陷的。我有一份讨厌的、薪水微薄的工作,我没结婚,没有家庭……我什么都不是!

治疗师:那不是真的。我并非什么都不是。我是个正常人。我并不拥有很多我想要的东西,因为这么多年来我的抑郁阻碍了我,但这不意味着我是有缺陷的。

海伦:患有抑郁症让我变得有缺陷了。

治疗师:不,不是的。就像心脏不好并不会使人有缺陷一样,确实我错过了一些重要的生活经历,但是我还是一个正常人。

海伦:(沉默。)

治疗师:(走出角色)现在你可以回击我。让我相信我是错的,你是有缺陷的。

海伦：但是我一定是出了什么严重的问题，我抑郁了，然后一直在抑郁的状态里，浪费了这么多年。

治疗师：我确实是出了问题。我抑郁了。

海伦：但是有些患抑郁症的人也结婚了，有自己的家庭，保住了自己的工作，也没像我一样曾经沉迷于酒精。

治疗师：确实。他们有跟我不同的基因，不同的人格，不同的人生经历。一些患抑郁症的人比我做得好，但还有一些比我做得还糟。这并不意味着做得好一些的人就是好的，而我就是有缺陷的。

海伦：（沉默。）

治疗师：（走出角色）继续跟我争论。

海伦：但是我没有过一个正常人该有的生活。

治疗师：确实我还没有拥有我想要的生活。但是我正在让我的生活变得越来越好。在过去的几个月里，我得到了一份工作，搬了家，开始在教堂里认识朋友，也开始做家务活了。

海伦：但是我在很多年前就应该做这些！

治疗师：我也希望我那时候就做了。如果我很多年前就接受了对于抑郁症的治疗，我就会这么做了。不幸的是我没有。

海伦：（沉默。）

治疗师：你还想继续争论吗？

海伦：（思考）我想不出别的什么了。

治疗师：好。那我们现在能不能转换一下角色？我想让你做理智的部分，知道你真的是很好的。我来做情绪的部分，依然觉得我是有缺陷的。

海伦：好的。

治疗师：我先开始……我知道我是有缺陷的。我有一份讨厌的工作，薪水少得可怜。我没结婚也没有孩子……我什么都不是。

他们继续进行角色扮演，直到海伦的治疗师重复了海伦在角色扮演第一部分争论的所有内容。这次治疗师要夸大情绪的争论，或者当海伦卡住的时候，跳出角色扮演来讨论一个适应性的反应。几次会谈之后，他变换了一下这个技术，让海伦一个人扮演两部分。

治疗师：（总结）当你打开你的账单，看到你要付那么多钱时，你想，"我是一个失败者"，这意味着你是有缺陷的。

海伦：是的。

治疗师：你的大脑是怎么说的？

海伦：我已经越来越好了，至少我有了一份全职工作。

治疗师：你的内心是怎么说的？

海伦：我的工资依旧少得可怜。

治疗师：你的大脑怎么说？

海伦：我想我们谈论过这个。变好是要一步步来的。几个月前我每天的大部分时间还是躺在床上，无所事事。

治疗师：对于这个你的内心怎么说？

海伦：从最底层开始努力真悲哀。

治疗师：你的大脑怎么说？

海伦：（思考）我想……这并不悲哀。如果你也像我一样抑郁了那么久，我已经做得相当好了。

治疗师：你的内心对这个想法怎么说？

海伦：（思考）没说什么，我想。它很平静。

治疗师：很好。

改变环境

随着治疗的进行，海伦的抑郁情绪有了一定的改善，而她的公寓却越来越令她沮丧。它狭小、阴暗，位于一个境况越来越糟糕的居住区。海伦有很多顾虑，但是在治疗师和琴的帮助下，她考察了其他的居住环境。很显然，如果海伦想搬到一个更好的居住区去，她就需要跟人一起合租。最终她在一所大学附近找到了一处房子；两个研究生已经住在房子里了，正在找另外一个室友。尽管搬家以及最初的适应是困难的，但这是一个很好的决定。海伦跟其中一个室友相处得特别好，另外一个则有些让她恼怒。但是海伦每天的社交和参加的活动都显著增加了。要遵守室规，所以她不能拖延刷碗、清洁浴室，还要整理公共区域。她的室友有时候会邀请她一起参加活动。她在晚上的时间也有人一起聊天了。慢慢地，海伦觉得自己越来越正常了。

家人的参与

经过仔细地评估利弊，海伦和她的治疗师觉得应该邀请她的姐姐朱莉来参加几次会谈，让她对海伦有所了解。在进行了一些心理教育，并回顾海伦的抑郁是怎样影响她的之后，治疗师温和地询问了朱莉一些问题。在回答中，朱莉表达了她对于抑郁让海伦付出的代价感到多么遗憾。她指出，她感觉到了海伦在这几个月中的改变。她表达了对爸爸的气愤，对于他在海伦童年和现在对她的所作所为感到愤慨。朱莉表明，她不认为海伦是有缺陷的，她只是一个挣扎了很长时间的人。海伦非常感动，她能够积极加工这些信息，并相信姐姐所说的很多话。这次会谈之后，朱莉和海伦开始更加规律地通电话，一个月见一两次面。朱莉持续表达了她的支持和关心，成为了重要的"积极三角形"。

团体治疗

尽管海伦没有选择参加团体治疗或者参加支持性的团体，但这类经历在帮助患者重构"消极长方形"、获得"积极三角形"的信息方面，通常是非常有帮助的，因为他们能看到其他有困难的人也不是有缺陷的、不好的、不可爱的或者是没有希望的。知道其他人也是有过挣扎的，其他人也是可以克服他们的难题的，这些可以帮助患者增加希望，对自己产生新的看法。

梦和隐喻

在开始治疗的6周后，海伦报告了她前一个晚上的一个梦。她衣衫褴褛，站在湍急的河流岸边，绝望地想要过河，但是害怕会溺水而亡。治疗师探查了海伦对此的联想和意义。海伦表达了一个无助的主题，她想要改善自己的生活，但是又特别害怕去尝试。她衣衫褴褛代表了有缺陷的主题。她同意在更广泛的意义上去讨论这个梦，并想办法改变它。海伦很喜欢治疗师的建议，想象在河上建一座桥，桥意味着达成她的目标。

他们决定第一步要想象桥是什么样子的。海伦一开始把它描绘成非常高、设计很精巧的桥。经过讨论之后，她决定要一座矮一点的桥就足够了，比较容易建成，通过的时候也不会太害怕。

海伦说她首先需要在河底建两个石墩，分别靠近两岸。她和治疗师觉得那些石墩其实已经在那里了，在河面上可以看到一点点。石墩是海伦的长处、信心和资源：她的智慧、关爱之心、愿意获得帮助、天生的忍耐力（例如，忍受痛苦）、她跟琴牢固的友谊、跟她姐姐逐渐改善的感情、愿意配合治疗、从治疗以及之前的工作中学到的技术。

他们决定下一步要为海伦搜集更多的石墩，把它们放在小船里，并把它们运到第一个石墩处。当海伦担心自己没有足够的能力做这么多工作的时候，她的治疗师问她是否愿意想象自己是可以获得帮助的。当她意识到自己不必独自建这座桥的时候，她明显得到了安慰。他们讨论了新的石墩代表着什么，代表着海伦将要学习的新技能——

第十三章 在修正核心信念中的挑战

尤其是如何持续地改进日常活动,使其更加具有适应性(早上 9 点起床,做家务,锻炼,工作)。

他们也讨论了该对现在发生的事情做些什么:发现那些有代表性的、被忽略的自动思维,这些自动思维可能会让她的船慢下来,甚至导致翻船:"我不会好起来的。它(治疗)不会有效的。有什么用呢?根本不值得尝试。无论如何事情也不会成功。"他们讨论了如果海伦相信了这些观点,它们会带着她顺流直下,离桥越来越远。她意识到应该适应性地回应自己的消极想法,把注意力集中在桥梁的整体以及她为了建造桥梁每天要做的事情上,这座桥梁最终会带她到达她神往的地方。

在想象建造石墩的过程中,海伦对于进展如何感到困惑。她的治疗师问她,当之前建造石墩遇到困难时,她做到了什么,她意识到自己应该再次寻求帮助。他还帮她明白她不知道该怎么做并不代表她是有缺陷的——她不知道是很正常的。她之前又没有建造桥梁的经验。他们觉得她可以在互联网上查找一些信息,她可以打电话给工程公司求助,她可以租借她需要的工具。她想象自己开始建造桥身,跟琴和治疗师一起坐在一辆蒸汽铲车的驾驶室里,拿着图纸的工程师站在岸边,指导她、鼓励她。

她的治疗师问她坐在蒸汽铲车的驾驶室中想了什么,感觉怎么样,她表达说她有些焦虑,害怕没有足够的毅力建好整个桥身。治疗师帮她想象,桥身的坡度其实是很平缓的。她意识到自己最担心的是开头的部分,因为她还在学习怎样做,同时在建造上坡的部分,但是当她建造到桥中部之后,事情就会变得容易多了,因为桥的坡度开始向下走了。他们还达成共识,每天只建造一点,这是非常重要的,这样海伦才不会变得难以承受或者太疲惫。

海伦的治疗师让她在家里画建造桥梁的图画,看看自己有什么想法和感觉。在下一次会谈中,海伦给图画添加了另外一些重要的成分。他们讨论了她的担心，随着她建的桥越来越高，她可能会掉下来。对她来说，这就意味着她如果面临更大的挑战，就可能会失败并变得抑郁。他们决定要她画出4条划艇，等距地排开，把锚用绳子拴在石墩和岸边的建筑物上。这样的话，如果她掉下来了，她也可以抓住绳子，把自己送到船上。每条船上都有浆和一个小发动机、紧急物资和一个移动电话。这些划艇代表了她的外部资源：琴、她的姐姐、她的治疗师。接下来她和她的治疗师又讨论了在桥上添加防护轨来防止海伦跌落。防护轨代表她在治疗中学到的其他技术。

这种隐喻的想象是海伦和她的治疗师在治疗中多次用到的技术。"专注于桥梁"并"在建造桥梁上取得进展"成为了提醒海伦聚焦于自己的努力，并意识到自己已经取得了多少进展的简便说法。

重构童年创伤经历的含义

运用想象来重构童年经历的含义可以帮助患者把在情绪层面上与理智层面上学到的东西整合起来。在治疗快结束时，在海伦功能不良的假设和信念已经在很大程度上被改变（尤其是理智上）后，治疗师多次使用了这个技术。有几次，海伦来到会谈中时显得很痛苦，她的核心信念被激活了，治疗师利用了这几次机会使用这个技术。这种干预可以影响到患者在情绪水平上的理解，但这只能是在他们的负性情感在一个很高的水平上并且核心信念被激活的时候运用。

有一天，海伦流着眼泪来到了会谈中。她才开始一项新工作，一个同事严厉地批评了她，因为她犯的一个错误增加了他的工作量。海伦的治疗师确定她的核心信念被激活了。然后，治疗师没有让海伦关注这个事件，而是要她把注意力集中在她痛苦的感觉上，要她回忆童年时有没有发生什么事情让她产生过类似的感觉。

海伦联想到了跟爸爸在一起的经历（实际上这个经历在进行历史性回顾的时候曾经被她作为"消极长方形"回忆过）。她描述了7岁时候发生的一件事。一个周六的黄昏,海伦正在参加一个足球赛。她爸爸明显喝多了,在下半场的时候来了。他开始因为海伦错过一次进球而责骂她。然后他开始跟另外一个家长大声吵了起来。当海伦跑下场时,她的爸爸羞辱她、骂她、把她拖到停车场揍了一顿。

海伦的治疗师接下来让她再讲一次这个故事,但是这次要用她7岁时的眼光来想象这一切,就好像这件事情刚刚发生一样。她的治疗师用7岁孩子可以理解的语言,向小海伦提问,维持一种高水平的痛苦,发现重要的细节,识别重要的自动思维、信念和情绪。"7岁的海伦,你现在感觉怎么样?你现在在想什么?为什么会发生这样的事?"

治疗师让海伦继续想象,直到她父亲结束暴打她,他们回到家,海伦回到一个安全的地方(她的床上)。治疗师继续向"7岁的海伦"提问,确保他能够得到最重要的认知信息。然后他问7岁的海伦,如果成年的海伦来到她的卧室,可不可以跟她聊聊刚刚发生的事情。经过海伦的同意,他引导她看到成年的自己进入了她的房间。他问她希望成年的自己待着哪里:站在床边,坐在床边,还是坐下来用手抱住小海伦?接下来他让小海伦和成年海伦展开对话(跟理智和情绪层面的角色扮演一样)。他让小海伦向成年海伦提问,然后成年海伦用7岁孩子可以理解的语言回答。

在治疗师的辅助下,成年海伦告诉小海伦,她不坏,她没有什么问题,事实上她是一个很棒的女孩。成年海伦解释说是她爸爸做了很多坏事,并提醒小海伦,当她爸爸喝多的时候,他经常会做很多坏事。成年海伦还告诉小海伦,足球比赛中的其他孩子和他们的父母都为海伦感到难过。他们并不认为海伦有什么错,他们都觉得是她爸爸有问题。

海伦的治疗师训练小海伦对成年海伦表达她不同意什么或者她不相信什么,这样成年海伦可以有机会回应。他测量了她信念和情绪的水平（用 7 岁孩子可以理解的语言）。当小海伦感觉好一些了，不那么相信关于自己的那些消极观点的时候，他给了小海伦一个机会，在说再见之前向成年的自己问更多的问题。小海伦问她的爸爸是不是会继续打她。

治疗师指导海伦这样回答，她觉得非常抱歉，她的爸爸还会打她。但是总有一天。小海伦会长大，那时候他就不会再打她了。有一天小海伦和成年海伦会来进行治疗——成年海伦是知道这一点的，因为她就是从小海伦成长起来的。小海伦问成年海伦还会不会再次回来帮助她，成年海伦同意了。海伦想象 7 岁的小海伦送她出来，给了她一个告别拥抱。

在这个想象练习之后，海伦的治疗师询问了她的体验，讨论了她在情绪层面上信念的改变。然后他们讨论了海伦在接下来的一周里该如何运用她所学到的，为可能会激活她有缺陷的信念的情节做准备，她刚刚所学的可以帮助她更有效地回应这一信念。他们重复了这种治疗体验来重构其他几个重要记忆的含义。这个干预最终帮助海伦在情绪上和理智上达到了整合。

阅读疗法

海伦不愿意完成涉及阅读疗法的家庭作业，但是她也在关于信念的心理教育中获益了，这些在《信念的囚徒》（*Prisoners of Belief*, McKay & Fanning, 1991），《重新改造你的生活》（*Reinventing Your Life*, Young & Klosko, 1993），《理智战胜情感》（*Mind over Mood*, Greenberger & Padesky, 1995），或者《重拾你的人生》（*Getting Your Life Back*, Wright & Basco, 2001）中有所涉及。

修正对别人的核心信念

帮助患者修正对自己核心信念的技术也可以用来修正他们对别人的核心信念。海伦有一个很普遍的核心信念，即"别人都会批评我"。像对待其他核心信念一样，海伦的治疗师确定了这个信念的广度、频率和强度。他概念化了这个信念如何影响着她对自己的信念（"如果别人批评我，他们很可能是对的，因为我是有缺陷的"）和她的行为（"如果我不面对挑战，我就不会失败，别人也就没有机会批评我"）。

他通过在一般意义上和特殊情境中运用苏格拉底式提问，帮她检验了这个信念的正确性：有什么证据证明这不是真的或者不完全是真的吗？他又帮助她在一般意义上和特殊情境中灾难化了这个信念："如果那是真的，他们真的在批评你，会发生的最糟糕的事情是什么？最现实的结果是什么？"他跟她一起回顾了这个信念在短期和长期给她带来的影响，他帮助海伦写了适应性反应的卡片。

认知连续体帮助海伦打破了她非黑即白的思维方式。她看到在她的生活中只有极少部分人会很严厉地批评她，大部分人只是温和地给予批评，或者保持中立，或者完全不会给予批评。

治疗关系也是促成改变的重要工具。最初，海伦假设她的治疗师会批评她，尤其是因为她没有完成家庭作业。当他用问题解决（而不是批评）的方式回应时，她开始意识到对他的担心是没有依据的。他提供了跟她信念相反的信息。

海伦的治疗师帮她发展了一个新的、更加现实的、功能更加良好的信念，她把它写在卡片上：

> 不是每个人都像我爸爸那样喜欢批评别人。事实上，只有几个人像他一样（我的前两任老板、两个高中老师）。大部分真正了解我的人（像琴、莎伦、韦恩和我的治疗师）并不会批评我。

总　　结

很多在质疑自己核心信念上遇到挑战性问题的患者，背后都藏着自我意识的问题。很自然的，这个过程会让患者觉得非常焦虑。因此，治疗师需要选择好时机，激励患者参与和合作。很多帮助患者改变他们核心信念的策略要产生效果都需要时间。维持是很困难的；因此，治疗师需要不断地帮助患者重复他们在理智和情绪层面学到的东西，在行为层面上演练新的信念，这样才能更深入、更持久地做出改变。

附录 A
认知治疗的资源、培训和督导

本书旨在帮助治疗师在治疗患者的过程中对遇到的困难进行概念化,并调整治疗以使自己能够更有效地帮助患者。治疗师也应该寻找其他的资源,从而在治疗那些具有挑战性问题的患者时,能够使之获得最好的效果。有时候,阅读材料就足够了,但通常治疗师(以及他们的患者)从亲身实践的训练或者督导中获益良多。本附录介绍了两个组织,这两个组织的使命都是促进治疗师在认知治疗中的成长。

贝克认知治疗研究所

贝克认知治疗研究所(www.beckinstitute.org)是一个非盈利的心理治疗中心,致力于认知治疗的培训、临床护理以及研究。Aaron T. Beck 博士和我一起于 1994 年在费城的郊区创立了这个机构。自那时起,数百名心理健康专业人士通过访问和校外培训项目(The Visitors and Extramural Training Programs)接受了认知治疗的培训。此外,更有数以千计的人通过我们的拓展项目认识了认知治疗培训,尤其是面向大学、国内外的专业协会、医院以及医疗系统、社区心理健康系统、管理式医疗组织以及初级护理医师和护理组的项目。

除了这些培训项目的信息之外,在网站上还可以找到许多其他的重要资料:

- 持续更新的针对心理健康专业人士的阅读与参考清单。
- 教育材料(视频、DVD、工作表的数据包、书籍、患者手册)。
- 《今日认知疗法》(Cognitive Therapy Today)最近的期刊以及存档的副本,该杂志刊登的是贝克研究所的通讯,包括了有关认知治疗各个方面的顶尖论文,涉及临床实践、理论、研究以及培训或督导。
- 认知治疗取向的杂志清单。
- 有关认知治疗效果研究的摘要。
- 有关成人和青少年贝克量表的信息。
- 其他认知治疗机构的链接。

此外,网站也为消费者提供了其他一些服务:

- 可供参考的信息。
- 更具体的认知治疗阅读清单。
- 来源于知名出版物的文章。
- 一份可供下载的小册子——《认知治疗问答》。

如若需要更多信息,请联系:

贝克认知治疗研究所
(Beck Institute for Cognitive Therapy and Research)
地址:

P.O. Box 2673
Bala Cynwyd, PA 19004
电话：610-664-3020
传真：610-664-4437
电子邮箱：beckinst@gim.net
网址：www.beckinstitute.org

认知治疗学会

认知治疗学会（The Academy of Cognitive Therapy，www.academyofct.org），是另外一个非盈利组织，它为来访者和专业人士提供资源。该学会由认知治疗领域中杰出的临床医生、教育家和研究者于1999年成立。Aaron T. Beck 担任荣誉主席。学会网站提供：

- 针对心理健康专业人士的**培训和督导项目**的清单。
- 有关心理学、精神病学、社会工作以及精神病护理领域中，强调认知治疗的**在读研究生项目**、**研究生项目**以及实习项目的介绍。
- 认知治疗的**工作坊**。
- 有关**认知治疗培训**的信息和资料。
- 必读和选读的**阅读清单**。
- **治疗师评估工具**（例如，认知治疗评定量表和手册，以及认知个案记录）。
- 精选的**研究论文摘要**。
- 近期以及存档的**通讯**（认知治疗的进展）。
- 其他认知治疗机构的**链接**。

网站也包括了与消费者相关的信息，涉及：

- 全世界范围内已被认证的认知治疗师的**推荐清单**。
- 有关各种精神障碍的**说明书**。
- 自助材料。
- 阅读清单。

更多信息，请联系：

认知治疗学会
（Academy of Cognitive Therapy）
电话：610-664-1273
传真：610-664-5137
电子邮箱：info@academyofct.org
网址：www.academyofct.org

附录 B

人格信念问卷

有关人格信念问卷的编制、施测以及计分，请访问www.beckinstitute.org。

姓名_____ 日期：_____

请阅读下面的陈述，并且根据你**对每一条陈述的相信程度**进行评分。尽量根据你**大多数时间**对于每一条陈述的感觉进行判断。

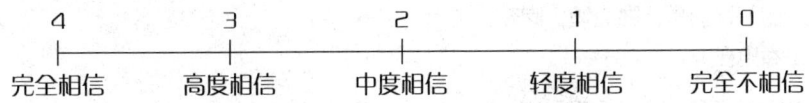

Copyright 1995 by Aaron T. Beck, MD, and Judith S. Beck, PhD. Reprinted in *Cognitive Therapy for Challenging Problems* by Judith S. Beck (Guilford Press, 2005). Permission to Photocopy this appen-dix is granted to purchasers of this book for personal use only(see copyright page for details).

举例 1. 世界是一个危险的地方	你有多相信这一陈述?				
	4	3	2	1	0
	完全相信	高度相信	中度相信	轻度相信	完全相信
1. 我在工作或社交场合不善于应酬，不受欢迎。	4	3	2	1	0
2. 其他人都是冷漠的，爱批评的、贬低的，或者会排斥别人。	4	3	2	1	0
3. 我无法忍受不愉快的感觉。	4	3	2	1	0
4. 如果人们靠近我，他们会发现"真实的"我，并且排斥我。	4	3	2	1	0
5. 被认为是低等的或者能力不足的是无法容忍的。	4	3	2	1	0
6. 我应该不惜任何代价避免不愉快的情境。	4	3	2	1	0
7. 如果我感到或者认为某件事情是不愉快的，我应该尽量在脑海中消除它或者使自己分散注意力（例如，想想别的事，喝点酒，吃药，或者看电视）。	4	3	2	1	0
8. 我应该回避任何会吸引别人注意的场合，或者尽可能地不引人注意。	4	3	2	1	0
9. 不愉快的感受会逐步增强，并失去控制。	4	3	2	1	0
10. 如果其他人批评我，他们一定是正确的。	4	3	2	1	0
11. 相比于尝试某些可能失败的事情，更好的做法是什么都不做。	4	3	2	1	0

续 表

	你有多相信这一陈述?				
	4 完全相信	3 高度相信	2 中度相信	1 轻度相信	0 完全相信
12. 如果我不去想这个问题,那我就不用去为它做些什么了。	4	3	2	1	0
13. 在一段关系中,如果有任何紧张的迹象,就表明这段关系变差了;因此我应该中断它。	4	3	2	1	0
14. 如果我忽视某个问题,那它就会消失。	4	3	2	1	0
15. 我是贫穷、虚弱的。	4	3	2	1	0
16. 我的身边需要时刻有人来帮助我完成需要做的事,或者防止坏事发生。	4	3	2	1	0
17. 帮助我的人应该是关爱我的,支持我的,并且自信的人——如果他/她愿意的话。	4	3	2	1	0
18. 如果把我单独留下,我会感到无助。	4	3	2	1	0
19. 我基本上是孤独的——除非我可以让自己依附于一个更强的人。	4	3	2	1	0
20. 可能发生的最糟糕的事情是被抛弃。	4	3	2	1	0
21. 如果我不被爱,我会一直不开心。	4	3	2	1	0
22. 我不能做任何冒犯我的支持者或帮助者的事。	4	3	2	1	0

	你有多相信这一陈述?				
	4	3	2	1	0
	完全相信	高度相信	中度相信	轻度相信	完全相信
23. 为了维持别人的善意，我必须卑微地奉承着。	4	3	2	1	0
24. 我必须时刻保持与某人的接触。	4	3	2	1	0
25. 我应该培养一段关系，使其尽可能地保持亲密。	4	3	2	1	0
26. 我不能自己做决定。	4	3	2	1	0
27. 我不能像其他人那样应对一切。	4	3	2	1	0
28. 我需要其他人帮助我做决定或者告诉我做什么。	4	3	2	1	0
29. 我是独立的，但我的确需要其他人帮助我达成自己的目标。	4	3	2	1	0
30. 唯一一个能维护我自尊的方式是间接地表现我自己（例如，不要准确地完成指示）。	4	3	2	1	0
31. 我喜欢依附别人，但我不愿意付出被支配的代价。	4	3	2	1	0
32. 权威人物总是带有侵略性的，要求多，好干涉，并且有支配欲。	4	3	2	1	0
33. 我必须反抗权威人物的控制，但同时维持他们对我的承认与接纳。	4	3	2	1	0
34. 被其他人控制或者支配是不能容忍的。	4	3	2	1	0
35. 我必须以自己的方式做事。	4	3	2	1	0

续 表

	你有多相信这一陈述?				
	4 完全相信	3 高度相信	2 中度相信	1 轻度相信	0 完全相信
36. 设立截止日期,遵照要求,并且遵守规则,这直接打击了我的自尊和自信。	4	3	2	1	0
37. 如果我以人们期望的方式遵守规则,这会限制我的行动自由。	4	3	2	1	0
38. 最好不要直接表达我的愤怒,而是用不迎合来表现我的不快。	4	3	2	1	0
39. 我知道什么对我最好,其他人不应该告诉我该做什么。	4	3	2	1	0
40. 规则是专制的,使我窒息。	4	3	2	1	0
41. 其他人常常要求太多。	4	3	2	1	0
42. 如果我认为别人太专横了,我就有权忽视他们的要求。	4	3	2	1	0
43. 我对于自己和他人充满责任感。	4	3	2	1	0
44. 我必须依靠自己来判断事情已做完。	4	3	2	1	0
45. 其他人总是太随意,常常不负责任、自我放纵或者没有能力。	4	3	2	1	0
46. 在所有事情上都做得完美,这很重要。	4	3	2	1	0
47. 我需要秩序、系统和规则来正确地完成任务。	4	3	2	1	0
48. 如果我没有系统,一切都会瓦解。	4	3	2	1	0

续表

	你有多相信这一陈述?				
	4 完全相信	3 高度相信	2 中度相信	1 轻度相信	0 完全相信
49. 出现任何的瑕疵或缺点都可能导致灾难。	4	3	2	1	0
50. 必须在所有时间都坚持最高标准,否则事情就会失败。	4	3	2	1	0
51. 我需要完全掌控我的情绪。	4	3	2	1	0
52. 人们应该以我的方式做事。	4	3	2	1	0
53. 如果我没有表现出最高水准,我就会失败。	4	3	2	1	0
54. 我无法容忍瑕疵、缺点或错误。	4	3	2	1	0
55. 细节极其重要。	4	3	2	1	0
56. 一般来说,我做事的方式就是最佳的。	4	3	2	1	0
57. 我必须留神自己。	4	3	2	1	0
58. 武力或者狡诈是完成事情的最佳方式。	4	3	2	1	0
59. 我们生活在丛林中,最强的人才能存活。	4	3	2	1	0
60. 如果我不首先责备别人,别人就会来责备我。	4	3	2	1	0
61. 遵守承诺或偿还债务并不重要。	4	3	2	1	0
62. 只要你不被抓住,撒谎和欺骗都是可以的。	4	3	2	1	0

续 表

	你有多相信这一陈述?				
	4 完全相信	3 高度相信	2 中度相信	1 轻度相信	0 完全相信
63. 我被不公正地对待了,所以我有资格通过任何可能的方式获得我的公平待遇。	4	3	2	1	0
64. 其他人是弱小的,理应被取代。	4	3	2	1	0
65. 如果我不逼迫别人,我就会任人摆布。	4	3	2	1	0
66. 我应该竭尽所能地逃避。	4	3	2	1	0
67. 别人怎么看我真的不重要。	4	3	2	1	0
68. 如果我想要某样东西,我应该做任何需要做的事来得到它。	4	3	2	1	0
69. 我可以逃避一些事情,这样我就不需要担心糟糕的后果了。	4	3	2	1	0
70. 如果人们不能照顾好自己,这是他们自己的问题。	4	3	2	1	0
71. 我是一个非常特别的人。	4	3	2	1	0
72. 由于我是如此的出众,我有资格受到特殊对待并拥有特权。	4	3	2	1	0
73. 我不需要被那些应用于其他人的规则所束缚。	4	3	2	1	0
74. 获得赏识、赞美和钦佩非常重要。	4	3	2	1	0
75. 如果别人不尊重我的地位,他们就应该受到惩罚。	4	3	2	1	0
76. 其他人应该满足我的需求。	4	3	2	1	0

续表

	你有多相信这一陈述?				
	4 完全 相信	3 高度 相信	2 中度 相信	1 轻度 相信	0 完全 相信
77. 其他人应该承认我有多特别。	4	3	2	1	0
78. 如果我没有得到应得的尊重或权利，这是无法容忍的。	4	3	2	1	0
79. 其他人并不配拥有他们所获得的钦佩和财富。	4	3	2	1	0
80. 人们没有权力来批评我。	4	3	2	1	0
81. 人们的需求不应该与我的相抵触。	4	3	2	1	0
82. 由于我是如此有天赋，人们应该自愿促成我的事业。	4	3	2	1	0
83. 只有和我一样杰出的人才能理解我。	4	3	2	1	0
84. 我有充分的理由来期待伟大的事业。	4	3	2	1	0
85. 我是一个有意思的、令人兴奋的人。	4	3	2	1	0
86. 为了快乐，我需要其他人关注我。	4	3	2	1	0
87. 除非我给别人带来了快乐或者留下了印象，否则我什么都不是。	4	3	2	1	0
88. 如果我不能让别人和我待在一起，他们就不会喜欢我。	4	3	2	1	0
89. 得到我想要的东西的方法是赞美和取悦别人。	4	3	2	1	0
90. 如果人们不积极地回应我，他们就是讨厌的。	4	3	2	1	0
91. 如果人们忽视我，这是很可怕的。	4	3	2	1	0

续 表

	你有多相信这一陈述?				
	4 完全 相信	3 高度 相信	2 中度 相信	1 轻度 相信	0 完全 相信
92. 我应该是关注的焦点。	4	3	2	1	0
93. 我不需要为想通一些事情而困扰——我可以跟着直觉走。	4	3	2	1	0
94. 如果我让别人快乐,他们就不会注意到我的弱点。	4	3	2	1	0
95. 我不能容忍无聊。	4	3	2	1	0
96. 如果我想做某件事,我就应该去做。	4	3	2	1	0
97. 只有当我表现得很极端时,人们才会注意我。	4	3	2	1	0
98. 感觉和直觉比理性的思考和计划更重要。	4	3	2	1	0
99. 别人怎么看我不重要。	4	3	2	1	0
100. 自由并且不依赖他人对我很重要。	4	3	2	1	0
101. 相比于和其他人在一起,我更享受自己单独做事。	4	3	2	1	0
102. 在很多场合,让我单独待着会更好。	4	3	2	1	0
103. 我决定去做的事并不会受到别人的影响。	4	3	2	1	0
104. 和他人亲密的关系对我不重要。	4	3	2	1	0
105. 我设立自己的标准和目标。	4	3	2	1	0
106. 相比于和他人的亲密,我的隐私对我而言重要得多。	4	3	2	1	0

续 表

	你有多相信这一陈述?				
	4 完全相信	3 高度相信	2 中度相信	1 轻度相信	0 完全相信
107. 别人怎么想与我无关。	4	3	2	1	0
108. 我能够自己处理好事务,不用任何人的帮助。	4	3	2	1	0
109. 相比于与别人"困在一起",单独一个人更好。	4	3	2	1	0
110. 我不应该信赖别人。	4	3	2	1	0
111. 只要我不被牵涉其中,我就可以为了自己的意图而利用别人。	4	3	2	1	0
112. 人际关系是麻烦的,并且会妨碍自由。	4	3	2	1	0
113. 我不能信任别人。	4	3	2	1	0
114. 其他人都有隐藏的动机。	4	3	2	1	0
115. 如果我不当心,其他人就可能尝试利用我或操纵我。	4	3	2	1	0
116. 我需要时刻保持警惕。	4	3	2	1	0
117. 信任他人并不安全。	4	3	2	1	0
118. 如果人们表现得很友好,他们可能是在设法利用我或者剥削我。	4	3	2	1	0
119. 如果我给别人机会,他们就会利用我。	4	3	2	1	0

续　表

	你有多相信这一陈述?				
	4 完全相信	3 高度相信	2 中度相信	1 轻度相信	0 完全相信
120. 在大多数情况下,其他人都是不友好的。	4	3	2	1	0
121. 其他人会故意设法贬低我。	4	3	2	1	0
122. 人们时常故意想要惹恼我。	4	3	2	1	0
123. 如果我让别人认为他们可以欺负我而不受到惩罚,那我就会有非常大的麻烦。	4	3	2	1	0
124. 如果别人发现关于我的一些事情,他们就会利用这些事情来对付我。	4	3	2	1	0
125. 人们常常说的是一回事,但实际上却有另外的意思。	4	3	2	1	0
126. 我接近的人可能是不忠诚或不诚实的。	4	3	2	1	0

参考文献

American Psychiatric Association. (1987). *Diagnostic and statistical manual of mental disorders* (3rd ed. rev.). Washington, DC: Author.

American Psychiatric Association. (2000). *Diagnostic and statistical manual of mental disorders* (4th ed. text rev.). Washington, DC: Author.

Asaad, G. (1995). *Understanding mental disorders due to medical conditions or substance abuse: What every therapist should know.* New York: Brunner/Mazel.

Beck, A. T. (1976). *Cognitive therapy and the emotional disorders.* New York: International Universities Press.

Beck, A. T. (2003). Synopsis of the cognitive model of borderline personality disorder. *Cognitive Therapy Today, 8*(2), 1–2.

Beck, A. T., & Beck, J. S. (1995). *The Personality Belief Questionnaire.* Bala Cynwyd, PA: Beck Institute for Cognitive Therapy and Research.

Beck, A. T., Butler, A. C., Brown, G. K., Dahlsgaard, K. K., Newman, C. F., & Beck, J. S. (2001). Dysfunctional beliefs discriminated personality disorders. *Behaviour Research and Therapy, 39*(10), 1213–1225.

Beck, A. T., Emery, G., & Greenberg, R. (1985). *Anxiety disorders and phobias: A cognitive perspective.* New York: Basic Books.

Beck, A. T., Epstein, N., Brown, G., & Steer, R. A. (1988). An inventory for measuring clinical anxiety: Psychometric properties. *Journal of Consulting and Clinical Psychology, 56*(6), 893-897.

Beck, A. T., Freeman, A., Davis, D. D., & Associates. (2004). *Cognitive therapy of personality disorders* (2nd ed.). New York: Guilford Press.

Beck, A. T., Rush, A. J., Shaw, B. F., & Emery, G. (1979). *Cognitive therapy of depression.* New York: Guilford Press.

Beck, A. T., Ward, C. H., Mendelson, M., Mock, J., & Erbaugh, J. (1961). An inventory for measuring depression. *Archives of General Psychiatry, 4,* 561–571.

Beck, A. T., Weissman, A., Lester, D., & Trexler, L. (1974). The measurement of pessimism: The Hopelessness Scale. *Journal of Consulting and Clinical Psychology, 42*(6), 861-865.

Beck, J. S. (1995). *Cognitive therapy: Basics and beyond.* New York: Guilford Press.
Beck, J. S. (1997). Personality disorders: Cognitive approaches. In L. J. Dickstein, M. B. Riba, & J. M. Oldham (Eds.), *American Psychiatric Press Review of Psychiatry, 16,* (pp. 73–106). Washington DC: American Psychiatric Press.
Beck, J. S. (2001). Reviewing therapy notes. In H. G. Rosenthal (Ed.), *Favorite counseling and therapy homework assignments* (pp. 37–39). Philadelphia, PA: Brunner-Routledge.
Beck, J. S. (2005). *Cognitive therapy worksheet packet (revised).* Bala Cynwyd, PA: Beck Institute for Cognitive Therapy and Research.
Beck, J. S., Beck, A. T., & Jolly, J. (2001). *Manual for the Beck Youth Inventories of Emotional and Social Impairment.* San Antonio, TX: The Psychological Corporation.
Butler, G., Cullington, A., Hibbert, G., Klimes, I., & Gelder, M. (1987). Anxiety management for persistent generalized anxiety. *British Journal of Psychiatry, 151,* 535–542.
Clark, D. A. (2004). *Cognitive-behavioral therapy for obsessive–compulsive disorder.* New York: Guilford Press.
Clark, D. A., Beck, A. T., & Alford, B. A. (1999). *Scientific foundations of cognitive theory and therapy of depression.* New York: Guilford Press
Clark, D. M., & Ehlers, A. (1993). An overview of the cognitive theory and treatment of panic disorder. *Applied and Preventive Psychology, 2*(3), 131–139.
Clark, D. M., & Wells, A. (1995). A cognitive model of social phobia. In R. G. Heimberg, M. Liebowitz, D. A. Hope, & F. A. Schneier (Eds.), *Social phobia: Diagnosis, assessment, and treatment* (pp. 69–93). New York: Guilford Press.
DeRubeis, R. J., & Feeley, M. (1990). Determinants of change in cognitive therapy for depression. *Cognitive Therapy and Research, 14,* 469–482.
Edwards, D. (1990). Cognitive therapy and the restructuring of early memories through guided imagery. *Journal of Cognitive Psychotherapy, 4*(1), 33–50.
Ellis, T. A., & Newman, C. F. (1996). *Choosing to live: How to defeat suicide through cognitive therapy.* Oakland, CA: New Harbinger Publications.
Franklin, M. E., & Foa, E. B. (2002). Cognitive behavioral treatments for obsessive compulsive disorder. In P. E. Nathan & J. M. Gorman (Eds.), *A guide to treatments that work* (2nd ed., pp. 367–386). London: Oxford University Press.
Freeman, A., & Reinecke, M. (1993). *Cognitive therapy of suicidal behavior: A manual for treatment.* New York: Springer.
Frost, R. O., & Skeketee, G. (Eds.). (2002). *Cognitive approaches to obsessions and compulsions: Theory, assessment, and treatment.* Elmont, NY: Pergamon Press.
Greenberger, D. G., & Padesky, C. A. (1995). *Mind over mood.* New York: Guilford Press.
Holmes, E. A., & Hackmann, A. (2004). *Mental imagery and memory in psychopathology.* Oxford, UK: Psychology Press.
Hopko, D. R., LeJuez, C. W., Ruggiero, K. J., & Eifert, G. H. (2003). Contemporary behavioral activation treatments for depression: Procedures, principles, and progress. *Clinical Psychology Review, 23*(5), 699–717.
Layden, M. A., Newman, C. F., Freeman, A., & Morse, S. B. (1993). *Cognitive therapy of borderline personality disorder.* Boston: Allyn & Bacon.
Leahy, R. L. (1996). *Cognitive therapy: Basic principles and applications.* Northvale, NJ: Aronson.

Leahy, R. L. (2001). *Overcoming resistance in cognitive therapy*. New York: Guilford Press.
Mahoney, M. (1991). *Human change processes*. New York: Basic Books.
McCullough, J. (2000). *Treatment for chronic depression: Cognitive behavioral analysis system of psychotherapy*. New York: Guilford Press.
McGinn, L. K., & Sanderson, W. C. (1999). *Treatment of obsessive-compulsive disorder*. Northvale, NJ: Jason Aronson.
McKay, M., & Fanning, P. (1991). *Prisoners of belief*. Oakland: New Harbinger Publications.
Meichenbaum, D., & Turk, D. C. (1987). *Facilitating treatment adherence*. New York: Plenum Press.
Millon, T., & Davis, R. D. (1996). *Disorders of personality: DSM-IV and beyond* (2nd ed.). New York: Wiley.
Moore, R., & Garland, A. (2003). *Cognitive therapy for chronic and persistent depression*. New York: Wiley.
Newman, C. F. (1991). Cognitive therapy and the facilitation of affect: Two case illustrations. *Journal of Cognitive Psychotherapy: An International Quarterly, 5*(4), 305–316.
Newman, C. F. (1994). Understanding client resistance: Methods for enhancing motivation to change. *Cognitive and Behavioral Practice, 1*, 47–69.
Newman, C. F. (1997). Maintaining professionalism in the face of emotional abuse from clients. *Cognitive and Behavioral Practice, 4*(1), 1–29.
Newman, C. F. (1998). The therapeutic relationship and alliance in short-term cognitive therapy. In J. Safran & J. C. Muran (Eds.), *The therapeutic alliance in brief psychotherapy* (pp. 95–122). Washington, DC: American Psychological Association.
Newman, C. F., & Ratto, C. (2003). Narcissistic personality disorder. In M. Reinecke & D. A. Clark (Eds.), *Cognitive therapy across the lifespan* (pp. 172–201). Cambridge, UK: Cambridge University Press.
Newman, C. F., & Strauss, J. L. (2003). When clients are untruthful: Implications for the therapeutic alliance, case conceptualization, and intervention. *Journal of Cognitive Psychotherapy: An International Quarterly, 17*(3), 241–252.
Padesky, C. A. (1993). Schema as self-prejudice. *International Cognitive Therapy Newsletter, 5/6*, 16–17.
Persons, J. B., Burns, B. D., & Perloff, J. M. (1988). Predictors of drop-out and outcome in cognitive therapy for depression in a private practice setting. *Cognitive Therapy and Research, 12*, 557–575.
Pope, K. S., Sonne, J. L., & Horoyd, J. (1993). *Sexual feelings in psychotherapy: Explorations for therapists and therapists-in-training*. Washington, DC: American Psychological Association.
Pretzer, J. L., & Beck, A. T. (1996). A cognitive theory of personality disorders. In J. F. Clarkin & M. F. Lenzenweger (Eds.), *Major theories of personality disorder* (pp. 36–105). New York: Guilford Press.
Safran, J. D., & Muran, J. C. (2000). *Negotiating the therapeutic alliance: A relational treatment guide*. New York: Guilford Press.
Schmidt, N. B., Joiner, T. E., Jr., Young, J. E., & Telch, M. J. (1995). The Schema Questionnaire: Investigation of psychometric properties and the hierarchical

structure of a measure of maladaptive schemata. *Cognitive Therapy and Research, 19*(3), 295–321.

Smucker, M. R., & Dancu, C. V. (1999). *Cognitive-behavioral treatment for adult survivors of childhood trauma.* Northvale, NJ: Aronson.

Spring, J. A. (1996). *After the affair: Healing the pain and rebuilding trust when a partner has been unfaithful.* New York: Harper Perennial.

Thompson, A. (1990). *Guide to ethical practice in psychotherapy.* Oxford, UK: Wiley.

Torgersen, S., Kringlen, E., & Cramer, V. (2001). The prevalence of personality disorders in a community sample. *Archives of General Psychiatry, 58,* 590–596.

Wells, A. (1997). *Cognitive therapy of anxiety disorders: A practical manual and conceptual guide.* Chichester, UK: Wiley.

Wells, A. (2000). *Emotional disorders and metacognition: Innovative cognitive therapy.* New York: Wiley.

Wright, J. H., & Basco, M. R. (2001). *Getting your life back: The complete guide to recovery from depression.* New York: Free Press

Yalom, I. D. (1980). *Existential psychotherapy.* New York: Basic Books.

Young, J. E. (1999). *Cognitive therapy for personality disorders: A schema-focused approach* (3rd ed.). Sarasota, FL: Professional Resource Exchange.

Young, J. E., & Beck, A. T. (1980). *Cognitive therapy scale: Rating manual.* Bala Cynwyd, PA: Beck Institute for Cognitive Therapy.

Young, J. E., Klosko, J. S., & Weishaar, M. E. (2003). *Schema therapy: A practitioner's guide.* New York: Guilford Press.